高温高压油气井储层改造液体技术进展

王道成 李年银 黄晨直 刘 蔷 编著

石油工业出版社

内 容 提 要

本书系统介绍了高温、高压、超深油气藏压裂酸化改造用压裂液、酸液及各种特殊添加剂的技术进展，主要内容包括压裂用高温压裂液、加重压裂液、稠化剂、加重剂、交联剂、破胶剂、减阻剂、黏土稳定剂，酸化/酸压压裂用酸液体系、胶凝剂、减阻剂、螯合酸、自生酸、加重酸、缓蚀剂、铁离子稳定剂，以及转向剂/暂堵剂、除氧剂、除硫剂等其他配套添加剂。

本书可供从事油气藏增产改造的工程技术人员和科研人员参考使用，也可供石油院校相关专业师生借鉴参考。

图书在版编目（CIP）数据

高温高压油气井储层改造液体技术进展／王道成等编著.
北京：石油工业出版社，2022.7
ISBN 978-7-5183-5382-8

Ⅰ．①高… Ⅱ．①王… Ⅲ．①油气井-储集层-油层改造-研究 Ⅳ．① TE357

中国版本图书馆 CIP 数据核字（2022）第 086851 号

出版发行：石油工业出版社
　　　　（北京安定门外安华里 2 区 1 号　100011）
　　网　　址：www.petropub.com
　　编辑部：（010）64523710
　　图书营销中心：（010）64523633
经　　销：全国新华书店
印　　刷：北京中石油彩色印刷有限责任公司

2022 年 7 月第 1 版　2022 年 7 月第 1 次印刷
787×1092 毫米　开本：1/16　印张：13
字数：333 千字

定价：78.00 元
（如出现印装质量问题，我社图书营销中心负责调换）
版权所有，翻印必究

前　言

近年来，全球超深油气储层已成为重要勘探领域之一，陆上及海上超深层均取得重大勘探发现，中国超深层油气资源丰富，分布区域广，储层类型多样。超深井所伴随的储层往往高温高压，加之部分油气井含硫，使得在油气井改造增产过程中面临众多难题，就改造液而言：(1) 高温导致酸岩反应速率过快，近井地带过度溶蚀降低了酸液有效作用距离，难以实现酸液的深穿透，同时对岩石骨架破坏程度高，局部生成大量高价金属离子，易产生二次沉淀，含硫储层此现象更为突出；(2) 超深储层导致改造液泵送过程中因摩阻过大，井口泵压高，对施工设备要求高，危险系数也高；(3) 高压储层对地面设备承压能力要求较高，易导致井喷等危险情况发生；(4) 高温环境中，改造液对管柱的腐蚀强度大大增加，尤其是在酸化处理过程中，腐蚀速率高，常规缓蚀剂缓蚀效率低；(5) 井筒垂向静液柱压差大，改造液不易返排，对储层的二次伤害严重；(6) 对入井材料要求更高，压裂液要求耐高温，同时必须耐剪切、携砂性能稳定、摩阻低，且现场可配制、泵送性能良好。

面对这些难题，主要的应对策略是研发针对性更强的超深层高效改造材料。对于压裂液，耐高温、减阻、可加重、携砂性能稳定及低伤害是超深油气储层改造压裂液技术的发展方向，低成本及绿色环保是规模应用的基本要求；对于酸液，重点研发高温酸液缓蚀剂、螯合剂、减阻剂以及胶凝剂等，形成超深、高温储层改造用酸液体系，同时研发降低高温酸液溶蚀速率的添加剂，以及除氧剂和除硫剂，胶凝酸、自生酸、转向酸、加重酸和螯合酸是当下研究的重点；对于支撑剂材料，小粒径、高强度陶粒型支撑剂是超深油气储层改造支撑剂的发展方向，同时开展在超深油气储层改造中使用石英砂替代陶粒的研究，研发适用温度范围广、易降解、低残渣甚至无残渣、易返排、安全环保无毒、封堵强度高、低成本、施工工艺简单可靠、适用于多种改造工艺的转向剂。

本书内容来源于近年来国内外在高温高压储层压裂酸化改造工作液的最新研究成果，全书由中国石油西南油气田公司天然气研究院王道成负责统筹协调，西南石油大学李年银教授和西南油气田公司天然气研究院黄晨直、孙川、吴文刚、张燕、张倩负责编写和统稿，其中第一章由黄晨直、张燕和孙川编写，第二章由王道成和吴文刚编写，第三章由李年银和张倩编写。博士研究生康佳、刘金明，硕士研究生余佳杰、王超、王元、代银红等参与了大量的资料翻译和图表编辑等工作，在此一并表示感谢。

本书的编写工作得到了中国石油—西南石油大学创新联合体科技合作项目（编号：2020CX010501）和国家自然科学基金石油化工联合基金项目（No. U1762107）资助，在此表示衷心的感谢。

限于编者水平有限，书中难免会存在不足之处，敬请广大读者批评指正。

目 录

第一章 高温高压超深储层压裂液体系及添加剂 ……………………………………… (1)

 第一节 高温压裂液/稠化剂 ………………………………………………………… (1)

  一、生物聚合物压裂液 …………………………………………………………… (1)

  二、黏弹性表面活性剂压裂液 …………………………………………………… (4)

  三、合成聚合物压裂液 …………………………………………………………… (6)

  四、小结 …………………………………………………………………………… (11)

 第二节 加重压裂液/加重剂 ………………………………………………………… (15)

  一、人工合成聚合物压裂液 ……………………………………………………… (15)

  二、黏弹性表面活性剂压裂液 …………………………………………………… (15)

  三、瓜尔胶压裂液 ………………………………………………………………… (15)

  四、卤盐加重剂 …………………………………………………………………… (15)

  五、硝酸钠加重剂 ………………………………………………………………… (16)

  六、甲酸盐加重剂 ………………………………………………………………… (17)

  七、复合型加重剂 ………………………………………………………………… (17)

  八、小结 …………………………………………………………………………… (18)

 第三节 交联剂 ………………………………………………………………………… (19)

  一、硼类交联剂 …………………………………………………………………… (19)

  二、过渡金属交联剂 ……………………………………………………………… (21)

  三、复合交联剂 …………………………………………………………………… (23)

  四、纳米交联剂 …………………………………………………………………… (23)

  五、小结 …………………………………………………………………………… (27)

 第四节 破胶剂 ………………………………………………………………………… (29)

  一、酸性破胶剂 …………………………………………………………………… (29)

  二、酶类破胶剂 …………………………………………………………………… (29)

  三、氧化性破胶剂 ………………………………………………………………… (30)

  四、胶囊破胶剂 …………………………………………………………………… (32)

  五、小结 …………………………………………………………………………… (32)

 第五节 减阻剂 ………………………………………………………………………… (35)

  一、表面活性剂类减阻剂 ………………………………………………………… (35)

  二、聚丙烯酰胺类 ………………………………………………………………… (36)

  三、水溶性聚丙烯酰胺 …………………………………………………………… (37)

四、纤维减阻剂 ……………………………………………………………………（37）
　　五、水解聚丙烯酰胺 ………………………………………………………………（37）
　　六、小结 ……………………………………………………………………………（38）
　第六节　黏土稳定剂 ……………………………………………………………………（38）
　　一、简单无机物 ……………………………………………………………………（39）
　　二、阳离子无机聚合物 ……………………………………………………………（39）
　　三、简单有机物 ……………………………………………………………………（40）
　　四、阳离子有机聚合物 ……………………………………………………………（40）
　　五、季铵盐类 ………………………………………………………………………（40）
　　六、阴离子有机聚合物 ……………………………………………………………（41）
　　七、非离子有机聚合物 ……………………………………………………………（42）
　　八、小结 ……………………………………………………………………………（43）
第二章　高温高压超深储层酸化液体系及添加剂 ………………………………………（44）
　第一节　高温高压超深储层酸液体系 …………………………………………………（44）
　　一、胶凝酸 …………………………………………………………………………（44）
　　二、自生酸 …………………………………………………………………………（45）
　　三、螯合酸 …………………………………………………………………………（45）
　　四、加重酸 …………………………………………………………………………（46）
　　五、有机混合酸 ……………………………………………………………………（46）
　　六、乳化酸 …………………………………………………………………………（46）
　　七、转向酸 …………………………………………………………………………（47）
　　八、小结 ……………………………………………………………………………（48）
　第二节　胶凝酸/胶凝剂 …………………………………………………………………（49）
　　一、磷酸铝酯盐 ……………………………………………………………………（49）
　　二、低挥发性的磷（五价磷）酸酯 ………………………………………………（50）
　　三、生物聚合物 ……………………………………………………………………（51）
　　四、有机聚硅酸酯 …………………………………………………………………（52）
　　五、乳液 ……………………………………………………………………………（52）
　　六、水基凝胶体系 …………………………………………………………………（53）
　　七、原位形成的聚合物 ……………………………………………………………（58）
　　八、小结 ……………………………………………………………………………（61）
　第三节　减阻剂 …………………………………………………………………………（61）
　　一、聚丙烯酰氨基聚合物 …………………………………………………………（61）
　　二、天然多糖减阻剂 ………………………………………………………………（63）
　　三、聚环氧乙烷 ……………………………………………………………………（64）
　　四、烯烃共聚物 ……………………………………………………………………（64）

  五、α-烯烃共聚物 …………………………………………………………………（64）
  六、乳液减阻剂 ……………………………………………………………………（65）
  七、纤基乙酸钠 ……………………………………………………………………（65）
  八、微胶囊聚合物 …………………………………………………………………（65）
  九、铝羧酸盐 ………………………………………………………………………（65）
  十、小结 ……………………………………………………………………………（66）
 第四节 螯合剂 …………………………………………………………………………（67）
  一、氨基多元羧酸型螯合剂 ………………………………………………………（67）
  二、膦酸盐型螯合剂 ………………………………………………………………（70）
  三、应用情况 ………………………………………………………………………（71）
  四、小结 ……………………………………………………………………………（77）
 第五节 自生酸 …………………………………………………………………………（82）
  一、自生酸种类 ……………………………………………………………………（83）
  二、应用情况 ………………………………………………………………………（92）
  三、小结 ……………………………………………………………………………（93）
 第六节 加重酸/加重剂 ………………………………………………………………（94）
  一、卤盐加重剂 ……………………………………………………………………（95）
  二、其他加重剂 ……………………………………………………………………（97）
  三、性能指标 ………………………………………………………………………（98）
  四、应用情况 ……………………………………………………………………（100）
  五、小结 …………………………………………………………………………（101）
 第七节 缓蚀剂 …………………………………………………………………………（101）
  一、无机缓蚀剂 …………………………………………………………………（101）
  二、有机缓蚀剂 …………………………………………………………………（103）
  三、绿色缓蚀剂 …………………………………………………………………（122）
  四、增效剂 ………………………………………………………………………（123）
  五、小结 …………………………………………………………………………（125）
 第八节 铁离子稳定剂 …………………………………………………………………（128）
  一、pH 值控制剂 …………………………………………………………………（128）
  二、螯合剂 ………………………………………………………………………（129）
  三、还原剂 ………………………………………………………………………（132）
  四、多元复配体系 ………………………………………………………………（132）
  五、小结 …………………………………………………………………………（133）
 第九节 酸岩反应动力学参数 …………………………………………………………（134）
  一、计算方法 ……………………………………………………………………（134）
  二、不同酸液的高温反应动力学比较 …………………………………………（135）

三、酸岩反应参数总结 …………………………………………………… (137)
　　四、温度对传质系数的影响 ……………………………………………… (139)
　　五、小结 …………………………………………………………………… (141)
第三章　高温高压超深储层增产改造液其他配套添加剂 ………………… (142)
　第一节　转向剂/暂堵剂 ……………………………………………………… (142)
　　一、化学微粒暂堵技术 …………………………………………………… (143)
　　二、纤维暂堵技术 ………………………………………………………… (148)
　　三、胶塞暂堵技术 ………………………………………………………… (152)
　　四、表面活性剂转向技术 ………………………………………………… (155)
　　五、复合类暂堵剂 ………………………………………………………… (160)
　　六、新型暂堵剂 …………………………………………………………… (161)
　　七、小结 …………………………………………………………………… (164)
　第二节　除氧剂 ……………………………………………………………… (165)
　　一、氧气降解聚合物原理 ………………………………………………… (165)
　　二、脱氧剂碳酰肼 ………………………………………………………… (165)
　　三、硫代硫酸钠 …………………………………………………………… (167)
　　四、肟类化合物 …………………………………………………………… (167)
　　五、小结 …………………………………………………………………… (168)
　第三节　除硫剂 ……………………………………………………………… (168)
　　一、压裂液除硫剂 ………………………………………………………… (168)
　　二、SQR 除硫剂 …………………………………………………………… (168)
　　三、常用除硫剂结构及原理 ……………………………………………… (168)
　　四、各类除硫剂除硫效率 ………………………………………………… (170)
　　五、小结 …………………………………………………………………… (171)
参考文献 ………………………………………………………………………… (172)

第一章　高温高压超深储层压裂液体系及添加剂

高温高压超深储层压裂液体系及添加剂的研发重点主要是体系的耐温性和减阻性，耐温程度越高，减阻性能越好，压裂施工后的增产效果就越好。具体而言，压裂液要求耐高温，同时必须耐剪切、携砂性能稳定、摩阻低，且现场可配制、泵送性能良好。就施工安全而言，高压储层施工风险高，压裂液的加重尤为重要。基于此，下面将从压裂液体系、加重剂、交联剂、破胶剂、减阻剂以及黏度稳定剂等方面分别进行介绍。

第一节　高温压裂液/稠化剂

国内外开发的超高温压裂液按稠化剂类型主要分为3类：（1）以植物胶为稠化剂的生物聚合物压裂液，主要是瓜尔胶衍生物类；（2）以表面活性剂为稠化剂的黏弹性表面活性剂压裂液，主要是阳离子型表面活性剂类；（3）以合成聚合物为稠化剂的压裂液，主要是聚丙烯酰胺类聚合物。

一、生物聚合物压裂液

1. 瓜尔胶

植物胶（如瓜尔胶和纤维素）在压裂液中的应用可追溯到1953年，当时它们被用作酸压处理中的压裂液增稠剂。水力压裂常用的植物胶的化学结构如图1-1所示。而硼交联的瓜尔胶基聚合物是水力压裂最常用的压裂液类型，但是普遍不耐高温[1]，Gupta和Carman指出，182℃为瓜尔胶体系使用的温度上限[2]。因此，对植物胶进行化学改性以提高耐温性是非常有研究价值的。

斯伦贝谢公司最早提出硼交联瓜尔胶体系[4]。其延迟交联压裂液体系包括硼酸盐交联的半乳甘露聚糖，例如瓜尔胶或羟丙基瓜尔胶（HPG）。在碱性水溶液中使用有机多元醇对硼进行络合，硼作为延迟交联剂，在低于148℃的温度范围内增加压裂液的高温稳定性（$40s^{-1}$）。后来也用有机锆交联瓜尔胶，专利US6737386[5]提出的天然瓜尔胶体系为天然瓜尔胶+乳酸锆（交联剂）+硫代硫酸钠（稳定剂）+柠檬酸或柠檬酸盐（延迟剂），在170℃、$40s^{-1}$条件下剪切4h，黏度为200~350mPa·s，而瓜尔胶衍生物压裂液在相同条件下黏度为400mPa·s，从侧面反映了瓜尔胶衍生物比瓜尔胶更具耐温性。专利US2013000915[6]提出了耐175℃高温的压裂液体系：2%~35%（质量分数）瓜尔胶+0.1%（质量分数）以上高温稳定剂（硫代硫酸盐和三烷醇胺）+0.5%~8%（质量分数）NaOH+2%~35%（质量分数）交联剂（硼/钛/锆）+2%~25%（质量分数）交联延迟剂（葡萄糖酸盐）+黏土稳定剂（KCl）+破胶剂（胶囊溴酸盐）+乙醇/二醇。

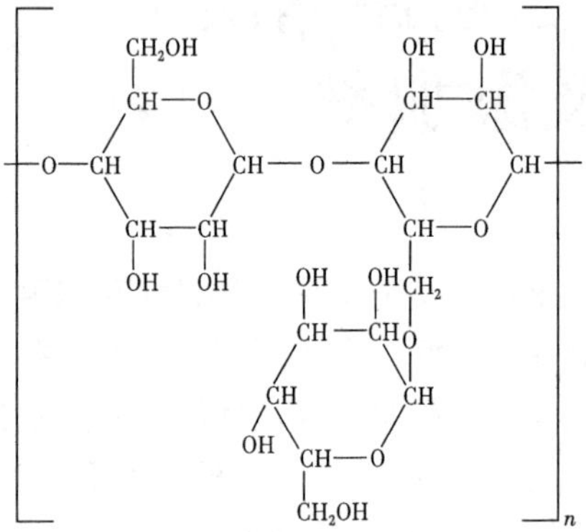

(a)瓜尔胶

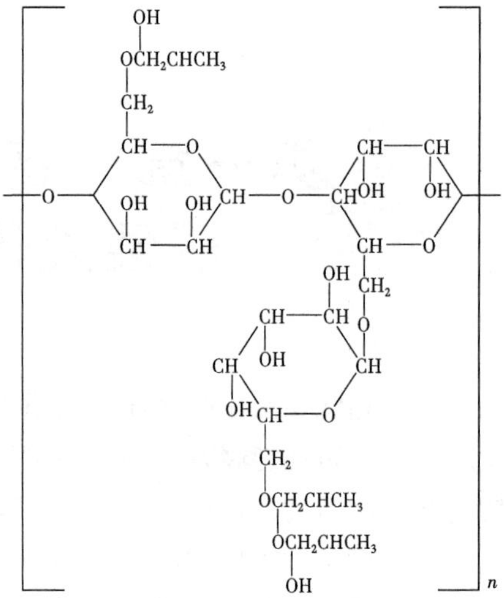

(b)羟丙基瓜尔胶（HPG）

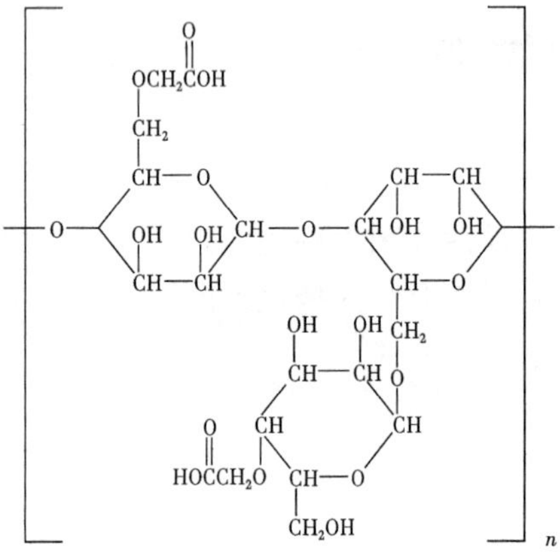

(c)羧甲基瓜尔胶（CMG）

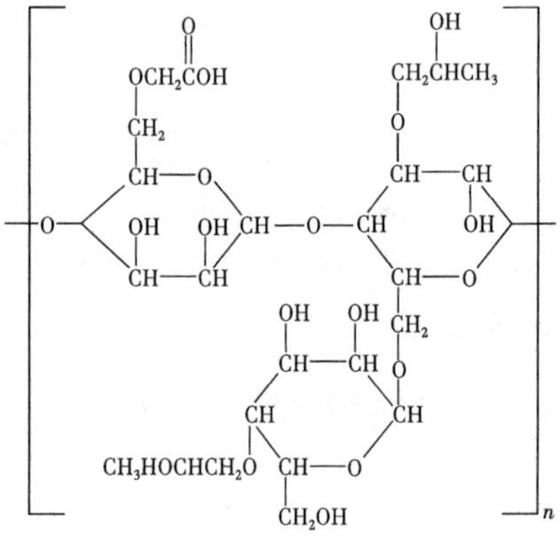

(d)羧甲基羟丙基瓜尔胶（CMHPG）

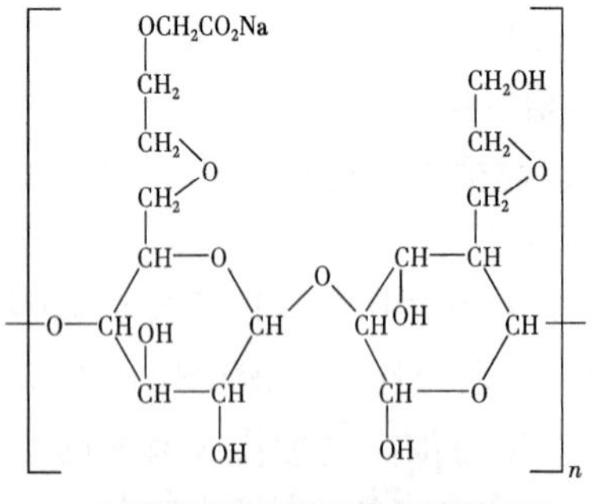

(e)羧甲基羟乙基纤维素（CMHEC）

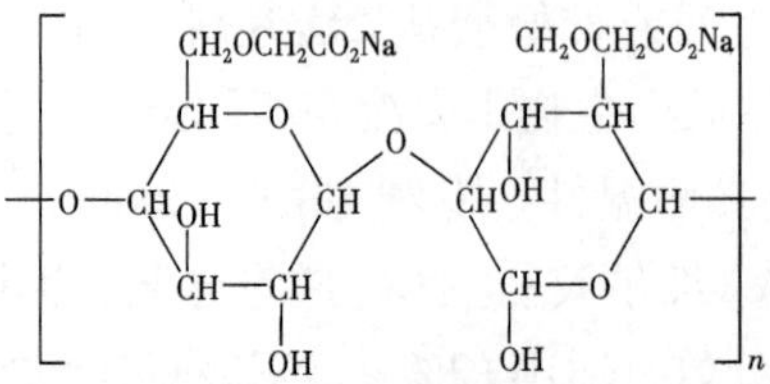

(f)羧甲基纤维素（CMC）

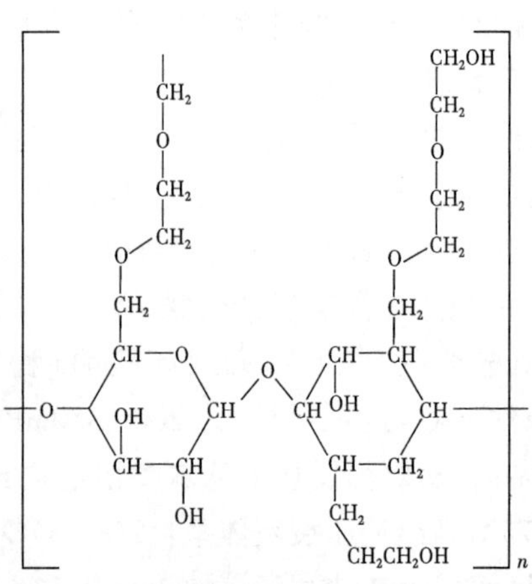

(g)羟乙基纤维素（HEC）

图1-1　水力压裂用常见植物胶的化学结构[3]

在瓜尔胶原粉中加入阳离子醚化剂得到超高温改性瓜尔胶 GHPG（图1-2）[7]。配方为 0.6%GHPG 超高温改性瓜尔胶+0.3%有机硼锆复合交联剂+1%温度稳定剂的压裂液体系，在 198℃、170s^{-1} 条件下连续剪切 120min 后，黏度仍维持在 100mPa·s 左右。加入 0.02% 的破胶剂 $(NH_4)_2S_2O_8$，破胶液黏度仅为 1.87mPa·s，表面张力仅为 28.6mN/m，岩心伤害率为 22.3%，残渣率为 10.6%。这种超高温压裂液在胜利油田桩古63井 4738.2~4742.4m 井段应用，压裂井段温度为 184.6℃。实施压裂改造后3天，累计排液 166.06m³，压裂液返排率达 74.9%，日产气 10800m³。

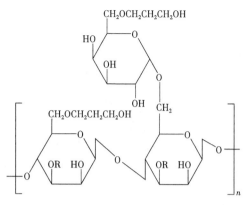

图1-2 改性的超高温瓜尔胶结构示意图

相比于瓜尔胶，瓜尔胶衍生物更适合高温环境，例如羟丙基瓜尔胶。而为了满足更高温度（200℃），也往往需要对羟丙基瓜尔胶进行接枝改性。例如，靳剑霞以羟丙基瓜尔胶、2-吡咯烷酮和（2-氯乙基）三甲基氯化铵为原料，合成了新型改性羟丙基瓜尔胶稠化剂[8]。配方为 0.6% 改性羟丙基瓜尔胶+有机硼锆交联剂 BH-GWJL+0.1% 温度稳定剂 BZGCY-Y-WD（交联比为 100:0.4）的压裂液体系，在 200℃、170s^{-1} 条件下剪切 120min 后，黏度保持在 60mPa·s 以上。破胶后黏度为 3.1mPa·s，表面张力为 23.9mN/m，界面张力为 1.2mN/m，残渣含量为 284.1mg/L，岩心伤害率为 19.23%。同时，使用该稠化剂作为添加剂的压裂液在冀东油田某井裸眼井段 5590.0~5620.0m 进行了现场压裂试验，该井目的层温度约为 195℃，8.5m³/min 排量保持压力在 54MPa 左右，加砂 20m³，停泵压力为 44MPa，施工顺利。

2. 刺梧桐胶

Chauhan 将植物胶刺梧桐胶与 SiO_2 复配增强植物胶耐温性，1.75% 刺梧桐胶+0.50% SiO_2 在 150℃、100s^{-1} 条件下黏度为 340mPa·s，如图1-3所示。100℃下，使用 20~40 目支撑剂对瓜尔胶、刺梧桐胶和刺梧桐胶-SiO_2 复合材料进行悬砂实验，悬浮性能良好，SiO_2 的加入提高了刺梧桐胶的耐温性能和悬砂性能[9]。

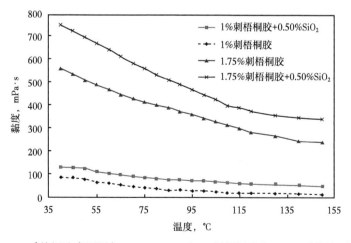

图1-3 100s^{-1} 剪切速率下添加 0.50%SiO_2 对 1% 刺梧桐胶和 1.75% 刺梧桐胶的影响

HPAM 与羟丙基瓜尔胶（HPG）复合[10]，再加入有机锆交联剂和抗氧剂吩噻嗪，在 200℃和 170s^{-1}条件下连续剪切 2.5h，压裂液黏度大于 80mPa·s。并且在 200℃条件下恒温 20h，破胶液黏度为 3.6mPa·s。

二、黏弹性表面活性剂压裂液

黏弹性表面活性剂压裂液（VES 压裂液）是用表面活性剂作为增稠剂提高压裂液黏度，其具有分散溶解快、成胶速度可控、配液方便、对储层伤害小的优点，但是缺点也是致命的。其低耐温（一般不超过 120℃）、低黏度、高成本的缺点限制了其在高温深井储层的应用。但是国内外学者通过合成新型表面活性剂，依然有将 VES 压裂液耐温性提高到 160℃的案例。

斯伦贝谢公司[11-12]提出了 BET-E-40 表面活性剂，它是芥酸酰胺丙基甜菜碱。10% BET-E-40+5%甲醇在 160℃、170s^{-1}条件下老化 24h，黏度为 100mPa·s，具有高耐温性。芥酸与 N,N-二甲氨基丙胺制备芥酸酰基丙基二甲基叔胺，再用乙醇胺、环氧氯丙烷和芥酸酰基丙基二甲基叔胺反应得到稠化剂 YC-22[13-14]（Gemini 型阳离子黏弹性表面活性剂）。5.0%的稠化剂 YC-22 和 1%无机盐（氯化钾和溴化钾）配制成清洁压裂液，在 139℃、170s^{-1}条件下剪切 60min 后，黏度在 139mPa·s 左右，在 160℃、170s^{-1}条件下剪切 2h 后，黏度仍然保持在 40mPa·s 左右，而且与煤油接触后能够彻底破胶，无残渣。在 120℃进行支撑剂悬浮实验，40min 后出现轻微沉降，后稳定 180min 以上。常温下，破胶液的黏度在 3h 内仅为 1~3mPa·s。基于该合成机理，后来有关于耐温 140℃、VES 使用浓度 5%的清洁压裂液体系的报道，其在 140℃和 170s^{-1}条件下剪切 60min 后，黏度保持在 150mPa·s 左右[15]。专利 US10894761[16]通过二乙醇胺+亚硫酰氯+不饱和 C$_{17}$—C$_{21}$脂肪酸酰胺丙基二甲胺（如 N,N-二甲基油酰胺丙基胺或芥酸酰胺丙基-N,N-二甲胺）合成阳离子双子表面活性剂（图 1-4），在 160℃、170s^{-1}条件下连续剪切 120min 后，黏度仍大于 50mPa·s。

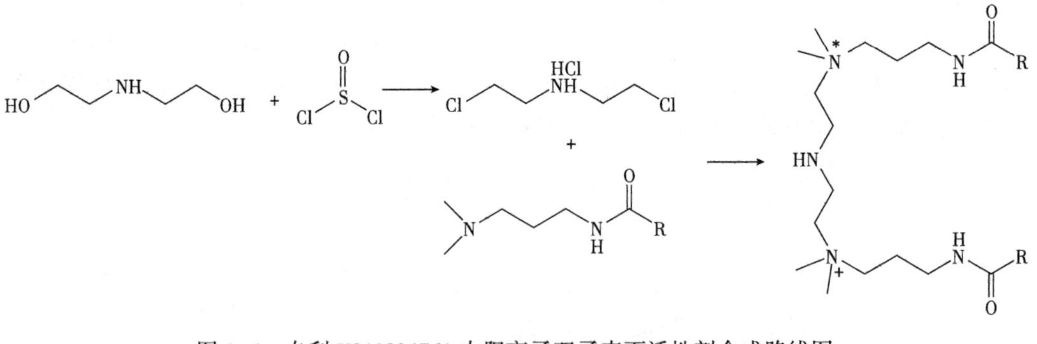

图 1-4 专利 US10894761 中阳离子双子表面活性剂合成路线图

增加表面活性剂疏水尾端的条数也可以提高压裂液耐温性。比如将 N,N-二甲基-1, 3-丙二胺和环氧氯丙烷合成中间单体，然后与芥酸丙基二甲胺合成三疏尾表面活性剂 VES-T[17]，合成路线如图 1-5 所示。5% VES-T+1.2%水杨酸钠压裂液在 160℃、170s^{-1}条件下剪切 80min，黏度维持在 100mPa·s（图 1-6）；在 180℃、170s^{-1}条件下剪切 80min，黏度维持在 50mPa·s（图 1-7）。用 20~40 目支撑剂在 80℃下进行静态支撑剂沉降试验，120min 后几乎没有支撑剂沉积，而在 3% VES-T 的流体样品中，支撑剂沉降速率为 0.007mm/s。在标准盐水中 1.3h 内破胶，破胶液黏度为 2.9mPa·s。

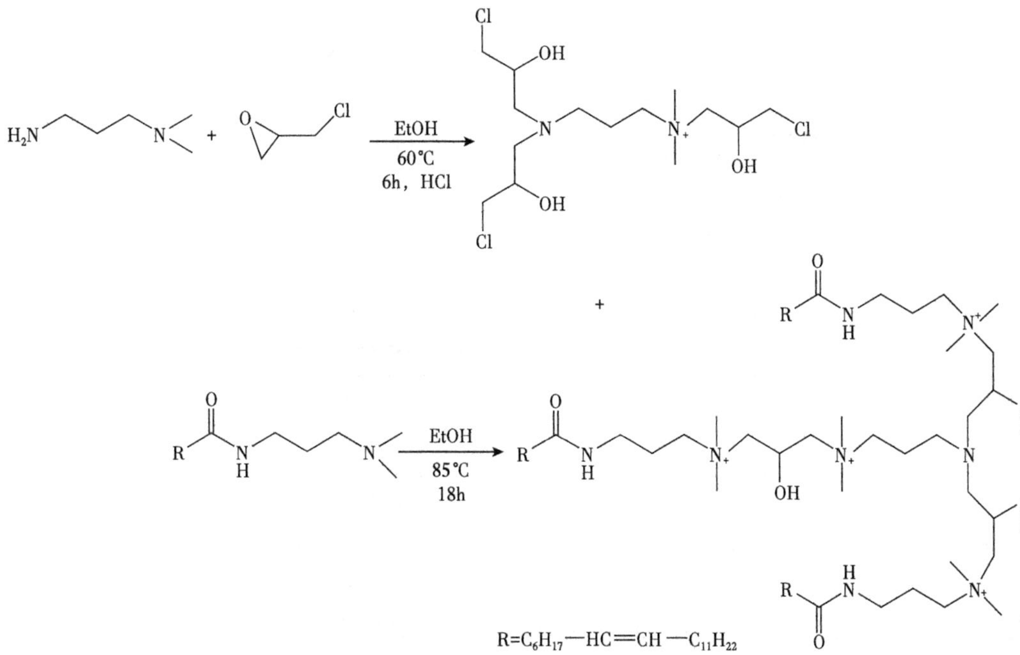

图 1-5 VES-T 合成路线图

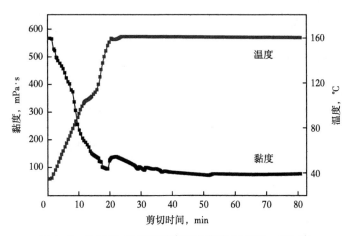

图 1-6 含 VES-T 的压裂液流变曲线（160℃、170s^{-1}）

通过在 VES 胶束中添加纳米材料，也可以提高体系在高温下的黏度[18]。基于纳米材料与表面活性剂蠕虫状胶束相互作用可以形成稳固的拟交联三维网状结构，可提高 VES 压裂液的耐温性及抗滤失性能，乐雷等[19]使用超声波振荡的方法将多壁碳纳米管和两性表面活性剂混合，研制了一种纳米复合 VES 压裂液，体系为 3%BET-12 两性表面活性剂+0.3%MWNT。在 150℃、170s^{-1} 条件下，该压裂液黏度仍能保持在 20mPa·s 以上。该体系破胶后黏度小于 2.24mPa·s，表面张力小于 24.3mN/m，破胶液对裂缝导流能力的伤害率为 8.9%。

此外，无水压裂液也能够有效提高体系耐温性。采用磷酸三乙酯（TEP）、五氧化二磷（P_2O_5）和单醇反应制备磷酸酯二烷基胶凝剂，而铁交联剂将由硫酸铁、无水柠檬酸、乙醇

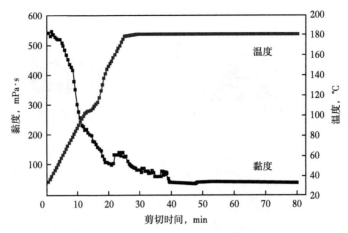

图1-7 含VES-T的压裂液流变曲线(180℃、170s^{-1})

胺和十六烷基三甲基氯化铵组成[20]。该低碳烃类非水压裂液主要由磷酸酯无水胶凝剂、铁交联剂和基液(正己烷)组成。其在150℃、170s^{-1}条件下黏度大于100mPa·s（图1-8）。60℃下加入2.6%无水碳酸钠溶液，3h后破胶液黏度为5.98mPa·s，4h后黏度为4.36mPa·s。悬砂6h后下降不到5mm，悬砂性能好。

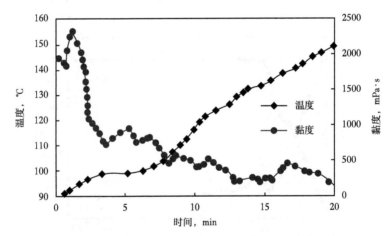

图1-8 无水压裂液在加热过程中的耐热性和抗剪切性

三、合成聚合物压裂液

可以通过接枝改性、与功能性材料共混复配等手段合成具有某种独特性质的共聚物或超分子聚合物。合成聚合物作为稠化剂往往比植物胶、表面活性剂更耐温抗盐，更加符合高温甚至超高温储层压裂液的要求。

2-丙烯酰胺-2-甲基丙磺酸、丙烯酰胺和丙烯酸合成三元共聚物HT Gel[21-23]，分子结构如图1-9所示，压裂液体系主要为0.79%HT Gel+0.3%锆交联剂组成。在204℃、40s^{-1}条件下剪切60min，黏度大于1000mPa·s；剪切90min，黏度在500mPa·s左右。破胶后黏度小于2.6mPa·s。在204℃以上时，聚合物在24h内自发破胶，黏度小于17mPa·s，加入0.03%破胶剂，破胶液黏度小于2.0mPa·s。哈里伯顿公司[24]用HT Gel压裂液对得克萨斯南部两口气井进行压裂施工，两口井处理深度分别为 7100m 和 5760m，井底静态温度分别为 232℃ 和 223℃，天然气增产效果良好且压裂液返排彻底。

以丙烯酰胺（AM）、2-丙烯酰胺-2-甲基丙磺酸（AMPS）及乙烯基磷酸酯为单体合成了三元聚合物稠化剂[25-26]，加入反相表面活性剂及抗坏血酸稳定剂和锆交联剂，在 230℃、100s^{-1} 条件下连续

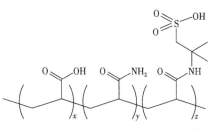

图 1-9　三元共聚物 HT Gel 分子结构

剪切 120min 后，保留黏度大于 100mPa·s。加入破胶剂后，在 200℃ 静态条件下老化 16h，然后在室温下破胶，破胶液黏度小于 2mPa·s。

以丙烯酰胺、2-丙烯酰胺-2-甲基丙磺酸及丙烯酰吗啉（ACMO）为原料制备三元聚合物稠化剂 APC-30[27]。配方为 0.45% 稠化剂 APC-30+0.025% 有机锆交联剂+0.015% pH 值调节剂柠檬酸的压裂液体系，在 210℃、170s^{-1} 条件下剪切 2h 后的黏度约为 175.8mPa·s。破胶 1h 后黏度为 3.2mPa·s，残渣含量为 16.5mg/L。

用 N，N-二甲基丙烯酰胺（DMAM）、2-丙烯酰胺-2-甲基丙磺酸钠和丙烯酰胺合成稠化剂[28]，在 200℃ 和 170s^{-1} 条件下剪切 120min，压裂液黏度为 176mPa·s。牛东 101 井位于潜山油藏，埋深 5584.2~5930.0m，地层温度为 205℃，地层压力系数为 0.99。采用高温压裂液与酸交替注入的多级注入封闭酸化技术，注入超高温流体 380m³、酸液 310m³、闭合酸液 40m³，总注入液量为 730m³，仅为牛东 1 井用量的一半。平均日产油 63m³，平均日产气 10.3×10⁴m³，累计产油 9647t，累计产气 2321×10⁴m³，增产效果明显，且经济成本下降 45.6%。在此三元聚合物基础上，用螯合型锆进行交联[29]，其压裂液在 220℃、170s^{-1} 条件下剪切 90min 后，黏度可达 130mPa·s。在 60℃ 下进行悬砂实验，颗粒沉降速率为 0，加入 0.05%~0.1% 过硫酸盐作为破胶剂，90℃ 下 1~4h 内彻底破胶，黏度降至 5mPa·s 以下，破胶后残渣含量为 41mg/L，破胶液的表面张力为 27.31mN/m，界面张力为 7.81mN/m。X-1 井深 5790~6034m，温度为 211℃，压力 58.2MPa。采用多级酸化注入技术。压裂液体积为 400m³，酸液体积为 210m³，处理液总体积为 680m³。压裂后产油 73m³/d，产气 10.5×10⁴m³/d。

以 2-环氧硫杂蒽酮（2-EP-TX）为光引发剂，对聚酰胺-胺（PAMAM）进行改性，得到星形聚合物 PAMAM-8-TX，然后与丙烯酰胺、2-丙烯酰胺-2-甲基丙磺酸和 2-甲基丙烯酰氧乙基-二甲基十二烷基溴化铵（DMDA）聚合生成树枝状星形聚丙烯酰胺（DSPAM）[30]，合成路线如图 1-10 所示。压裂液体系为 0.5% DSPAM+交联剂 JH-1（浓度 100∶0.6），在 140℃、170s^{-1} 条件下剪切 120min 后，黏度大于 140mPa·s。在 20~40 目支撑剂、50% 砂比下进行悬砂实验，90℃ 下颗粒沉降速率为 0.095cm/min，60℃ 下颗粒沉降速率为 0.05278cm/min。90℃ 加入 0.12% 破胶剂，6h 破胶后黏度为 2.8mPa·s，无残留。

丙烯酰胺、丙烯酸钠和 N-（3-甲基丙烯酰胺丙基）-N，N-二甲基十二烷-1-胺（MAO-12DMA）反应生成三元共聚物 AAM[31]，合成路线如图 1-11 所示。0.6%（质量分数）AAM 在 160℃、170s^{-1} 条件下剪切 2h 后，黏度约为 50mPa·s。在 20~40 目支撑剂、不同砂比（10%、20% 和 30%）条件下进行悬砂实验，颗粒沉降速率分别为 0.31cm/min、0.27cm/min 和 0.21cm/min。120℃ 加入 0.005%~0.03% APS 破胶剂，3h 破胶后黏度小于 2mPa·s，表面张力小于 25mN/m。

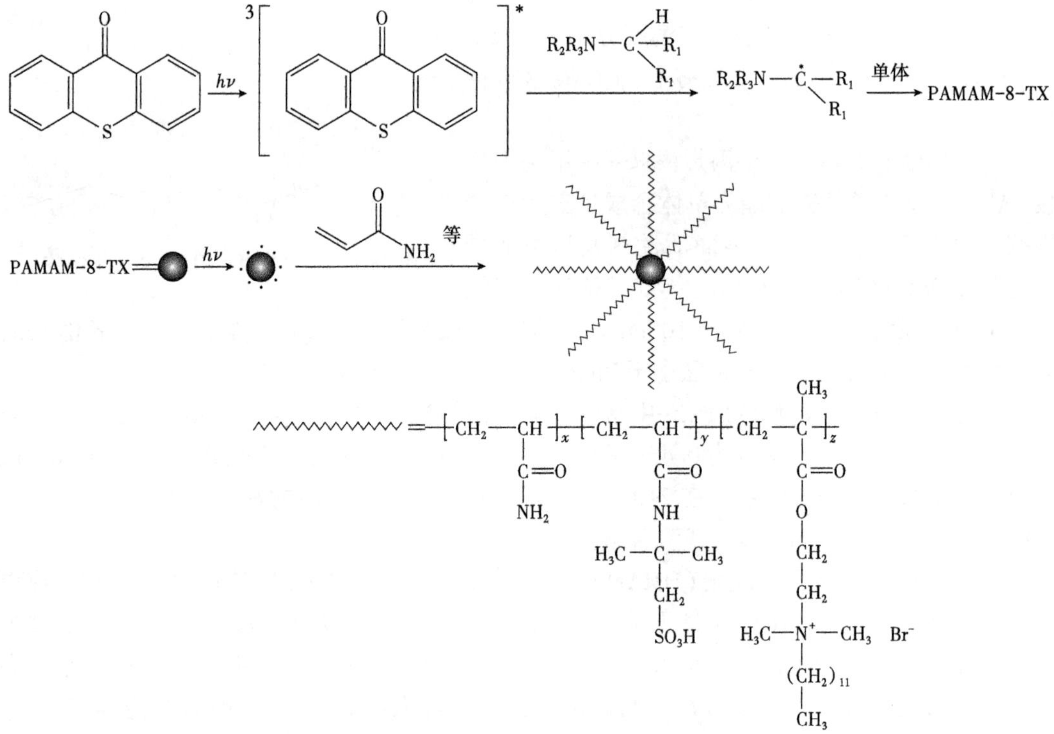

图1-10 树枝状星形聚丙烯酰胺（DSPAM）合成路线图

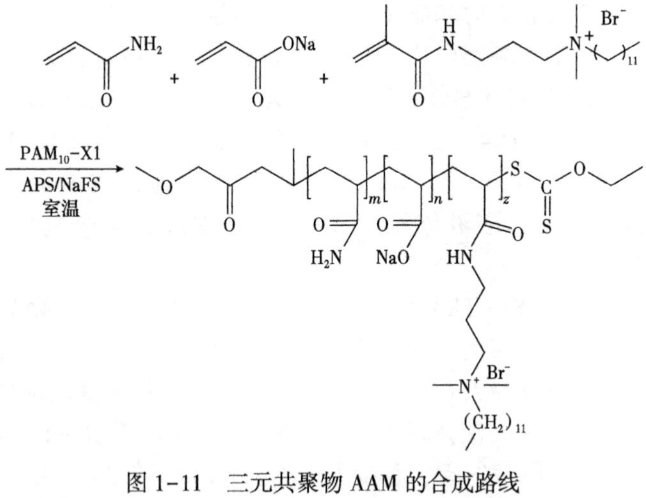

图1-11 三元共聚物AAM的合成路线

以丙烯酰胺、丙烯酸、对苯乙烯磺酸钠（PS）、二甲基二烯丙基氯化铵（DMDAAC）为原料，制备耐温增稠剂LK[32]，合成路线如图1-12所示。压裂液体系为0.6%增稠剂+pH值调节剂+0.5%交联剂+0.01%混凝剂+0.4%净化剂，该体系在180℃、170s^{-1}条件下剪切90min黏度为100mPa·s，在200℃、170s^{-1}条件下剪切90min黏度为50mPa·s。60℃下破胶150min后黏度为4.7mPa·s，表面张力为23.15mN/m，界面张力为0.87mN/m，残渣量为156.4mg/L。80℃下破胶80min后黏度为3.2mPa·s，表面张力为21.58mN/m，界面张力为0.75mN/m，残渣量为151.0mg/L。

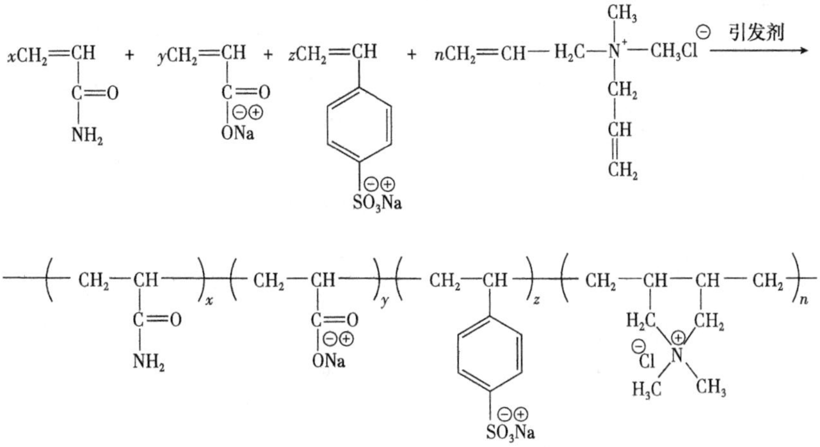

图 1-12 增稠剂 LK 的合成路线

疏水缔合物 HAWSPs 与 N-乙烯基-2-吡咯烷酮（NVP）聚合合成聚合物 PAANM，以聚乙烯亚胺（PEI）为交联剂，再加入除氧剂碳酰肼提高稠化剂耐温性，提高耐温性的三步策略如图 1-13 所示[33]。0.6%PAANM+0.015%PEI+0.1%碳酰肼形成 PAMNM 压裂液，在 200℃、170s^{-1} 条件下剪切 120min，黏度为 50mPa·s。陶粒在压裂液中的沉降速率低于 0.48cm/min，与支撑剂浓度无关。加入溴酸钠破胶剂，破胶彻底。而直接用 0.3%PAANM 形成的压裂液只能耐温 120℃[34]。

通过聚乙烯亚胺交联提高耐温性，专利 US10633576[35]也是采用该思路。通过丙烯酰胺、丙烯酸、2-丙烯酰胺-2-甲基丙磺酸、N-乙烯基-2-吡咯烷酮（或对苯乙烯磺酸钠）和

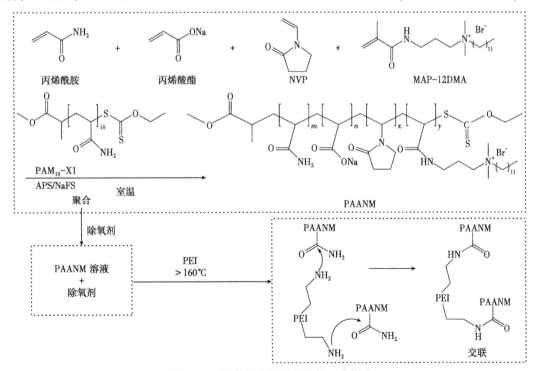

图 1-13 提高稠化剂耐温性的三步策略

阳离子疏水单体(二甲基亚丙基氯化铵、[2-(甲基丙烯酰氧基)乙基]三甲基氯化铵及二甲基十八烷基烯丙基氯化铵中的一种)合成稠化剂。压裂液体系为0.4%~0.8%稠化剂+0.015%~0.02%聚乙烯亚胺交联剂+0.04%~0.06%破胶剂[过硫酸铵胶囊和(或)过硫酸铵],在200℃、170s^{-1}条件下剪切90min,黏度在75mPa·s左右。

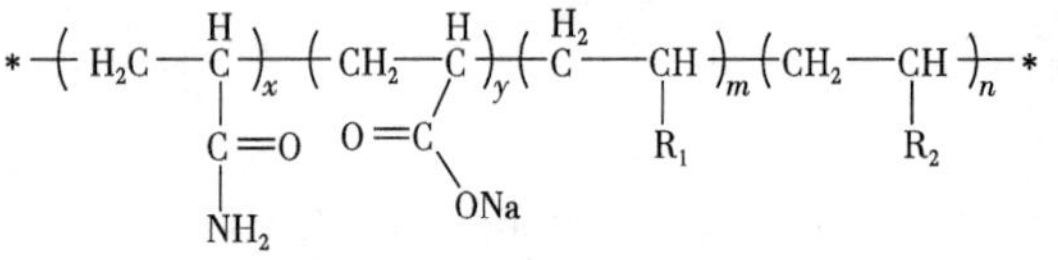

合成聚合物与表面活性剂复配,可以有效提高压裂液耐温性。丙烯酰胺、丙烯酸钠、酰胺单体和季铵单体等可以合成超分子聚合物稠化剂SMPT[36],结构如图1-14所示。增稠剂(SMPT)和甜菜碱两性黏弹性表面活性剂(VES)可以

图1-14 SMPT的结构

组成超分子黏弹性流体(SM-VF)。压裂液体系为0.6%(质量分数)SMPT+0.5%(质量分数)VES+2%(质量分数)KCl,在150℃、170s^{-1}条件下剪切90min后,黏度大于50mPa·s。在80℃下进行悬砂实验,颗粒沉降速率为$4.9×10^{-3}$mm/s。30℃下,破胶后黏度小于2.87mPa·s,破胶液的表面张力小于26.37mN/m,界面张力小于0.69mN/m,岩心伤害率为12.7%。

也有学者将AM、丙烯酸钠、N,N-二甲基丙烯酰胺(DMAM)和季铵盐表面活性剂单体QASM(图1-15)合成疏水改性聚合物增稠剂HMPT(图1-16),然后与芥酸酰胺丙基羟基磺基甜菜碱表面活性剂EHSB(图1-17)混合形成凝胶[37]。0.4%(质量分数)、0.6%(质量分数)和0.8%(质量分数)HMPT+0.5%(质量分数)EHSB在90℃、120℃和150℃下获得最大黏度,170s^{-1}剪切120min维持的最终黏度大于50mPa·s。0.4%~0.8%(质量分数)HMPT+0.5%(质量分数)EHSB在30℃下悬砂沉降速率最大0.75cm/min,在60℃下悬砂沉降速率最大0.45cm/min。岩心伤害率为12.2%。

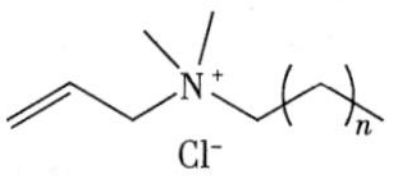

图1-15 季铵盐表面活性剂单体QASM结构示意图

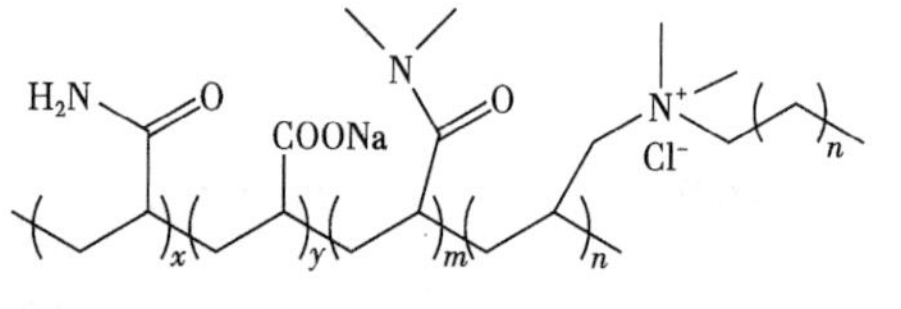

图1-16 HMPT结构示意图

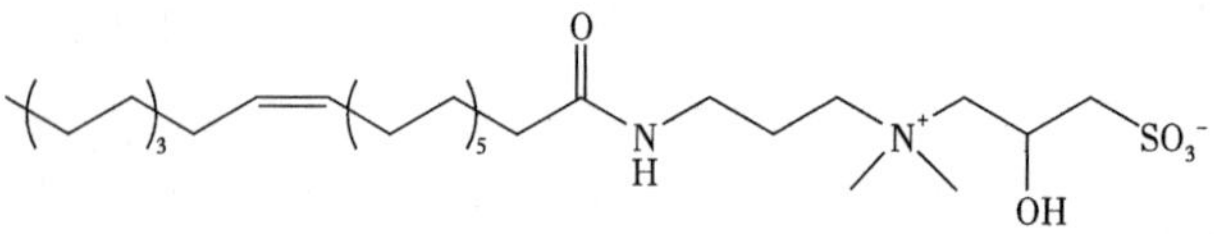

图1-17 EHSB结构示意图

就像其他压裂液中添加纳米材料一样,合成聚合物中添加纳米材料也能提高体系性能。2020年,沙特阿拉伯石油公司[38]将纳米材料加入PAM基聚合物中,形成可耐150℃的压裂液体系:0.0001%~0.006%丙烯酰氨基聚合物+0.0002%~2% 0.4~500nm纳米粒子(氧化锆、氧化钛)+0.02%~2%锆交联剂+破胶剂。

也有学者通过AM、AA、对苯乙烯磺酸钠(SSS)、二甲基二烯丙基氯化铵(DMDAAC)和多壁碳纳米管(MWCNTs)的原位聚合,合成一种新型树枝状支化纳米增稠剂[39],合成路线如图1-18所示。压裂液体系为0.5%增稠剂+0.1%温度稳定剂($Na_2S_2O_3$)+1% KCl+0.5%交联剂,在120℃、170s^{-1}条件下剪切120min,黏度大于100mPa·s(图1-19)。用60~

80目支撑剂进行悬砂实验，60℃下沉降速率为1.27mm/min，90℃下沉降速率为4.24mm/min。加入0.5%破胶剂，90℃下破胶70min，破胶液黏度为3.3mPa·s，表面张力为22.38mN/m，残渣量为194.5mg/L；120℃下破胶40min，破胶液黏度为2.9mPa·s，表面张力为21.15mN/m，残渣量为185.0mg/L。

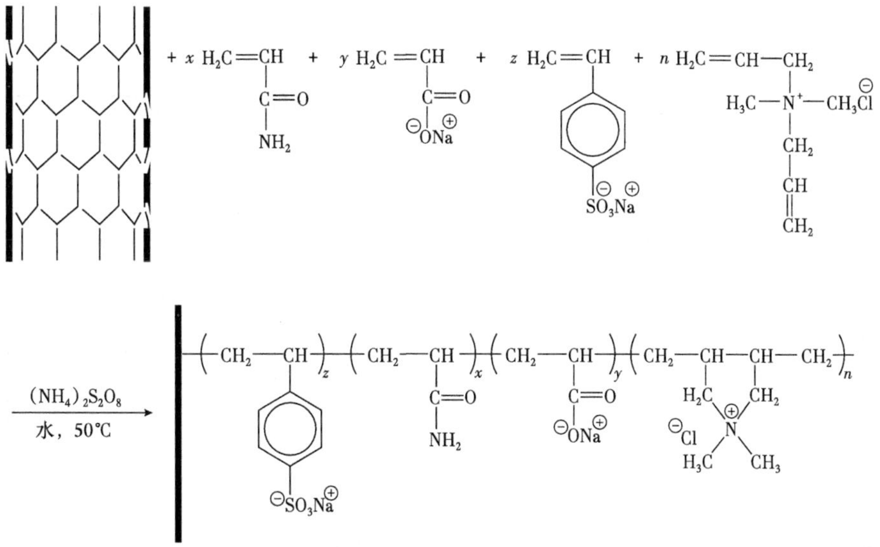

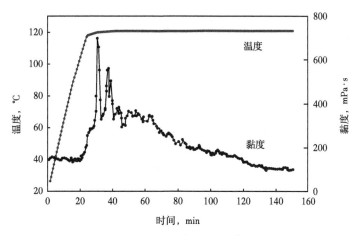

图1-18 纳米增稠剂的合成路线

图1-19 纳米凝胶流变曲线

四、小结

生物聚合物压裂液主要以植物胶为稠化剂，其中瓜尔胶衍生物更加适合高温环境，但也仅限制于180℃，通过再改性耐温可以达到200℃。而表面活性剂本身受温度影响较大，在高温应用中会受到阻碍，而近几年合成的耐高温的新型表面活性剂具有双疏尾，甚至三疏尾特征，可以有效提高耐温性，但目前最高的耐受温度仅160℃。PAM基合成聚合物对于高温储层比较有应用前景，因为通过耐温单体共聚可以比较容易地获得耐（超）高温的共聚物。另外，一些增效手段，如表面活性剂—聚合物复配、纳米—聚合物共混也逐渐成为进一步提高耐温门槛的有效策略。高温压裂液体系、性能和应用归纳总结见表1-1。

表1-1 不同稠化剂组成的压裂液体系性能及应用对比

稠化剂	压裂液体系	黏温性能 温度 ℃	剪切速率 s⁻¹	剪切时间 min	黏度 mPa·s	破胶性能 破胶液黏度 mPa·s	破胶液表面张力 mN/m	破胶液界面张力 mN/m	清洁性能 岩心伤害率 %	残渣含量 mg/L	支撑剂沉降速率 mm/min	现场应用情况	参考文献
瓜尔胶	有机硼+瓜尔胶	148	40	—	—	—	—	—	—	—	—		[4]
瓜尔胶	瓜尔胶+乳酸锆+硫代硫酸钠+柠檬酸或柠檬酸盐	170	40	240	200~350	—	—	—	—	—	—		[5]
瓜尔胶	2%~35%瓜尔胶+0.1%以上高温稳定剂+2%~35%交联剂+2%~25%交联延迟剂+乙醇/二醇	175	—	—	—	—	—	—	—	—	—		[6]
改性瓜尔胶GHPG	0.6%GHPG+0.3%有机硼锆+1%温度稳定剂	198	170	120	100	1.87	28.6	—	22.3	—	—	胜利油田桩古63井(4738.2~4742.4m; 184.6℃)	[7]
改性羟丙基瓜尔胶	0.6%改性羟丙基瓜尔胶+有机硼锆+0.1%温度稳定剂	200	170	120	>60	3.1	23.9	1.2	19.23	284.1	—	冀东油田某井(5590.0~5620.0m; 195℃)	[8]
刺梧桐胶	1.75%刺梧桐胶+0.50%SiO₂	150	100	340	—	3.6	—	—	—	—	—		[9]
HPAM与HPG	HPAM与HPG+有机锆+盼噻唑	200	170	150	>80	—	—	—	—	—	—		[10]
芥酸酰胺丙基甜菜碱BET-E-40	10%BET-E-40+5%甲醇	160	170	1440	100	—	—	—	—	—	—		[12]
Gemini型表面活性剂		139	170	60	139	—	—	—	—	—	—		
表面活性剂YC-22	5.0%YC-22+1%KCl	160	170	120	40	1~3	—	—	—	—	稳定180min以上		[13]

续表

稠化剂		压裂液体系	黏温性能				破胶性能			清洁性能		支撑剂沉降速率 mm/min	现场应用情况	参考文献
			温度 ℃	剪切速率 s⁻¹	剪切时间 min	黏度 mPa·s	破胶液黏度 mPa·s	破胶液表面张力 mN/m	破胶液界面张力 mN/m	岩心伤害率 %	残渣含量 mg/L			
表面活性剂	Gemini型表面活性剂		160	170	120	>50	—	—	—	—	—	—		[16]
	三疏尾表面活性剂 VES-T	5%VES-T+1.2%水杨酸钠	160	170	80	100	2.9	—	—	—	—	稳定120min以上		[17]
			180	170	80	50	—	—	—	—	—			
	两性表面活性剂 BET-12	3%BET-12+0.3%MWNT	150	170	—	20	<2.24	<24.3	—	8.9	—	—		[19]
	二烷基磷酸酯	磷酸酯无水胶凝剂+铁交联剂+基液(正己烷)	150	170	60	>100	5.98	—	—	—	—	0.014		[20]
合成聚合物	三元共聚物 HT Gel	0.79%HT Gel+0.3%锆	204	40	60	>1000	—	—	—	—	—	—	得克萨斯南部两口气井(7100m, 232℃; 5760m, 223℃)	[21]–[23]
					90	500	<2.6	—	—	—	—	—		
	三元共聚物	三元共聚物+反相表面活性剂+抗坏血酸+锆	230	100	120	>100	<2	—	—	—	—	—		[25]–[26]
	三元共聚物 APC-30	0.45%APC-30+0.025%有机锆+0.015%柠檬酸	210	170	120	175.8	3.2	—	—	—	16.5	—		[27]
	三元共聚物		200	170	120	176	—	—	—	—	—	—	牛东101井(5584.2~5930.0m; 205℃)	[28]
	三元共聚物	三元共聚物+锆	220	170	90	130	<5	27.31	7.81	—	41	0	X-1井(5790~6034m; 211℃)	[29]
	树枝状星形聚丙烯酰胺 DSPAM	0.5%DSPAM+交联剂JH-1	140	170	120	>140	2.8	—	—	—	—	0.95(90℃) 0.53(60℃)		[30]

续表

	稠化剂	压裂液体系	黏温性能				破胶性能			清洁性能		支撑剂沉降速率 mm/min	现场应用情况	参考文献
			温度 ℃	剪切速率 s⁻¹	剪切时间 min	黏度 mPa·s	破胶液黏度 mPa·s	破胶液表面张力 mN/m	破胶液界面张力 mN/m	岩心伤害率 %	残渣含量 mg/L			
合成聚合物	三元共聚物 AAM	0.6%（质量分数）AAM	160	170	120	50	<2	<25	—	—	—	<0.31		[31]
	四元共聚物 LK	0.6%LK+0.5%交联剂+0.01%混凝剂+0.4%净化剂	180	170	90	100	3.2	21.58	0.75	—	151.0	—		[32]
	四元共聚物 PAANM	0.6%PAANM+0.015%PEI+0.1%碳酰肼	200	170	90	50	—	—	—	—	<4.8	—		[33]
	五元共聚物	0.4%~0.8%稠化剂+0.015%~0.02%PEI+0.04%~0.06%破胶剂	200	170	120	50	—	—	—	—	—	—		[35]
	四元共聚物 SMPT+两性表面活性剂 SMPT	0.6%（质量分数）SMPT+0.5%（质量分数）VES+2%（质量分数）KCl	200	170	90	75	—	—	—	—	—	—		[36]
	四元共聚物 HMPT+两性表面活性剂 EHSB	0.8%（质量分数）HMPT+0.5%（质量分数）EHSB	150	170	90	>50	<2.87	<26.37	<0.69	12.7	—	0.294		[37]
	四元共聚物+碳纳米管	0.5%增稠剂+0.1%Na₂S₂O₃+1%KCl+0.5%交联剂	150	170	120	>50	—	—	—	12.2	—	0.75(30℃) 0.45(60℃)		
			120	170	120	>100	2.9	21.15	—	—	185.0	1.27(60℃) 4.24(90℃)		[39]

第二节 加重压裂液/加重剂

目前,增加压裂液密度的方法主要是在压裂液中加入密度较大且溶解能力较高的盐类,在加入大量可溶性加重剂后,压裂液的性能将发生显著变化,不同类型压裂液的表现有所不同,耐盐型压裂液(按照稠化剂类型划分)主要包括人工合成聚合物压裂液、黏弹性表面活性剂压裂液和瓜尔胶压裂液。加重剂包括卤盐加重剂、硝酸钠加重剂、甲酸盐加重剂和复合型加重剂。

一、人工合成聚合物压裂液

人工合成聚合物压裂液的稠化剂大都采用丙烯酰胺、丙烯酸(AA)和2-丙烯酰胺-2-甲基丙磺酸共聚物或其他改性聚丙烯酰胺,交联剂多采用铝酸盐、有机钛(锆)化合物等。提高聚合物的磺化度可以提高抗盐性能,但实验发现,在加入大量加重剂后,压裂液性能迅速变差,主要表现在:(1)难以挑挂,高速剪切后恢复性差;(2)残渣含量高,降解困难,易因吸附滞留造成伤害;(3)稠化剂溶解分散性差,配液困难;(4)延迟交联性能不稳定等[40]。

二、黏弹性表面活性剂压裂液

采用长链烷基 C_{20}—C_{26} 磺化甜菜碱型两性表面活性剂作为 VES 压裂液的主剂,具有良好的抗盐能力,但是作为加重压裂液,还是具有明显的不足之处:(1)抗温能力不超过120℃;(2)主剂合成工艺烦琐,加量大,成本极高;(3)黏度不高,滤失大;(4)溶解困难,配制周期长。

三、瓜尔胶压裂液

瓜尔胶和羟丙基瓜尔胶分子不显电性,与硼酸盐类交联剂的交联属螯合反应,化学键为非极性共价键,有机硼交联剂不仅延迟交联性能好,还具有优良的剪切恢复特性;加重剂溶于水会离解出大量阴阳离子,但不会与交联剂或瓜尔胶发生化学反应[41]。因此,羟丙基瓜尔胶与有机硼交联剂的组合方式是理想的加重压裂液类型,但需要通过大量实验对各种助剂进行优化。

常用的加重盐类主要有氯化钠、氯化钾、溴化钠、溴化钾、硝酸钠、甲酸钠、甲酸钾和甲酸铯,基本性能见表1-2。溴化钠的密度和溶解度均为卤盐中最高的,加重效果最为明显,国外也大多采用溴化钠作为压裂液的加重材料,但价格太高,限制了其应用范围,溴化钾也存在类似的问题。出于成本因素的考虑,国内的主要做法是将氯化钠与溴化钠按不同比例复配作为加重材料。目前,工业甲酸盐(甲酸钠、甲酸钾)产量逐年提高,且其在酸、碱性条件下性能稳定,因此在加重压裂液中应用逐渐增加。

四、卤盐加重剂

卤盐作为压裂液加重剂应用最为广泛。加重压裂液最初设计用于深水储层增产,由 NaBr 加重,并首次应用于墨西哥湾[42-43]。Bagal 等[40]在瓜尔胶中加入 1.5g/cm³ NaBr,在 120℃、100s^{-1} 条件下剪切120min,压裂液黏度大于500mPa·s。

表 1-2 常用加重盐类的密度与溶解度

加重剂	加重剂密度 g/cm³	20℃饱和溶液密度 g/cm³	溶解度(20℃) g/100g 溶剂	价格 元/t	毒性
氯化钠(NaCl)	2.16	1.12~1.19	35.9	400	无毒
氯化钾(KCl)	1.99	1.16	34.2	3800	无毒
氯化钙($CaCl_2$)	1.01	1.39	71.9	1000	无毒
溴化钠(NaBr)	3.21	1.49~1.51	90.8	10000	毒性较大
溴化钾(KBr)	2.75	1.34~1.39	65.3	22500	有毒
溴化钙($CaBr_2$)	2.295	1.87	143	18000	有毒
硝酸钠($NaNO_3$)	2.26	1.33~1.47	87	2300	无毒
甲酸钠(HCOONa)	1.92				
甲酸钾(HCOOK)	1.91				
甲酸铯(HCOOCs)	2.3				

国内用卤盐作为加重剂也比较普遍。车明光等[44]报道了 KCl+羟丙基瓜尔胶加重后密度可达 1.15g/cm³。加重压裂液在 160℃、170s⁻¹ 条件下连续剪切 120min 后，黏度始终大于 80mPa·s。仇宇楠等[45]也用 KCl 作为加重剂，压裂液体系为 0.5%聚合物(聚丙烯酰胺)+0.65%交联剂(有机锆)+20%加重剂(KCl)。在 180℃、170s⁻¹ 条件下剪切 90min，液体黏度保持在 50mPa·s 以上，加重密度不小于 1.1g/cm³。银本才等[46]在瓜尔胶溶液中用 NaBr 作为加重剂，使冻胶密度加重到 1.4g/cm³。压裂液体系为 43%NaBr+0.45%瓜尔胶+0.70%复配温度稳定剂+0.50%交联剂+0.01%~0.1%破胶剂，在 175℃、170s⁻¹ 条件下剪切 120min 后，压裂液黏度还保持在 120mPa·s 以上。肖兵等[47]针对大古 2 井，以 NaBr 作为加重剂，得到密度为 1.46g/cm³ 的压裂液，在 180℃、200s⁻¹ 条件下剪切 120min 后，黏度仍保持在 150mPa·s 以上。李传增等[48]以 0.45%羧甲基羟丙基瓜尔胶+NaBr 得到密度为 1.65g/cm³ 的压裂液，在 170℃、170s⁻¹ 条件下剪切 50min 后的黏度大于 400mPa·s，90min 后黏度小于 50mPa·s。

此外，塔里木油田公司联合中国石油勘探开发研究院开发了两套氯化钙加重压裂液体系[49]：(1)瓜尔胶氯化钙加重压裂液，瓜尔胶的使用浓度为 0.45%，使用优质氯化钙，压裂液的交联冻胶可耐温至 140℃；(2)聚合物/氯化钙加重压裂液体系，主要选用工业氯化钙、新型聚合物、交联剂等配套添加剂，配方为 40%氯化钙+0.6%稠化剂+0.2%温度稳定剂+0.5%交联剂，加重密度为 1.35g/cm³，耐温达 180℃；170s⁻¹ 剪切 120min，黏度仍保持在 90mPa·s 以上。

NaBr+KCl 复合加重也有报道[50]。其是一种自生热耐高温高密度压裂液体系：35%~40%(NaBr+KCl)+10%~15%[$NaNO_2$+CO(NH_2)$_2$]+0.35%~0.5%羟丙基瓜尔胶+0.4%~0.55%有机硼锆交联剂。密度能够达到 1.5g/cm³，降阻率达到 59.6%以上，耐温 140℃。

五、硝酸钠加重剂

Liu 等[51]报道的加重压裂液体系：0.45%羟丙基瓜尔胶+0.15%Na_2CO_3+0.6%聚硼酸

交联剂 JDY-1+0.1%温度稳定剂+40%硝酸钠。通过硝酸钠加重到 1.365g/cm³，在175℃、170s⁻¹条件下剪切 90min 后，表观黏度为 68mPa·s。加入 0.005%过硫酸铵，120℃下破胶2h，破胶液黏度小于 5mPa·s。该压裂液应用在冀东南堡油田，储层垂直深度为 4823～4863m，厚度为 10.5m，温度为 168℃，破裂压力预测为 102MPa。NPXX 井压裂采用该加重压裂液，密度为 1.36g/cm³，施工压力为 75～83MPa，最大注入量为 5.2m³/min，总液体量为 830m³，支撑剂用量为 54m³，最大含砂量为 525kg/m³。压裂后采用 5mm 喷嘴返排，返排率达 85%，日产油量达到 10t。塔里木盆地[44]使用的 NaNO₃+羟丙基瓜尔胶压裂液加重最高密度可以达到 1.35g/cm³，最高耐温 180℃，170s⁻¹连续剪切 90min 后黏度始终大于 80mPa·s，NaNO₃加重压裂液现场已应用 26 井次，其中井深最深为 7430m，井底温度达178℃。赵莹[52]提出的低摩阻加重压裂液的配方为：41%NaNO₃+0.6%聚合物稠化剂+1.2%高温延缓交联剂+0.3%高温稳定剂+0.5%助排剂+0.5%防膨剂。加重压裂液密度为 1.33g/cm³，在 180℃、170s⁻¹条件下连续剪切 100min，黏度仍不小于 50mPa·s，该体系破胶性能良好，低摩阻，可有效缓解地面设备施工压力。施建国[53]提出的加重压裂液体系为：NaNO₃+0.7%稠化剂+0.5%助排剂+1%高温延缓交联剂+其他。该压裂液在 180℃、170s⁻¹条件下连续剪切 90min，黏度仍不小于 100mPa·s。对 TP3X 井奥陶系井段 6759.16～6855.00m 进行了压裂液+高温胶凝酸酸压施工，该井储层温度为 154.9℃，注入井筒总液量 810m³，其中加重压裂液（密度 1.25g/cm³）290m³。平均施工泵压在 82MPa 左右，比使用常规压裂液的泵压 96MPa 降低了 14MPa，表现出良好的降阻效果。

六、甲酸盐加重剂

Yang 等提出超级瓜尔胶（SG）+三级释放有机硼锆交联剂+甲酸钾+1%（质量分数）硫代硫酸钠加重压裂液体系[54]，密度可达 1.33g/cm³，对于 6000m 深的油井，静水柱压力可增加 19.8MPa，适用于应力梯度条件为 0.0133MPa/m 的地层。在 160℃、170s⁻¹条件下剪切 120min，黏度保持在 300mPa·s 以上。当温度为 140℃时，加入 0.5%酸性破胶剂 FTA 能使压裂液破胶完全，但甲酸钾成本高，应用时应考虑其价格。任占春[55]提出了甲酸钠和甲酸钾配合的压裂液体系：0.6%羟丙基瓜尔胶（HPG）+20.6%甲酸钠+11.2%甲酸钾+0.2%高温稳定剂 HTC-S+0.03%微胶囊破胶剂 EB-1，交联剂为 0.30%～0.45% HTC-160，配制密度为 1.2g/cm³的耐 120℃压裂液。该压裂液体系应用于董 8 井（准噶尔盆地），目的层段为 5353.70～5364.45m，压裂施工井口压力降低 10MPa 左右，延迟交联约 3min，摩阻降低 5～8MPa。

七、复合型加重剂

除了加重剂自身同类相互配合之外，不同类加重剂之间相互配合也有报道。杨新新[56]报道了配方为 0.5%合成聚合物 CTPES+0.4%有机硼锆交联剂 BG-12+0.3%有机胺缩合物温度稳定剂 WD-2+加重剂（NaBr 与 NaNO₃质量比为 1∶2）的压裂液体系。加重至 1.45g/cm³，在 180℃、170s⁻¹条件下剪切 60min 后，黏度降至 350mPa·s 左右；继续剪切至 90min，黏度降至 200mPa·s 左右；此后逐渐趋于稳定，剪切时间为 140min 后，黏度仍可维持在 140mPa·s 左右。加入 0.02%过硫酸铵，破胶液黏度为 1.3mPa·s，表面张力小于 25mN/m，岩心伤害率在 18%左右。该压裂液体系在辽河油田某区块 S2-18 井应用，压裂层段为4331.8~4345.9m，厚度为14.1m，地层压力为86.62MPa，温度为176.4℃。压裂后日产油量由压裂前的6.7m³上升到13.8m³。王彦玲[57]提出的压裂液体系为：加重剂（NaBr与NaNO₃的质量比为3:1）+0.5%羟丙基瓜尔胶+有机硼（交联比均为100:0.4），压裂液密度可达1.349g/cm³，压裂液在135℃、170s⁻¹条件下连续剪切60min，黏度大于300mPa·s。石英砂平均沉降速率为0.0979cm/s。

八、小结

用KCl加重后的压裂液密度较低，一般小于1.2g/cm³，加重效果有限。而NaBr可以加重密度高达1.65g/cm³，不过价格较贵，通过复合加重可以在加重效果和成本之间做好平衡。同类加重剂可以相互复配，不同类加重剂之间也可以复配。不过与常规压裂液不同，加入盐后，会降低稠化剂的性能，因此在设计压裂液体系时，需要考虑稠化剂的耐盐性。另外，在溶液中加入大量加重剂会导致溶液的不均匀性和稠化时间长，从而导致温度和抗剪切性差，需要做好体系优化实验。国内外不同加重压裂液体系性能对比见表1-3。

表1-3 不同加重压裂液体系性能对比

加重剂	压裂液体系	加重密度 g/cm³	黏温性能				降阻率 %	现场应用情况	参考文献
			温度 ℃	剪切速率 s⁻¹	剪切时间 min	黏度 mPa·s			
NaBr	瓜尔胶+NaBr	—	120	100	120	>500			[40]
	43%NaBr+0.45%瓜尔胶+0.70%温度稳定剂+0.50%交联剂+0.01%~0.1%破胶剂	1.4	175	170	120	>120	—		[46]
	0.45%羧甲基羟丙基瓜尔胶+NaBr	1.65	170	170	50	>400			[48]
					90	<50	—		
KCl	羟丙基瓜尔胶+KCl	1.15	160	170	120	>80			[44]
	0.5%聚丙烯酰胺+0.65%有机锆+20%KCl	≥1.1	180	170	90	>50			[45]
CaCl₂	40%CaCl₂+0.6%稠化剂+0.2%温度稳定剂+0.5%交联剂	1.35	180	170	120	>90			[49]
NaBr+KCl	35%~40%（NaBr+KCl）+10%~15%[NaNO₂+CO(NH₂)₂]+0.35%~0.5%羟丙基瓜尔胶+0.4%~0.55%有机硼锆	1.5	140	—	—	—	>59.6		[50]
NaNO₃	0.45%羟丙基瓜尔胶+0.15%Na₂CO₃+0.6%聚硼酸交联剂+0.1%温度稳定剂+40%NaNO₃	1.365	175	170	90	68	—	冀东南堡油田施工压力为75~83MPa，最大注入量为5.2m³/min	[51]

续表

加重剂	压裂液体系	加重密度 g/cm³	黏温性能				降阻率 %	现场应用情况	参考文献
			温度 ℃	剪切速率 s⁻¹	剪切时间 min	黏度 mPa·s			
NaNO₃	NaNO₃+羟丙基瓜尔胶压裂液	1.35	180	170	90	>80	—	应用26井次,井底温度达178℃	[44]
	41%NaNO₃+0.6%稠化剂+1.2%高温延缓交联剂+0.3%温度稳定剂	1.33	180	170	100	≥50	—		[52]
	NaNO₃+0.7%稠化剂+1%高温延缓交联剂	1.25	180	170	90	≥100	—	TP3X井平均施工泵压为82MPa,降低14MPa	[53]
甲酸钾	超级瓜尔胶(SG)+三级释放有机硼锆+甲酸钾+1%硫代硫酸钠	1.33	160	170	120	>300	—		[54]
甲酸钠和甲酸钾	0.6%HPG+20.6%甲酸钠+11.2%甲酸钾+0.2%温度稳定剂+0.03%微胶囊破胶剂+0.30%~0.45%交联剂	1.2	120	—	—	—	—	董8井井口压力降低10MPa,摩阻降低5~8MPa	[55]

第三节 交 联 剂

在压裂过程中,简单地依靠稠化剂的黏度无法携带支撑剂,因此需要加入交联剂来提高压裂液黏度,进一步提高携砂能力。交联剂是用交联离子与稠化剂分子链上的含氧基团(—OH、—COOH⁻)形成配位键或化学键,将线型高分子链变成复杂的空间网状结构,极大地增加压裂液的黏度和分子量[58]。近年来,随着非常规储层的开发,交联剂所需要适应的温度和地层压力变得更加严格,并扩展到高压/高温(HP/HT)范围内。传统的瓜尔胶和基于瓜尔胶的压裂液不适用于极高温环境。从水基压裂液中常用的交联剂入手[59-60],共分为硼类交联剂、过渡金属交联剂、复合交联剂以及具有纳米材料独特性能的纳米交联剂4类进行分析。

一、硼类交联剂

在20世纪50年代,硼酸及其硼酸盐作为压裂液中的交联剂开始使用,至今已有60多年的历史。硼类交联剂作为最常用交联剂之一[61],在压裂过程中被广泛应用。硼原子的电子最外层有4个轨道,但硼原子是+3价,故硼原子最外层缺一个电子,可以和含孤对电子的原子形成共价键,这就是硼作为交联剂的原因。硼交联剂包括无机硼交联剂和有机硼交联剂。

1. 无机硼交联剂

无机硼交联剂主要指硼砂和硼酸,其中硼砂是最早使用的水基压裂液交联剂,能与瓜尔胶很好地交联。硼砂溶于水后会离解成硼酸和氢氧化钠，硼酸在水中进一步离解形成四羟基合硼酸根离子，形成的硼酸根离子再与瓜尔胶中的顺式羟基交联，形成网状结构。无机硼交联剂最初因易交联、易破胶、无毒且价格低廉得到广泛使用，但无机硼交联剂普遍存在交联速率快的特点，这样造成压裂液在地面输送到地层中产生较大的摩阻，不仅对设备伤害严重，而且造成资源的浪费。另外，无机硼交联剂耐温性能差（95℃以下），进一步限制了其在高温高压深井中的应用。

2. 有机硼交联剂

为了解决无机硼交联剂不能抗高温且交联速率快的问题，出现了有机硼交联剂。通常采用两种思路对无机硼交联剂进行改进：一种是采用某种特殊材料以物理方式对无机硼进行包裹。例如，将无机硼酸盐以胶囊形式进行包裹，通过胶囊的溶解过程减缓其离解速率，以达到延缓交联的目的。但是，此方法的缺点是由于分散程度和溶解速率的限制，导致交联速率不好控制。另一种是将硼酸盐离解出的硼酸根离子与有机配体进行整合，形成有机硼络合物（图1-20），即通常所说的有机硼交联剂。有机硼交联剂再与瓜尔胶类高分子上面的顺式羟基交联形成复杂的网状结构（图1-21），即形成冻胶。有机硼交联剂在与非离子型植物胶交联时，先发生水解，在水解过程中有机配体的存在可有效减缓硼酸根离子的生成，从而延缓了交联速率，具体来说就是，有机配体也可与瓜尔胶类分子上面的羟基发生反应，这就降低了硼酸根离子与非离子型植物胶上面羟基交联的概率，这种竞争关系有效地延缓了交联速率。

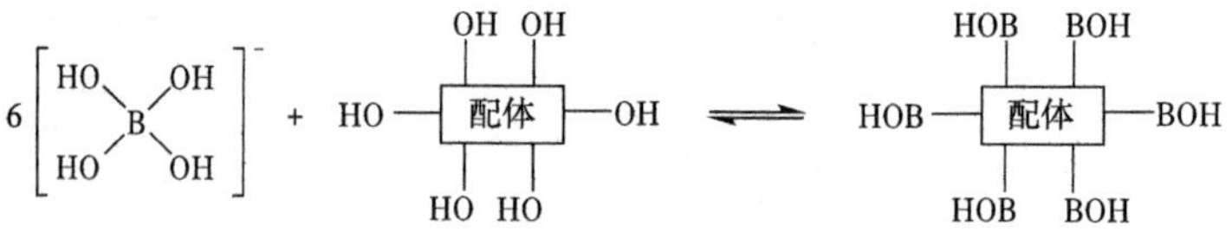

图1-20 有机硼交联剂的合成原理

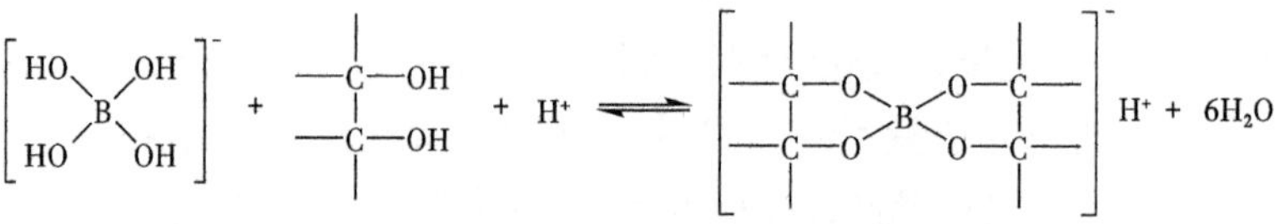

图1-21 有机硼交联剂与非离子型植物胶交联

通过对无机硼交联剂进行改性，大大减缓了交联速率，降低了施工摩阻，并使交联剂的抗温性能得到显著提升。除此之外，有机硼交联剂还具有良好的剪切恢复性和对储层伤害小的特点，因此得到了广泛的应用[62-68]。Sun等[63]报告了新型硼基交联剂的开发。该尝试旨在生产使用较少的聚合物含量产生较高黏度的交联剂。交联剂的聚合物含量是改性的关键参数。笔者分别利用噻吩二硼酸（TDBA）、苯二硼酸（BDBA）和联苯二硼酸（BPDPA）进行实验，如图1-22所示。研究发现，增加交联剂的聚合物含量可得到更高的流体黏度。但是，这会使得制备成本大幅度增加。因此，笔者提出了使用硼酸三甲酯作为硼与胺反应的来源，以降低成本问题。其中，胺包括聚乙烯亚胺和3-氨基甲基苄基胺，以交联瓜尔胶基聚合物。

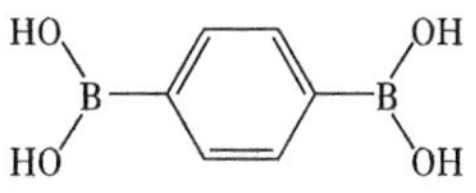

(a)苯二硼酸(BDBA)

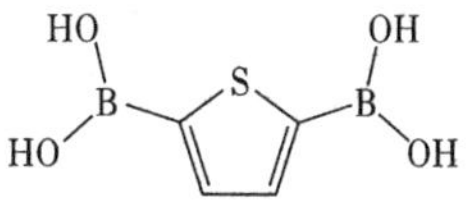

(b)联苯二硼酸(BPDPA)

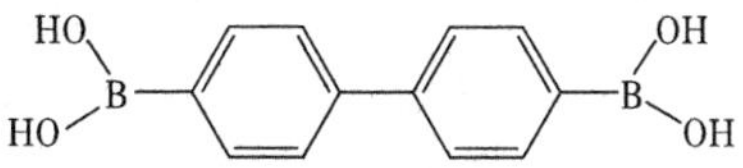

(c)噻吩二硼酸(TDBA)

图1-22 较大尺寸硼酸基交联剂的化学结构[68]

二、过渡金属交联剂

20世纪70年代，过渡金属交联剂开始在压裂液中应用，该类型的交联剂与稠化剂交联形成的冻胶能够耐较高的温度，因此在高温油井中应用较多，早期常用的无机金属类交联剂包括$TiCl_4$、$TiOSO_4$、$ZrOCl_2$和$ZrCl_4$等。压裂工业中最常用的金属交联剂是锆，其余还有钛、铝、铁和铬。过渡金属交联剂与稠化剂的作用机理是通过与水分子形成多核的羟桥络离子，络离子与稠化剂分子发生络合反应，生成环形结构的化合物，该交联体系的化学作用力较强，这也是该类型交联剂比硼类交联剂耐温性更好的原因之一。然而，与无机硼交联剂类似，无机过渡金属类交联剂同样存在交联速率快、交联效率低等问题，为此一些研究工作者将有机配体与过渡金属进行复配得到了有机过渡金属交联剂。有机金属交联剂常用的配体有三乙醇胺、异丙醇、乳酸、乙酰丙酮等。通过络合作用得到了有机金属交联剂，如乙酰丙酮钛、乳酸钛（乳酸锆）等。由于配体的引入，使交联剂分子的尺寸进一步增加，交联剂与稠化剂的交联效率得到提高，有效减少了稠化剂的用量，使压裂液的残渣量降低，对储层的伤害较小，并且降低了压裂施工的成本。

1. 钛交联剂

钛可与乳酸、异丙醇和三乙醇胺等进行螯合形成有机钛交联剂，可用于150~180℃的高温储层。有机钛交联剂主要有双乳酸双异丙基钛酸铵、正钛酸四异丙基酯、正钛酸双乙酰丙酮双异丙基酯三乙醇胺钛酸盐等，其显著的优点有：交联剂使用量较少，交联速率可控，交联后形成的冻胶强度大、耐温性好，交联剂所使用的范围较宽，可与瓜尔胶、纤维素等进行交联。

此外，Kramer观察到常见的钛配合物可以水解和缩合，从而导致TiO_2纳米粒子的原位形成。他认为这些纳米颗粒可能是交联过程的关键[69]，并证明直径为6~14nm的二氧化钛纳米粒子确实可以交联瓜尔胶。Li等[70]报道了用采出水配制钛交联的瓜尔胶压裂液。用采出水和瓜尔胶制备的钛交联的瓜尔胶流体在89℃下黏度在100mPa·s（100s^{-1}剪切速率）维持约100min。这些由CO_2激发的钛交联的瓜尔胶流体已成功用于新墨西哥州许多井的多级压裂作业中。

2. 锆交联剂

锆交联剂是金属交联剂的常见类型，为全世界压裂施工做出了巨大的贡献。用含锆的盐或有机酯与配体以共价键的形式进行整合可得到有机锆交联剂。目前大量研究的是无机锆盐，如氯化锆（$ZrCl_2$）或氧氯化锆（$ZrOCl_2·8H_2O$），其中氧氯化锆的应用最为普遍，无机锆盐与有机配体（链烷醇胺、多元醇、多羟基羧酸盐、醛类等）在一定条件下螯合可以得到有机锆交联剂。以氧氯化锆为例，氧氯化锆经多次水解得到羟基锆离子，羟基锆离子在不同的pH值下可以转换成羟基水合锆离子和锆酸根离子。锆离子在酸性至中性条件下生成羟基水合锆离子，能很容易地与配体络合形成多核络合物，络合物能与阴离子型的植物胶衍生物、阴离子型PAM衍生物交联，形成耐高温的冻胶。氧氯化锆水解后存在锆酸，锆酸能与非离子型植物胶上面的羟基交联形成冻胶，当向水溶液中加入氢氧化钠时，pH值为9时呈乳白色凝胶状的锆溶液也能与非离子型的植物胶交联。总体而言，锆与非离子型植物胶交联形成的冻胶性效果不理想。

还有一种方法是采用锆酸酯为原料，如锆酸四异丙酯、锆酸四丁酯，使其与有机配体（多元醇、链烷醇胺、α-羟基羧酸、β-二酮）在一定条件下进行螯合，生成多核络合物（例如，锆酸四丁酯与乙酰丙酮进行螯合，生成乙酰丙酮锆络合物，反应式如图1-23所示）。该络合物再与植物胶及其衍生物、聚丙烯酰胺及其衍生物等交联形成冻胶，形成的冻胶具有很好的抗温性和延缓交联性能，适用于深井高温储层的压裂改造。

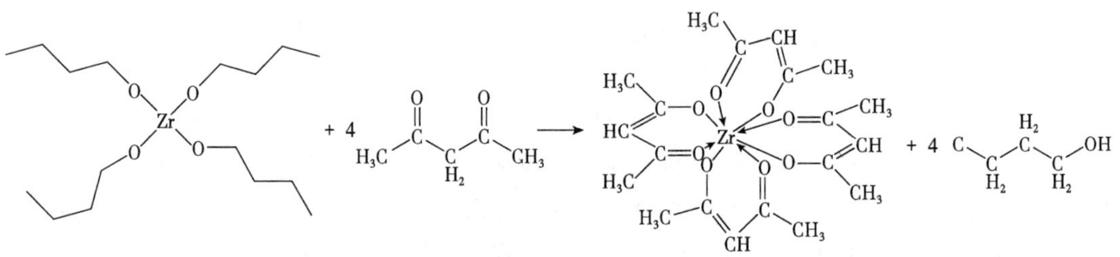

图1-23 锆酸四丁酯与乙酰丙酮的反应式

在研究早期，为了增加合成凝胶在高温下的热稳定性，将2-丙烯酰胺-2-甲基丙磺酸（AMPS）单体引入聚合物体系[71-73]。Funkhouser等[71]报道了AMPS、丙烯酰胺和丙烯酸或其盐的三元共聚物，该体系使用了锆基金属交联剂。当单体为60%（摩尔分数）AMPS、39.5%（摩尔分数）丙烯酰胺和0.5%（摩尔分数）丙烯酸酯时，可达到该体系的最好效果，其可以在176~204℃工作。Chauhan等[74]将Zr类交联剂交联KG凝胶后的性能与Guar-Zr交联凝胶进行了比较，结果发现KG-Zr凝胶体系是一种对pH值和脱水收缩高度敏感的聚电解质体系。在高达150℃的压裂液流体中的热稳定性好，这主要由于锆和聚合物链之间通过离子键和共价键之间发生了强烈的相互作用。并且这种新型交联凝胶体系留下的残留物更少，具有更高的渗透性。

与此同时，许多学者对不同锆类交联剂的流变性能进行了测试，Kalgaonkar等[75]对锆类交联剂的流变性以及耐温性进行了测试。Zhou等[76]开发了一种通过将HPAM与有机锆交联剂交联而形成的水基凝胶压裂液，并评估了交联压裂液的黏弹性、耐温性、抗剪切性、静态流体损失性能及凝胶破胶性能。Tariq Almubarak等[77]分析了温度、剪切速率、聚合物种类和pH值对3种锆类交联剂（乳酸锆、乳酸锆三乙醇胺、乳酸锆丙二醇）的影响，并简要介绍了配体选择、配体顺序及聚合物选择。研究表明，锆三乙醇胺和乳酸交联剂在pH值为5和93~204℃的合成聚合物（AA-AM-AMPS）压裂液中表现最佳。

与硼酸酯—聚合物键不同，锆类交联剂和聚合物键之间的键不会恢复。因此，有必要通过使用适当的配体来控制金属交联剂的释放。Sokhanvarian 等[78]研究了乳酸、乳酸与丙二醇以及乳酸与三乙醇胺对锆交联剂性能的影响，结果表明强键合配体导致交联聚合物的黏度增速缓慢。Hurnaus 等[79]比较了瓜尔胶和羟丙基瓜尔胶的 TiO_2、SiO_2 的交联。他们推断出交联的效果随金属离子的正电性而提高，并且在交联过程熵增加明显。他们还表明，交联仅发生在一定尺寸以下的纳米颗粒上，而羟丙基瓜尔胶能够以比瓜尔胶更大的粒径进行交联。

总体而言，锆交联剂形成的冻胶抗温性能极好，其显著的特点是：可延缓交联；能在酸性条件下与聚丙烯酰胺类聚合物交联，形成高黏度的冻胶，该冻胶具有很好的抗温性；冻胶的破胶液残渣含量低，破胶液可防止黏土膨胀。

3. 铝、锑交联剂

铝交联剂有明矾、铝乙酰丙酮、铝乳酸盐、铝醋酸盐等，可与聚丙烯酰胺及其衍生物进行交联。铝交联剂的使用 pH 值在 6 以下，通常需要添加有机酸或无机酸进行活化[80]。有机铝交联剂有一定的延缓性能，但其与聚合物交联后形成的冻胶强度较弱，因此在水力压裂方面的应用较少，多用于油田堵水、调剖调驱等方面。

锑交联剂通常指有机锑交联剂，通常需要在酸性条件下与植物胶进行交联，交联后形成的压裂液具有很好的悬浮能力，但由于其适用温度太低及所需 pH 值较为苛刻，其使用已逐渐淡出了人们的视线。

三、复合交联剂

硼交联剂交联瓜尔胶形成的冻胶具有较好的剪切恢复特性，这主要归因于交联作用力为氢键，这种键的作用力较弱，因此压裂液的耐温性不是太好。以过渡金属为交联剂的压裂液，稠化剂与交联剂是以较为稳定的化学键（配位键）作用，使交联体系具备较好的耐温性能。为了弥补两类交联剂的不足，一些研究人员将硼和过渡金属进行复合得到了复合型交联剂（硼钛交联剂、硼锆交联剂）。Almubarak 等[81]为了克服普通交联剂热稳定性差等问题，采用复合交联剂（三乙醇胺、四硼酸钠、氧化二氯化锆），加入高温稳定剂 SI，并对添加 SI 后配方压裂液的流变性进行测试。随后在海上非常规碳酸盐岩储层两口井（温度分别为 148℃、137℃）中进行了应用，效果良好。Driweesh 等[82]针对沙特阿拉伯高温高压储层，对硼酸盐和锆酸盐复合交联剂与传统的硼酸盐交联剂进行了对比，研究表明该复合添加剂在高温高压条件下表现出较低的敏感性和足够的流变性，且凝胶载量较低。对于 150~190℃ 的高温高压井，这种结合了硼酸盐和锆酸盐交联剂的新型压裂液比仅基于硼酸盐的交联剂效果更好。

四、纳米交联剂

纳米材料具有出色的电、光、磁、催化和力学性能，在许多行业中都有广泛的应用，因而受到了广泛的关注[83-86]。纳米技术具有巨大的潜力，可以彻底改变油田作业，例如勘探、钻井[87]、完井、增产[84,88]、提高采收率[58]以及纳米传感器[89]。许多学者研究了使用纳米颗粒增强压裂液的流变性质。Huang 等[84]报道了使用纳米颗粒来增强黏弹性表面活性剂（VES）的黏度。这种增强可能是由于纳米粒子和 VES 胶束之间通过静电力和表面吸附而产生的缔合或"伪交联"。Shah 等[90]还研究了将二氧化硅颗粒添加到线性凝胶中的效果，例如瓜尔胶、表面活性剂以及表面活性剂和瓜尔胶聚合物的混合物。观察到流体黏度的增加，这可能是由于聚合物在二氧化硅颗粒上的吸附。在另一种情况下，可以使用选定的纳米材料在148℃的高温下将交联的合成丙烯酰胺共聚物压裂液的黏度提高100%以上[91]。

目前，纳米交联剂有纳米二氧化锆、纳米二氧化钛、二氧化硅，以及一些功能化的硼纳米交联剂等。Chen等[92]采用油水界面法得到了纳米二氧化锆，将其应用在羟丙基瓜尔胶（HPG）压裂液中，与HPG交联的冻胶具有较好的黏弹性能。纳米材料性能与常规的材料不同，研究了在水基压裂液中纳米级的交联剂与稠化剂的作用机制。Hurnaus[93]合成出粒径为6~12nm的二氧化钛交联剂，并对二氧化钛与HPG交联作用机制进行了探究，纳米二氧化钛通过表面的羟基与HPG半乳糖甘聚糖链上的顺式邻位二羟基形成氢键。在交联效率方面，纳米交联剂可以有效地提高与稠化剂的交联效率，使分子间的交联概率得到提高，在满足压裂液工作黏度的情况下，降低稠化剂的用量，节约压裂成本。Lafitte等[88]引入了使用功能化聚合物纳米材料（也称为纳米胶乳）作为交联剂的新概念。图1-24显示了苯基硼酸官能化（间位、邻位和对位异构体）纳米胶乳的结构，该胶乳是通过微乳液聚合[94]在两步反应中合成的，它们可用于使瓜尔胶或瓜尔胶衍生物交联。笔者发现用对苯基硼酸进行官能化更加困难，并且硼官能度非常低。间位异构体显示出比邻位异构体高得多的交联效率。与常规的硼酸盐交联体系相比，使用这种纳米胶乳的优点是降低了所需的硼浓度。笔者已经证明，仅以纳米胶乳形式添加少量的硼就能产生最大的凝胶黏度。

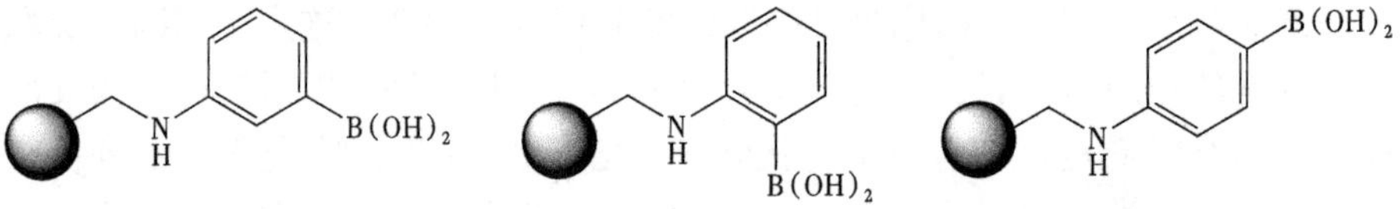

图1-24 被苯基硼酸官能化的（间位、邻位和对位异构体）纳米胶乳[88]

Liang等使用功能化的含胺聚合物涂层的纳米交联剂来交联丙烯酰氨基合成聚合物开发高温应用压裂液。在这项研究中使用的纳米粒子是基于二氧化硅的纳米粒子。这种交联/胶凝过程的化学过程取决于丙烯酰氨基聚合物的丙烯酰胺侧基与纳米交联剂氨基之间的氨基转移（图1-25）。研究表明，纳米交联剂能改善高温下交联的凝胶的流变性质。与其他现有技术相比，能减少25%~50%的基础聚合物。

Zhang等[95]将硼酸引入含有—NH_2基团的反应性纳米二氧化硅的表面上（反应性纳米二氧化硅作为载体），从而制备了基于纳米二氧化硅的瓜尔胶压裂液交联剂，并报道了所制备的纳米交联剂对瓜尔胶的交联效果，以及瓜尔胶的流变行为和断裂行为。结果表明，硼酸与反应性纳米二氧化硅的氨基发生化学反应形成N—B键，有利于瓜尔胶网络结构的形成。纳米交联剂交联的瓜尔胶凝胶相比于硼酸盐交联的对应物表现出更好的温度耐受性和抗剪切性以及断裂性能。表1-4提供了一些有关纳米颗粒增强的聚合物基压裂液的关键信息。

表1-4 基于纳米颗粒的聚合物压裂液的一些重要信息

纳米粒子	尺寸 nm	聚合物/表面活性剂	实验研究	方法/参数研究	重要发现	参考文献
硼酸官能化的高分子纳米材料(纳米胶乳)	15	瓜尔胶粉/DTAB	硼酸官能化的二氧化硅纳米粒子作为瓜尔胶基流体交联剂的潜在应用	(1)纳米粒子表面化学；(2)硼酸盐和瓜尔胶的浓度；(3)压力	(1)纳米胶的瓜尔胶交联在较低瓜尔胶负荷和硼酸盐浓度较高导致交联的凝胶黏度；(2)与标准硼酸盐交联瓜尔胶所需的0.003%～0.012%相比，仅0.0002%浓度的硼即可达到最佳凝胶黏度；(3)发现具有纳米胶乳的交联凝胶的性能与压力无关	[88]
二氧化钛纳米球(二氧化钛纳米颗粒)	6~14	羟丙基瓜尔胶(HPG)	钛络合物的机理，潜在地水解和缩合成二氧化钛纳米颗粒，以及它们的形成是否会导致交联剂失活	(1)动态光散射，FTIR光谱，TEM(用于研究交联机理)；(2)黏度测量(柠檬酸等纳米颗粒常用稳定剂对交联性能的影响)	(1)当使用钛络合物时，二氧化钛纳米颗粒是负责压裂液中HPG交联的活性物质；(2)当纳米钛颗粒用量稳定时，在pH值为2～4的条件下，二氧化钛纳米球的存在会使HPG溶液的黏度增加25倍	[93]
锆配合物(氧化锆纳米颗粒)	3	瓜尔胶和HPG	了解锆配合物在HPG上的交联机理	流变仪(用于测量流变性质和纳米颗粒分散性)	纳米颗粒分散体在添加到HPG溶液中时表现出交联作用，表明该交联作用是由氧化锆纳米颗粒引起的	[96]
二氧化硅纳米粒子	10~25	黄芩胶	开发使用黄芩胶和二氧化硅纳米颗粒的纳米复合材料，用于175℃的压裂	FTIR，FE-SEM，AFM Cryo-TEM(用于表征)	与聚合物凝胶相比，纳米复合材料在大气压，外加压力和温度超过175℃时表现出更好的稳定性	[97]
二氧化硅纳米粒子	20	瓜尔胶	在含—NH$_2$基团的活性纳米二氧化硅制备的交联瓜尔胶压裂液中引入硼酸性能和破胶性能	TEM，SEM，FTIR TGA(用于表征)	硼酸与活性纳米二氧化硅的氨基发生化学反应，形成N—B键，有助于瓜尔胶凝胶网络结构的形成	[95]

续表

纳米粒子	尺寸 nm	聚合物/表面活性剂	实验研究	方法/参数研究	重要发现	参考文献
二氧化硅纳米颗粒（APTES涂层）	20~40	瓜尔胶、HPG	通过开发有效的纳米硼酸盐交联剂（NBC）来减轻常规硼酸盐交联剂（BC）的缺点，该方法将减少压裂作业期间的聚合物负荷	(1) HAAKE MARS 流变仪（用于流变性能、表观黏度）；(2) SEM、TEM、TG 分析及 FTIR 光谱等研究 pH 值和质量比对与 NBC 交联凝胶的热稳定性和黏弹性的影响	(1) 当 HPG 凝胶压裂液与 NBC 交联时，在低聚合物浓度下，支撑剂具有更高的承载能力，更高的热稳定性和黏度（超过 50mPa·s）；(2) 在 pH 值为 10 时可获得最佳性能	[98]
二氧化硅纳米粒子	30	丙烯酰氨基合成共聚物胶凝剂	研究了丁与丙烯酰氨基合成共聚物凝胶交联的功能化合胶聚合物包覆纳米颗粒交联剂在 204℃压裂液中的潜在应用	(1) DLS、TGA（用于表征）；(2) 流体黏度破坏测试、支撑剂充填电导率测试、流体渗漏测试和岩心流动测试	(1) 在存在纳米交联剂的情况下，该流体表现出高耐热性、高支撑剂运输黏度；(2) 纳米交联剂的存在可降低基础聚合物的载量 25%~50%，并在 204℃时增强交联凝胶的流变行为	[99]

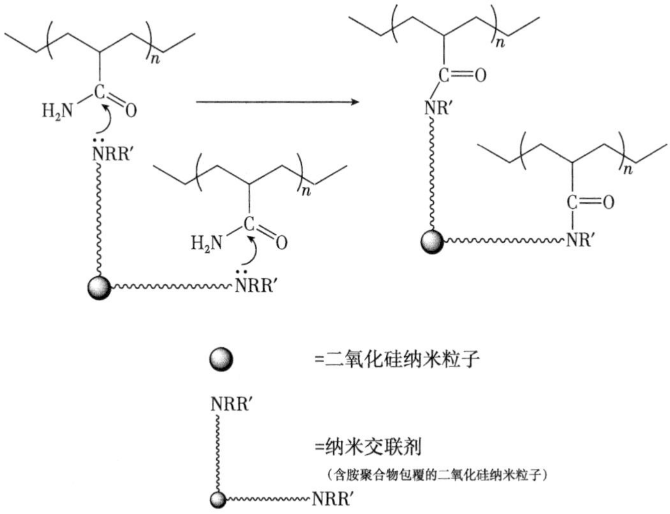

图 1-25　基于二氧化硅的纳米交联剂上的丙烯酰胺侧基与纳米交联剂氨基之间的氨基转移反应

五、小结

油田常用的适用于高温高压的交联剂主要有有机硼交联剂、有机锆类交联剂和复合交联剂。表 1-5 分析了不同交联剂的优缺点，相比于无机硼交联剂，有机硼交联剂的交联速率大大减缓，降低了施工摩阻，并使交联剂的抗温性能得到显著提升。除此之外，有机硼交联剂还具有良好的剪切恢复性和对储层伤害小的特点，因此在中高温地层得到了广泛的应用。有机金属交联剂具有很好的抗温性能，尤其适用于高温、超高温储层，其中有机锆交联剂的研究最为广泛、成熟。有机锆交联剂除了有抗高温的优点外，还具有很好的延缓性能，可以有效降低施工摩阻，提高增产效率。另外，有机锆交联剂合成方法简单，适合规模化生产。

表 1-5　不同类型交联剂优缺点对比

交联剂类型		优　点	缺　点
硼类	无机硼	易交联、易破胶，无毒，价格低廉	交联速率快，摩阻大，耐温性差（95℃以下）
	有机硼	具有良好的剪切恢复性，残渣少，对储层的伤害小，最大耐温150℃	成本略高，适用pH值范围小（3~5）
金属类	钛	交联剂用量较少，交联速率可控	耐剪切性能差
	锆	可延缓交联，耐温性好（最大204℃），适用pH值范围广（3~11）	耐剪切性能差
	铝、锑	现今很少使用，不适合高温环境，且适用pH值较为苛刻	
复合类	硼钛、硼锆	抗高温，对地层的伤害比金属类小	
纳米交联剂		对地层的伤害很小	处于室内研究阶段，具体现场试验未见报道

交联剂作为压裂液中的主要添加剂，其好坏直接关乎着压裂施工的成败。目前，对于120~150℃的高温储层，使用最多的是有机硼交联剂；但对于150℃以上的高温储层，有机硼交联剂则不能满足需求。不同温度下不同交联剂的流变参数见表 1-6，可以看出纳米

交联剂的耐高温性能较好，综合性能较强。锆类交联剂一般使用温度范围为121~148℃。

表1-6 不同温度下交联剂的流变参数

聚合物种类	交联剂	温度 ℃	剪切速率 s^{-1}	pH值	黏度，mPa·s 初始	黏度，mPa·s 剪切50min	参考文献
羧甲基羟丙基瓜尔胶	乳酸锆	148	100	5	1850	10	[77]
羧甲基羟丙基瓜尔胶	乳酸锆和三乙醇胺	148	100	5	1300	10	
羧甲基羟丙基瓜尔胶	乳酸锆和丙二醇	148	100	5	1350	10	
羧甲基羟丙基瓜尔胶	乳酸锆	121	100	5	1850	20	
羧甲基羟丙基瓜尔胶	乳酸锆和三乙醇胺	121	100	5	1450	350	
羧甲基羟丙基瓜尔胶	乳酸锆和丙二醇	121	100	5	700	700	
羧甲基羟丙基瓜尔胶	二氯化锆	148	100	—	900	500	[81]
丙烯酰胺	含胺纳米交联剂	204	40	—	1500	700	[99]
羧甲基羟丙基瓜尔胶	硼酸盐和锆酸盐	155	—	—	1100	500	[82]
羧甲基羟丙基瓜尔胶	锆类	162	75	6.5	900	700	[75]
羧甲基羟丙基瓜尔胶	锆类	176	75	6.5	1000	700	
瓜尔胶	硼酸酯	121	10	—	600	500	[67]
丙烯酰胺	锆类	148	40	—	1800	1600	[91]
羧甲基羟丙基瓜尔胶	锆类	155	—	10.2	3750	1500	[100]
羧甲基羟丙基瓜尔胶	锆类	135	—	10.2	3600	1900	
羧甲基羟丙基瓜尔胶	锆类	107	—	10.2	3400	1600	

作为新型材料，纳米粒子由于其较小的尺寸而具有较大的表面积，并且可以改变交联过程以获得所需的凝胶性质。在回流过程中也可以轻松地从压裂液中去除纳米颗粒。纳米交联剂是如今研究关注度较高的交联剂之一，但对于纳米交联剂而言，目前大量研究均处于室内评价阶段，关于现场应用的研究较少。交联剂国外代表性专利统计见表1-7。

表1-7 交联剂国外代表性专利统计

专利发明人	类别	配方	适用温度，℃	专利号
D. A. Williams	锆类	锆酸正丁酯/锆酸正丙酯+三乙醇胺	176	US4534870
Liang Feng	锆类	乳酸锆钠、三乙醇胺、醇盐（例如异丙醇和丙氧化物）	148~204	US10144866
Liang Feng	锆类		148~204	US10640700
Li Leiming	锆类	锆+三元共聚物	204	US10865342
Al-Muntasheri Ghaithan	纳米	二氧化硅、纤维素、碳基材料	232	US20210062072
Al-Muntasheri Ghaithan	纳米	二氧化硅、纤维素、碳基材料	232	US10329475
Mao Jincheng	非金属	聚乙烯亚胺	220	US10633576

总体而言，加入交联剂可通过交联剂与增稠剂的交联作用形成稳定的三维网状结构，以提高压裂液的黏度和黏弹性，此时可适当降低增稠剂的用量，以减小地层伤害，并且有利于降低成本，提高经济效益。在此基础上，得出如下结论：

(1)钛酸酯和锆酸酯可以在很宽的pH值范围内(3~11)使用,而硼酸根离子仅在pH值为8~11时有效。铝仅在3~5的pH值范围内有效。

(2)锆酸盐可以在最高204℃的温度下使用,硼酸盐和钛酸盐可以在最高162℃的温度下使用,铝类交联剂只能在中低温下使用。

(3)过渡金属交联剂普遍存在耐剪切性能差、交联体系破胶能力差等特点。

(4)当以高流速泵送时,金属交联的流体可能会遭受剪切损伤。为了减轻潜在的剪切损伤,可以在金属交联液中使用选定的延迟添加剂延迟交联。

(5)与硼酸盐交联剂不同,金属交联在相对较低的流体pH值(例如低于7)下是有效且稳定的。

(6)纳米交联剂与复合交联剂是适合于高温储层(148~204℃,甚至可以达到232℃)的理想添加剂,这两种添加剂的室内实验较多,但实际应用情况较少,需综合地层情况筛选添加剂。

第四节 破 胶 剂

破胶剂在完井[101-103]、压裂中作为添加剂广泛使用。在压裂作业过程中,高黏度的压裂液携带支撑剂,在一定压力的作用下注入目标储层,使储层压开裂缝,进而将支撑剂填充在裂缝中,形成具有导流能力的"通路"来提高岩石的渗透率,进一步提高油气资源产量。当支撑剂被置于裂缝之后,高黏度的流体在破胶剂的作用下,使交联的流体快速破裂为较低黏度的液体,以保证裂缝具有一定的导流能力,减少交联凝胶的堵水效应,并且减少压裂液对储层的伤害,交联液破胶后,破胶体系返排到地面,减少其对储层及裂缝的渗透性伤害。因此,破胶剂在压裂液中同样起着非常重要的作用。水基压裂液中常用的破胶剂有酸性破胶剂、酶类破胶剂和氧化性破胶剂。

一、酸性破胶剂

酸性破胶剂通常是在基质酸化中逆转压裂液交联过程的必要组分。这些酸通常与在压裂中使用的聚合物凝胶结合以提供酸性压裂液。一旦形成胶凝酸,就添加锆基交联剂以使聚合物交联以形成足够的黏度。在酸压中使用胶凝流体的原因和优点是抑制或延迟酸与地层的反应,防止酸被消耗而几乎没有地层渗透。一旦将交联的流体注入井眼并使地层破裂,酸便会以非均匀的方式腐蚀裂缝表面,形成导流通道,在裂缝闭合后,这些通道将保持开放而无须任何支撑剂。同时,氟硼酸作为破胶剂开始交联过程。首先,它分解为氢氟酸,然后氢氟酸释放出氟离子,该氟离子将锆离子束缚在一起,并在酸压裂处理完成后破坏锆聚合物的交联键。酸的黏度会随着时间的流逝而降低,从而更容易回收用过的胶凝酸溶液。酸性破胶剂还可以创造低pH值环境来破坏瓜尔胶聚合物。瓜尔胶或衍生的瓜尔胶聚合物的稳定性与pH值和水的氧气浓度有关。当通过添加凝胶稳定剂消除氧的影响时,黏度在较低的pH值下会更快地降低。然而,这种情况下破胶剂的应用受到许多因素的限制。

二、酶类破胶剂

酶作为破胶剂已经被使用了很多年。酶是活生物体产生的天然催化剂,它们具有与细胞代谢过程有关的非常特殊的功能。由某些细菌和真菌产生的几种不同的酶能够攻击瓜尔胶和相关的半纤维素。这些酶攻击瓜尔胶分子并降低其分子量的酶促断裂机制，但与氧化剂不同，它们在此过程中没有被消耗。理论上，单个酶分子能够降解无限数量的瓜尔胶分子。在最佳条件下，某些酶可以将诸如瓜尔胶及其衍生物的复杂聚合物降解为简单的糖溶液（单糖和二糖）。这类新的、改良的酶已被商业化开发[104]。这些酶具有极高的底物特异性和高温稳定性（最高93℃），在较宽的pH值范围内（2~11）具有活性。

酶是活细胞产生的大型、高度专业化的蛋白质。它们是无毒的，很容易在环境中分解或吸收。因此，酶类破胶剂被认为是对环境友好的。酶在反应引发过程中不会改变酶的结构，因此，酶可能随后在聚合物上引发另一个断裂反应，依此类推。酶引发的反应称为"锁和钥匙原理"。它们的反应性仅限于它们可以匹配的那些特定底物位点。

瓜尔胶的结构可以最简单地定义为作为重复单元的聚合物。对于酶来说，设计瓜尔胶聚合物结构分解的最有效方法是将攻击集中在β-1,4键和α-1,6键上。这些键的成功裂解将使聚合物还原为完全溶于水的单糖。现有的许多不同酶仅对瓜尔胶聚合物具有特异性，但不能有效地将聚合物还原为单糖或降低分子量。该酶必须是聚合物特异性的才能与聚合物匹配，而且还必须是聚合物键特异性的，以攻击适当的键以影响所需的降解。如上所述，最有效的途径是先切割甘露糖单元之间的β-1,4键，然后再切割半乳糖和甘露糖单元之间的α-1,6键，如图1-26所示，这可以被认为是酶类破胶剂最高效率的破坏机制。

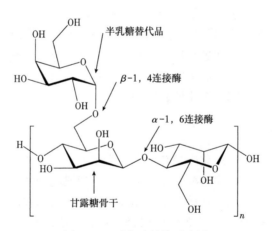

图1-26 瓜尔胶结构示意图

将酶引入聚合物水溶液后，它将寻找并附着在聚合物链上，直到该聚合物链在行进的任何位置都可以完全降解。在整个裂缝中，酶的降解将与聚合物一起分布并均匀地集中，这对于酶类破胶剂而言是一个主要优势，这表明酶可以在储层中的任何位置提供长期的聚合物降解。

三、氧化性破胶剂

许多研究认为最常见的破胶剂是氧化剂[105]，例如过氧化物和过硫酸盐。这些氧化剂反应性物质分解产生自由基的氧化机制，这些自由基攻击聚合物链并引起降解。过硫酸盐在水中具有很高的溶解度。例如，过硫酸盐（过硫酸铵）的热分解会产生高反应性的硫酸根，这些自由基会侵蚀聚合物，从而降低其分子量和增黏能力。另一种方式是采用低挥发性的过氧化物(例如过氧化钙)来限制溶液中反应性物质的数量。同样，也有研究者指出，有机过氧化物可以溶解在油中或分散在压裂液中。随着时间的流逝，过氧化物会从油滴缓慢分配到水性流体中，从而导致延迟破裂。

最常见的氧化剂是过硫酸盐($S_2O_8^{2-}$)、过氧化物($[O-O]^{2-}$)和溴酸盐[104](BrO_3^-)，在这些氧化剂中，过硫酸盐用作破胶剂已有40多年的历史了。这些反应性物种分解产生自由基，这些自由基攻击聚合物链并引起降解，为了描述氧化破坏机理，以过硫酸盐破胶剂的降解为例，讨论了它的逐步降解过程，其工作原理如下：

(1)过硫酸根离子分为两半，称为自由基。该过程称为链引发。

$$O_3S-O:O-SO_3 \longrightarrow SO_4^- + SO_4^-$$

(2)过硫酸根自由基将水氧化形成硫酸根和两个羟基的自由基。

$$SO_4^- + H_2O \longrightarrow SO_4 + OH^-$$

(3)羟基与瓜尔胶反应形成水和瓜尔胶自由基。羟基自由基在不同位置反应，可以形成许多不同的瓜尔胶自由基种类。一个瓜尔胶自由基可在内部或外部与瓜尔胶反应，形成另一种瓜尔胶自由基。

$$OH^- + Guar \longrightarrow Guar^- + H_2O$$

(4)当形成一定的瓜尔胶自由基物种时，它可以再次与水反应，这会从瓜尔胶聚合物链上除去一个键。该反应产生两个较短的聚合物链并释放出羟基。

$$Guar^- + H_2O \longrightarrow 2Guar + OH^-$$

(5)步骤(4)的羟基自由基在步骤(3)的路径上继续。每次发生该步骤时，聚合物分子量都会降低。事实上，一个过硫酸根离子仅形成两个羟基，但是这两个羟基可以发生反应，被再生并再次发生数百次或数千次反应。该反应是真正的催化过程，使过硫酸盐成为瓜尔胶型聚合物非常有效的破胶剂。

过氧化物是一种非常稳定和强大的氧化剂，通常用作内部破胶剂以除去滤饼。根据储层孔径分布和活性物质含量，有许多不同类型的过氧化物产品可用。过氧化镁是在工业中广泛使用的一种氧化剂，其作用如下：

(1)与盐酸接触后，固体过氧化物分解形成过氧化氢。

$$MgO_2 + HCl \longrightarrow H_2O_2 + MgCl_2$$

(2)过氧化氢产生原位氧气，使聚合物附着。

$$2H_2O_2 \longrightarrow O_2 + 2H_2O$$

(3)当聚合物暴露于氧气时发生自氧化。

$$Guar + O_2 \longrightarrow Guar^- + HOO$$

其他主要氧化剂，例如溴酸盐的钠盐、钾盐和铵盐，具有使凝胶降解并降低黏度的相同机理。但是，由于它们本身对温度和pH值敏感程度不同，因此应考虑实际情况选用。

四、胶囊破胶剂

通常,当温度高于82℃时,破胶剂变得过于活跃。在这种情况下,液体可能在发生作用前就迅速降解。这个问题可以通过在低渗透膜中包裹或封装破胶剂来解决[106]。对于之前提到的氧化性破胶剂,自由基的产生和压裂液黏度的降低受温度的强烈影响。而且在许多情况下,需要不断提高破胶剂浓度,以提供更好的清理效果。但是,如果向流体中添加过多的活性破胶剂,则流体性质会受到影响。矛盾的是,破胶剂的浓度需要足够高以用来提高支撑剂充填的导流能力,但过高的破胶剂浓度会降低流体黏度,从而无法有效地产生裂缝并有效地支撑支撑剂。此外,当温度高于93℃时,过硫酸盐之类的化学物质会很快在流体中消耗掉。酶类破胶剂虽然会通过不同的机理破坏凝胶,但仅限于特定的温度和pH值条件,但除非使用酸将pH值降低至适合酶的范围,否则压裂液最初的高pH值将使酶永久变性。因此,如果不做任何延迟释放研究,则在压裂早期阶段,酶和酸的包装将受到严重伤害。因此,为了避免上述问题,有必要引入延迟或延迟反应以获得更好的控制方法。

综上所述,几十年来,为了降低聚合物与破胶剂之间的反应速率,采用了各种各样的方法。普遍使用的方法是封装法,它可以延迟破裂时间,因为反应性化学物质通过抗水涂层与压裂液分离。相对于以前的封装技术,在许多现场应用中,胶囊破胶剂已获得成功。引入它们是为了向压裂液中添加更高浓度的破胶剂。各种各样的封装方法都可以达到延迟释放的效果。然而,如今在工业中仅其中一些是可商购的。主要的封装方法如下:

(1)将活性成分包裹在不可渗透的膜中,压碎后会释放破胶剂。

(2)将活性成分包封在不渗透的膜或涂层中,以溶解和释放活性成分。

(3)将活性成分包裹在半透膜,该膜会通过渗透溶胀而破裂(并释放活性成分)。

(4)将活性成分包封在可渗透的膜或涂层中,以使活性化学品通过多孔膜溶解,从而使活性成分缓慢释放。

(5)将活性成分封装在会腐蚀掉活性成分的材料中,从而将其释放到环境中。

在这些提出的如何从涂料中释放破胶剂的机制中,有两种是多年来在该行业中最流行的:一种是通过裂缝闭合后压碎涂层释放破胶剂,另一种是通过扩散或渗透溶胀释放破胶剂。在这种涂覆方法中,将过硫酸钠之类的活性破坏剂颗粒放置在腔室中,并通过气流进行流化。根据所需的厚度和初始破胶剂颗粒的尺寸,涂层的粒径可以在颗粒尺寸的10%~50%之间变化。较小颗粒的破胶剂需要较重的涂层才能获得与较大颗粒相同的膜厚。

五、小结

在分析破胶剂的性能后发现,这些破胶剂往往受压裂液温度、pH值和矿物存在的影响。这些因素在压裂设计中需要仔细考虑。通过前文的分析发现,在低—中高温地层中可选择的破胶剂类型为氧化性破胶剂、酶类破胶剂和酸性破胶剂。在中等温度条件下,氧化性破胶剂由于价格低廉、破胶效率高,因此在压裂液中使用较多。

总而言之,在设计每个压裂作业时,破胶剂的选择需要根据其自身在不同应用中的优缺点进行细致而全面的考虑。表1-8总结了低—中等温破胶剂适用情况。

随着聚合物化学技术的发展,许多新兴类型的破胶剂和破胶机理被引入工业。

表 1-8 低—中等温破胶剂适用情况

破胶剂类型	典型化学品	适用情况	
氧化性破胶剂	过硫酸盐（$S_2O_8^{2-}$）	为93℃以下的优异破胶剂；温度低于51℃时需要活化剂；适用pH值范围为7~12，对高盐分和某些类型的矿物质敏感；在水中的溶解度高	
	过氧化物（$[O-O]^{2-}$）	93~115℃之间具备最佳性能。适合于高渗透储层；适用pH值范围为7~12，基于淡水的液体；在水中的溶解度低；反应时间变慢	
	溴酸盐（BrO_3^-）	适用高温条件（高于93℃）；优异的破胶剂，可在不同的聚合物负载量下降解高pH值硼酸盐凝胶；对高盐度敏感	
酶类破胶剂	半纤维素酶、纤维素酶	最为环保；变性后不可逆；对pH值和温度敏感；必须低于66℃，且pH值需低于8	在32℃和pH值为4的流体中具有最佳性能。由于混合比例不确定，残留物更多。对高岭石、膨润土等矿物敏感
	半乳甘露聚糖酶		高度聚合物连接特异性；断裂后的残留物更少，这归因于直接的聚合物侵蚀
酸性破胶剂	亚氯酸、亚氯酸盐、无机酸	延缓释放时使用，以恢复交联；温度上限为121℃；最好在去除氧气影响的情况下使用；低温条件下最好与酶一起使用，通常需要大量添加	

对于高温高压储层，常规的破胶剂受到温度的影响会变得异常活跃，液体可能在发生作用前就迅速降解，这使得破胶剂没有作用到理想的位置，导致破胶效果不理想，导流能力恢复率低。因此，往往在高温储层中采用不同的涂覆方法、不同的内部活性物质，这样既能加入足量的破胶剂，也能满足压裂液性能不受影响，并且达到延缓反应速率的目的。针对高温破胶剂的研究较少，适用高温的破胶剂研究情况汇总见表1-9。

表 1-9 适用高温的破胶剂汇总

破胶剂	聚合物	适用温度，℃	参考文献
UB-1（封装）	瓜尔胶	121~148	[107]
UB-3（封装）	衍生的瓜尔胶	121~148	
UB-2（封装）	瓜尔胶和瓜尔胶聚合物	93~107	[108]
SP、KP（封装）	羧甲基羟丙基瓜尔胶	93~135	[109]
溴酸钠	瓜尔胶聚合物	121~148	[104]
—	丙烯酰胺	≥135	[110]
瓜尔胶特异性酶	瓜尔胶	121~148	[111]

综上所述，在压裂过程中如若储层温度属于低—中等温度，可参考低—中等温破胶剂选择流程图（图1-27）来进行破胶剂的选择。当温度属于高温时，可参考表1-9进行选择。

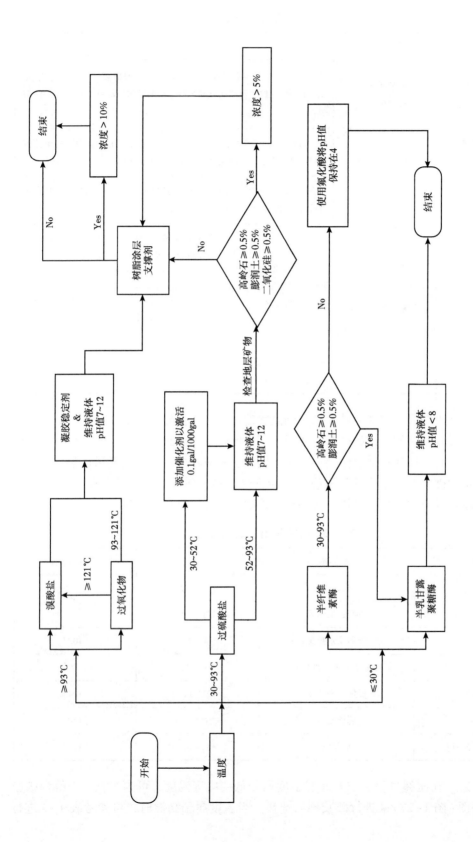

图 1-27 低—中等温破胶剂选择流程图

所有破胶剂均已封装；维持液体与酸混合，以控制压裂液的pH值和回流

第五节 减 阻 剂

减阻剂能够有效降低压裂液的摩阻,特别是较深储层应用效果明显。减阻剂种类繁多,性能差异大,接下来进行具体阐述。

一、表面活性剂类减阻剂

表面活性剂包括但不限于乙氧基化醇、乙氧基化蓖麻油、乙氧基化山梨醇酐单油酸酯和山梨醇酐倍半油酸酯以及上述物质与复分解衍生烷基酯表面活性剂的混合物。

在储层增产改造过程中,表面活性剂的应用存在以下几个问题[112-121]:(1)棒状胶束的抗剪切性较差,在高剪切速率下,减阻性能急剧下降;(2)黏滞力弱,不能满足黏度要求;(3)成本太高。因此,表面活性剂减阻应用很少,但由于其具有良好的减毛细压力性能,常被用作滑溜水的清洁添加剂。

1. 非离子表面活性剂

该减阻聚合物包含阳离子聚合物或阴离子聚合物+少量带相反电荷的表面活性剂+少量具有6~23个碳原子的疏水醇+两性表面活性剂+胺氧化物表面活性剂。

其中,阳离子聚合物包括多胺、纤维素醚的季铵盐衍生物、瓜尔胶的季铵盐衍生物,以及至少20%(摩尔分数)二甲基二烯丙基氯化铵(DMDAAC)的均聚物和共聚物,甲基丙烯酰胺丙基三甲基氯化铵(MAPTAC)的均聚物和共聚物,丙烯酰胺丙基三甲基氯化铵(APTAC)的均聚物和共聚物,甲基丙烯酰氧乙基三甲基氯化铵(METC)的均聚物和共聚物,丙烯酰氧乙基三甲基氯化铵(AETAC)的均聚物和共聚物,甲基丙烯酰氧乙基三甲基硫酸甲酯铵(METAMS)和淀粉季铵盐衍生物的均聚物和共聚物。

阴离子聚合物包括丙烯酸(AA)的均聚物和共聚物,甲基丙烯酸(MAA)的均聚物和共聚物,2-丙烯酰胺-2-甲基丙磺酸(AMPS)的均聚物和共聚物等。

适合于与阳离子聚合物一起使用的阴离子表面活性剂包括烷基、芳基或烷基芳基硫酸盐,烷基、芳基或烷基芳基羧酸盐,烷基、芳基或烷基芳基磺酸盐。适合于与阴离子聚合物一起使用的阳离子表面活性剂主要为季铵表面活性剂。适合于阳离子聚合物或阴离子聚合物的两性表面活性剂包括脂肪族二级和叔胺衍生物的表面活性剂。适合于胺氧化物的表面活性剂包括椰甲酰氨基二甲胺氧化物等[122]。

2. 水溶性液体凝胶黏性表面活性剂(VES)

研究发现,在VES胶凝液中加入水溶性聚合物会增加临界广义雷诺数,此时扇形摩擦系数增加,摩擦压力开始迅速增加。水溶性聚合物减阻剂主要包括水溶性胶(天然聚合物)及其衍生物,例如瓜尔胶、瓜尔胶衍生物[即羟丙基瓜尔胶(HPG)、羟乙基瓜尔胶(HEG)、羧甲基瓜尔胶(CMG)、羧乙基瓜尔胶(CEG)、羧甲基羟丙基瓜尔胶(CMHPG)等]、纤维素衍生物[即羟乙基纤维素(HEC)、羟丙基纤维素(HPC)、羧甲基纤维素(CMC)、羧乙基纤维素(CEC)、羧甲基羟乙基纤维素(CMHEC)、羧甲基羟丙基纤维素(CMHPC)等]、刺槐豆胶、果胶、黄芩胶、阿拉伯胶、卡拉胶、海藻酸盐(如海藻酸盐、海藻酸丙二醇盐等)、琼脂、结冷胶、黄胞胶、硬葡聚糖及其混合物。另一类水溶性减阻剂为合成聚合物,例如丙烯酸酯聚合物、丙烯酰胺聚合物、2-丙烯酰胺-2-甲基丙磺酸盐、乙酰胺聚合物、甲酰胺聚合物及其混合物,包括这些单体的共聚物[123]。

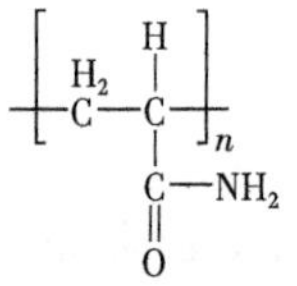

二、聚丙烯酰胺类

聚丙烯酰胺（PAM）是一种线状的有机高分子聚合物，分为阴离子聚丙烯酰胺（HPAM）、阳离子聚丙烯酰胺（CPAM）、两性离子型和非离子聚丙烯酰胺（NPAM）三大类。聚丙烯酰胺的分子式为$(C_3H_5NO)_n$，其结构式如图1-28所示。压裂用减阻剂聚丙烯酰胺类Ⅰ型、Ⅱ型的技术要求见表1-10和表1-11。

图1-28 聚丙烯酰胺结构式

表1-10 压裂用减阻剂聚丙烯酰胺类Ⅰ型（常规指标）的技术要求

项目		Ⅰ型（常规指标）	
		低黏	高黏
外观		均匀、无分层、无沉淀的乳液	均匀、无分层、无沉淀的乳液
pH值		6~8	6~8
溶胀时间,min		≤3	≤3
连续混配溶胀时间,s		≤30	≤30
黏度($100s^{-1}$),mPa·s		2~5	≥15
残渣含量,mg/L		—	≤100
降阻率（低黏0.1%,高黏0.8%）,%		≥70	≥70
配伍性	与压裂液添加剂	无分层、无沉淀、无悬浮现象	无分层、无沉淀、无悬浮现象
	与高黏减阻剂	无分层、无沉淀、无悬浮现象	
	与地层水	无分层、无沉淀、无悬浮现象	无分层、无沉淀、无悬浮现象
	与原油	破乳率>95%	破乳率>95%

表1-11 压裂用减阻剂聚丙烯酰胺类Ⅱ型（抗盐）的技术要求

项目		Ⅱ型（抗盐）指标	
		低黏	高黏
外观		均匀、无分层、无沉淀的乳液	均匀、无分层、无沉淀的乳液
pH值		6~8	6~8
溶胀时间,min		≤3	≤3
黏度($100s^{-1}$),mPa·s		≤3.0	≥10
降阻率（低黏0.1%,高黏1.0%）,%		≥70.0	≥70.0
配伍性	与压裂液添加剂	无分层、无沉淀、无悬浮现象	无分层、无沉淀、无悬浮现象
	与高黏减阻剂	无分层、无沉淀、无悬浮现象	
	与低黏减阻剂		无分层、无沉淀、无悬浮现象
	与地层水	无分层、无沉淀、无悬浮现象	无分层、无沉淀、无悬浮现象
	与原油	破乳率>95%	破乳率>95%

聚丙烯酰胺减阻剂一般为干粉或乳液形式。干粉便于运输和储存，而乳液溶解更快。为了确保现场连续配制，乳液的应用更为广泛[124-125]。影响减阻性能的因素主要有分子结构、柔韧性、长度等。其还可以是分散聚合物或乳液聚合物。

三、水溶性聚丙烯酰胺

该减阻剂的水溶性聚合物是聚丙烯酰胺，油基载体是石油馏分，表面活性剂是乙氧基化的非离子乳化剂。表面活性剂可以是脂肪链环氧乙烷/环氧丙烷和/或氧基化丙氧基共聚物。悬浮助剂是基于苯乙烯和乙烯/丙烯的二嵌段共聚物的任何变体。该组合物还可含有分散剂，例如亲有机黏土或合成替代物作为悬浮剂[126]。

四、纤维减阻剂

减阻纤维既可以作为支撑剂，也可以作为减阻剂。减阻纤维可以是有机聚合物、无机聚合物及其组合，主要类型有聚己内酰胺（也称为尼龙 6）、聚六亚甲基二酰胺（也称为尼龙 66）、丙烯酸、聚苯醚、丙烯腈-丁二烯-苯乙烯、乙烯-乙烯醇、聚碳酸酯、聚对苯二甲酸乙二酯、聚对苯二甲酸丁二醇酯、乙二醇改性聚对苯二甲酸乙二醇酯、聚醚酰亚胺、聚苯醚、聚苯硫醚、聚苯乙烯、聚乙烯苯、丙烯腈-丁二烯-苯乙烯、聚氯乙烯、氟塑料、聚硫化物、聚丙烯、苯乙烯-丙烯腈、苯氧基、聚烯烃、聚苯乙烯-二乙烯基苯、聚氟碳化合物、聚醚醚酮、聚酰胺酰亚胺等[127-128]。

五、水解聚丙烯酰胺

水解聚丙烯酰胺结构式如图 1-29 所示。

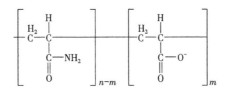

图 1-29 水解聚丙烯酰胺结构式

该水解减阻剂的组分为乳液或固体形式的离子型聚丙烯酰胺，其中阴离子型聚丙烯酰胺是丙烯酰胺和丙烯酸钠单体的共聚物，也被称为水解聚丙烯酰胺。

在较高的温度下，高性能聚丙烯酰胺的酰胺官能团的水解速率增加，从而在主链中产生更大量的丙烯酸。这种水解机理的简单描述如图 1-30 所示。聚丙烯酸对硬度非常敏感，超过临界硬度时，聚合物就会沉淀出来[129]。

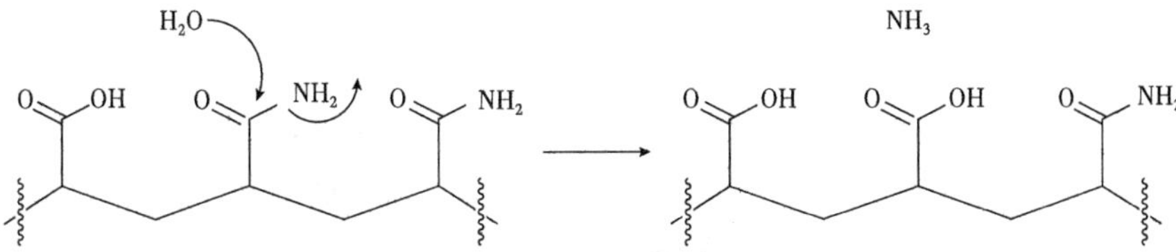

图 1-30 水解聚丙烯酰胺水解机制

在压裂液处理中，最常用的合成的减阻剂是丙烯酰胺与丙烯酸钠的共聚物，通常称为部分水解聚丙烯酰胺（PHPAM）。丙烯酰胺或聚丙烯酰胺在聚合或泵送条件下不易水解。

60℃的降解研究表明，在前 40 天，水解增加的百分比仅接近 3%。PHPAM 共聚物中的羧酸功能（通常在15%左右）几乎完全来自丙烯酸酯单体。PHPAM基共聚物是线状的，具有较高的分子质量$[(2～1000)×10^4 Da]$。除了丙烯酸钠，其他单体如2-丙烯酰胺-2-甲基丙磺酸钠或丙烯氧乙基三甲基氯化铵（AETAC）也经常共聚到聚合物中，以提高聚合物的水合性能和耐盐性[130]。

六、小结

各类型减阻剂的优缺点见表1-12。

表1-12 各类型减阻剂的优缺点

减阻剂	优 点	缺 点
乳液型减阻剂	溶解速度快，快速溶解不易形成"鱼眼"，配制简单，适于现场直接配制使用，具有一定的耐盐性和易降解	高含盐水体中，其转相速度易受到外界条件影响，高含盐水导致乳液型减阻剂转相困难，价格相对高昂，使用加量较多，规模应用仍然存在一定的困难
聚合物型减阻剂	制备简单，聚合物可直接使用	黏度极大，易造成设备堵塞
表面活性剂类减阻剂	抗剪切性良好	表面活性剂类减阻剂的使用浓度不能低于该介质内表面活性剂的临界胶束浓度，减阻剂在较大浓度下才有减阻效果；在雷诺数较高的条件下，减阻剂的减阻性能降低；部分表面活性剂对压裂液有污染
聚丙烯酰胺类（PAM）	具有很好的减阻性能和支撑剂承载能力，并且不伤害地层[125]，且较高盐度对其没有影响。无毒、无污染、无粉尘，其较快的溶解特性将大大地缩减配制时间，使用极其方便	在一些高温高盐油藏中，调堵效果不是很理想
纤维减阻剂	减阻纤维的几何形状特别适合在微裂缝内放置和保持，而无须桥接或筛选[130]	在压裂过程中需要依赖高速的流体流动
水解聚丙烯酰胺	随着剪切时间的增加和剪切速率的增大，体系黏度降低率会不断增大	对地面设备造成磨损，支撑剂输送能力差

第六节 黏土稳定剂

储层基本上都含有黏土，黏土颗粒遇水先水化膨胀，进而剥落分散运移。由于黏土本身固有的负电荷与阳离子结合，并在溶液中靠近阴离子表面形成阳离子团，这些阳离子团与黏土颗粒的负电荷构成双电层的颗粒相互排斥，必然引起分散。水合膨胀为分散运移创造了条件，而分散运移又促进了更进一步的水合膨胀。膨胀型黏土（蒙皂石）以水合膨胀为主，而非膨胀型黏土（高岭石、伊利石）则以分散运移为主。黏土的水合膨胀和分散运移都会堵塞油气层，降低油气层的渗透率。因此，对黏土须采用防膨稳定措施，防止黏土膨胀运移伤害储层。

黏土矿物的防膨和稳定主要是利用黏土表面化学离子交换的特性。通过改变结合离子达到抑制水合膨胀和分散运移的目的。黏土矿物由于离子取代使离子带负电荷,形成对阳离子的吸引力。稳定黏土矿物的基本机理就是选用结合能力强的离子或化学剂而起到防膨稳定作用。

常用的黏土稳定剂分为两类:一类是简单无机物,如 KCl、NH_4Cl 等;另一类是阳离子无机聚合物,如聚季铵盐。它们都是为了保持一定的阳离子交换能力使黏土稳定。二者相比,一般认为盐类作用明显,但有效期短,而阳离子聚合物由于可吸附在黏土表面而耐冲刷,有效期长。但是这种大分子的阳离子聚合物会对低渗透储层造成严重的伤害。无机盐中的 KCl 具有良好的稳定黏土作用,常用作压裂黏土稳定剂(表 1-13)。黏土稳定剂的选择也以地层黏土矿物类型和含量多少、水敏性强弱而定。

表 1-13 KCl 黏土稳定剂物性

项目	指标
外观	淡黄色或无色液体
pH 值	6.0~8.0
密度(25℃),g/cm³	0.9~1.2
耐温性(300℃,24h 防膨率),%	≥80

一、简单无机物

常用的简单无机物黏土稳定剂主要包括 NaCl、KCl、$CaCl_2$、NH_4Cl、KOH、$Ca(OH)_2$ 等。

1. KCl

KCl 是增产作业中最常用的无机盐黏土稳定剂之一。对于黏土,NaCl 或 KCl 都是首选的稳定剂[131]。通常 KCl 浓度为 2%~7%[132-133]。这些盐通过多种机制延缓黏土膨胀,KCl 和黏土之间的交换反应减少了膨胀黏土表面的水合阳离子[131]。随着温度的升高及 pH 值的增加,在低盐度溶液中,KCl 含量的增加对于黏土稳定性能影响较小[132]。KCl 作为黏土稳定剂的不足之处在于,要想提高黏土稳定性能,就要提高 KCl 含量,以提供更多的可交换的阳离子,这就会对水土质量和整个生态系统产生不利影响。此外,KCl 还用于碳酸盐岩和砂岩储层的增产。但是,当使用 KCl 时就不能使用 HF,因为会存在生成二次沉淀氟硅酸盐的风险。

2. NH_4Cl

NH_4^+ 和 K^+ 在较低的溶液浓度下可使黏土保持稳定的结构[134]。这两种盐由于具有相容性,因此 NH_4Cl 可作为黏土稳定剂在砂岩酸化中替代 KCl[135]。NH_4Cl 的临界盐浓度为 0.013mol/L[132]。

3. $Ca(OH)_2$

$Ca(OH)_2$ 是一种优良的稳定剂,但由于其化学性质与多种地层水不配伍,造成地层结垢,因此并不是经常使用。在高浓度条件下,钙也会引起黏土膨胀[134]。

二、阳离子无机聚合物

阳离子无机聚合物是由可水解的多价金属盐制成,包括铬盐、锆盐和铝盐[136-141]。金属盐在水中水解成高正电荷溶液[142]。许多三价金属离子是多核的,可以与水分子和羟基保持6倍的配位。这将允许延长多核离子形成的具有更大净电荷的络合物。黏土膨胀是通过把高电荷的多核离子交换成天然离子。阳离子无机聚合物主要有羟基铝和氧氯化锆。其中，羟基铝聚合物只能在pH值为3.5~6的范围内稳定[142]。使用该类聚合物黏土稳定剂的缺点在于酸化过后仍需对储层进行二次处理，便于其返排或破胶[143]。

阳离子无机聚合物（羟基铝、氯氧化锆）具有很高的电荷，对细颗粒和膨胀黏土具有良好的稳定性，主要用于酸化处理的预处理。这些阳离子聚合物只能在较低的pH值范围内使用，其会在碱性溶液中以氢氧化物或水合金属氧化物的形式沉淀，造成储层伤害。羟基铝聚合物是20世纪60年代末发展起来的第一类黏土稳定剂之一。由于其高电荷，负电荷黏土表面有利于多核羟基铝阳离子的形成，为黏土矿物提供了很强的稳定效应。然而，其只能在pH值为3.5~6的范围内稳定，与基本溶液不相溶，应用范围仅限于近井区。

Assem等[144]以铝锆基无机化合物为基础，研制了一类新型的永久黏土稳定剂。分子电荷密度的增加使其能够更强地与膨胀的黏土结合，而相对较低的分子量使其能够永久地稳定黏土，而不会通过堵塞孔喉和降低渗透率来对地层造成伤害。他们对新型黏土稳定剂进行了室内实验研究。利用砂岩岩心进行岩心驱替实验，以评估高温下稳定剂的性能，以及不同酸对其性能的影响。采用电感耦合等离子体发射光谱法对岩心出水样品进行分析，测定铝和锆浓度。认为这种新型永久黏土稳定剂通过最大限度地减少黏土膨胀，防止因堵塞孔喉和随后的渗透率损失而对地层造成伤害，从而提高了高黏土矿物含量地层的产能。该黏土稳定剂可在温度高达121.1℃、15%（质量分数）HCl下正常工作。

三、简单有机物

简单有机物（烷基取代的铵盐）主要有四正丙基氯化铵、二正丙基乙酸铵、二-2-甲基丁基氨基溴铵、二氧化硫（三苯甲酰胺）氯化物等。该类黏土稳定剂只能提供暂时的稳定作用。其会使黏土及其他硅酸盐油湿，这是不可取的。

四、阳离子有机聚合物

阳离子有机聚合物（多季铵）是最常用的黏土稳定剂，能为黏土矿物提供永久性的稳定剂。主要类型有聚二甲基二烯丙基氯化铵（PD-ADMAC）、乙烯氯化铵（PDMEAC）、聚二乙基苯胺-溴氰菊酯以及聚DMA-溴氰菊酯等。阳离子有机聚合物由一个复杂的结构组成，具有多个阳离子位点，它们对阳离子交换具有抵抗能力。由于所有的阳离子同时交换离子的可能性很低，具有多个阳离子位点，使得处理更持久[135]。有机聚合物具有耐酸性的优点，这些化合物通常是长链有机聚合物，分子量为5000万~100多万。阳离子有机聚合物一般只能在高渗透地层中泵入，低渗透储层中应用会导致孔喉堵塞，特别是在渗透率低于30mD的地层中[143]。

有机黏土抑制剂是一种化学活性化合物，需要与完井盐水[133]和化学添加剂等流体进行相容性测试[145]。此外，它们对环境的影响也值得关注[131]。在砂岩储层中，许多阳离子有机聚合物都是水溶性的润湿剂，这会导致储层束缚水饱和度变高和相对渗透率降低。此外，阳离子有机聚合物不能防止微粒运移，因为它们只能防止水合作用，在流体高速流动下不能将黏土固定在原位[135]。

五、季铵盐类

大多数氨基黏土稳定剂的工作原理是用阳离子取代黏土晶格中的钠离子。通常选择高价阳离子,使其水合体积小于钠离子的水合体积,从而在黏土暴露于水溶液时减少膨胀。目前使用的两种最常见的材料是(2-羟乙基)三甲基氯化铵(氯化胆碱)和四甲基氯化铵。

氯化胆碱是一种铵盐化合物,易于生物降解。在大气中,氯化胆碱的半衰期约为6.9h。其与无机盐相比,主要优点为所需浓度较低,通常为1%~3%。由于温度稳定性低、气味强、毒性大以及抑制程度较低,这些化合物的应用受到限制。氯化胆碱和四甲基氯化铵的对比见表1-14。

表1-14 四甲基氯化铵和氯化胆碱比较

类别	结构式	功能/限制	健康、安全与环境/毒性
四甲基氯化铵	$\left(H_3C-\overset{CH_3}{\underset{CH_3}{N^+}}-CH_3\right)Cl^-$	酸碱性和温度限制	有毒性、臭味
氯化胆碱	$\left(H_3C-\overset{CH_3}{\underset{CH_3}{N^+}}-CH_2-CH_2-CH_2-OH\right)Cl^-$	与添加剂的相容性限制页岩抑制,氨气气味	可生物降解,无毒

含有季铵盐、可水解金属离子(如氧氯化锆)和羟基铝的聚合物有3个潜在的缺点:(1)不能防止高流速下的微粒移动;(2)稳定黏土具有时效性,因为多价离子往往会随着时间的推移而解吸;(3)相应的一些化学品相对昂贵。

六、阴离子有机聚合物

阴离子有机聚合物主要有黄胞胶(XC)、羧甲基纤维素(CMC)、羟基磷酰乙酸(HPAA)、聚阴离子纤维素(PAC)等(图1-31至图1-34)。

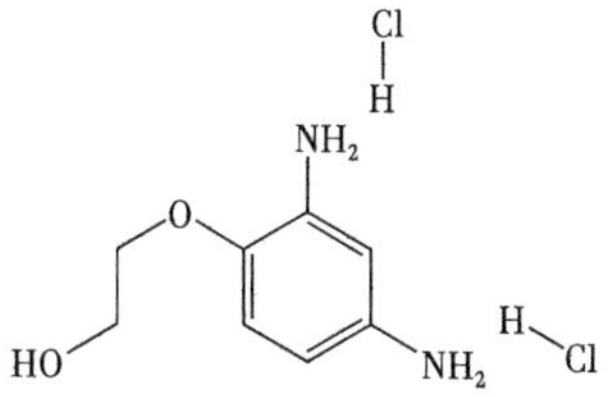

图1-31 黄胞胶结构式

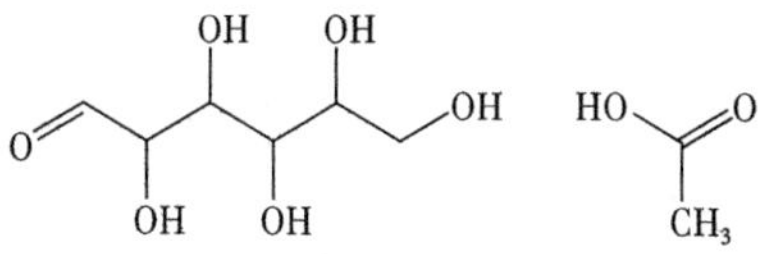

图1-32 羧甲基纤维素结构式

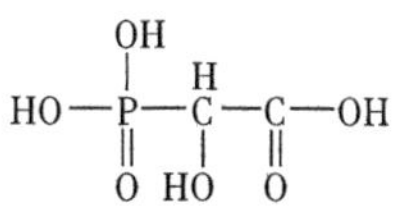

图1-33 羟基磷酰乙酸结构式

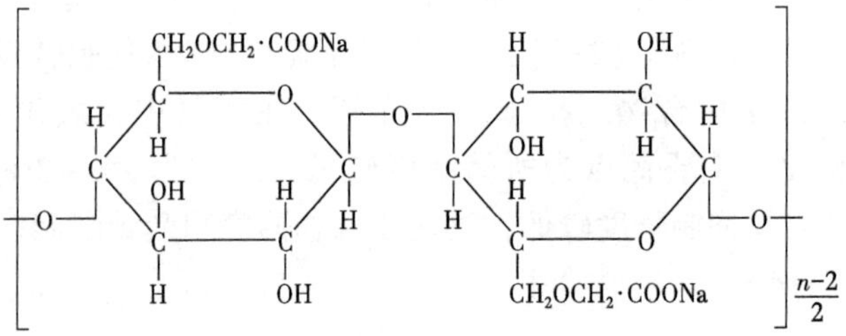

图 1-34 聚阴离子纤维素结构式

阴离子有机聚合物为长链聚合物，负离子可以附着在黏土颗粒的表面。其还可以通过氢键连接到水合黏土表面。长链阴离子聚合物主要是水解聚丙烯酰胺。大量的小分子聚合物链淀粉和聚阴离子纤维素，可以产生与长链聚合物类似的稳定性结果[146]。黄胞胶和羧甲基纤维素不会吸附到黏土以及其他聚合物表面[147]。阴离子有机聚合物和非离子有机聚合物在钻井液和修井液中的应用最为广泛。

七、非离子有机聚合物

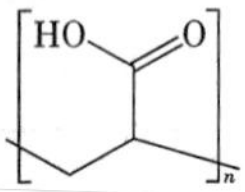

图 1-35 聚丙烯酸结构式

非离子有机聚合物主要有瓜尔胶、聚丙烯酸（PAA）、羟乙基纤维素（HEC）、乙烯基硅氮烷（YPI）、聚氧化乙烯、无硫凝胶稳定剂等（图 1-35 至图 1-38）。

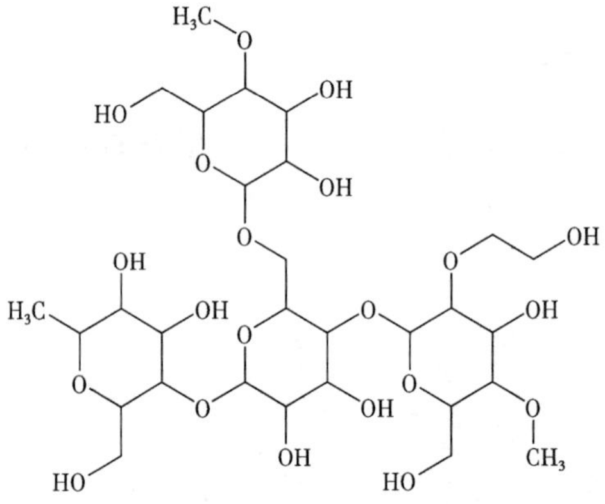

图 1-36 羟乙基纤维素结构式

聚丙烯酰胺是非离子有机聚合物黏土稳定剂的一种[142]。即使在没有离子交换的情况下，其也能有效地防止黏土膨胀。同时，聚丙烯酰胺产生的吸附量是聚合物黄胞胶和 CMC 的两倍以上。此外，非离子型有机聚合物表现出，在不同盐度范围内液体黏度变化不大。聚丙烯酰胺可以有不同的分子量，高分子量聚丙烯酰胺会吸附在岩石表面造成孔喉堵塞，从而导致渗透率严重降低。此外，在高注入速率下，高分子量聚丙烯酰胺可以吸附在岩石表面，造成孔喉堵塞[148]。

对于无硫凝胶稳定剂，传统的凝胶稳定剂含有硫，当被硫酸盐还原菌消耗时，硫会形成硫化氢气体。硫化氢不仅具有腐蚀性，而且对健康有害，如硫代硫酸钠和亚硫酸钠。这些化合物的氧清除机制如下[149]：

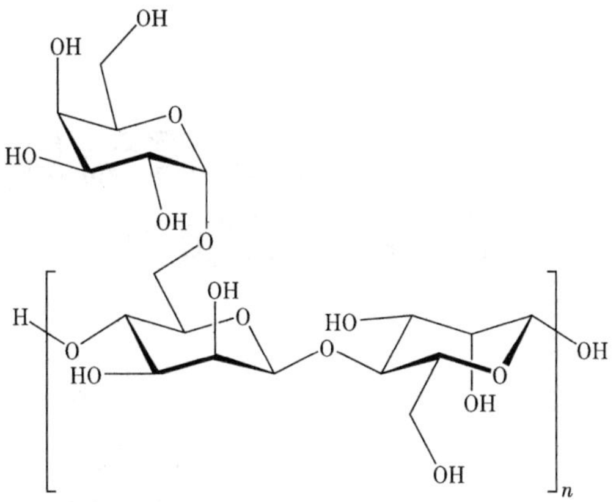

图 1-37 瓜尔胶结构式

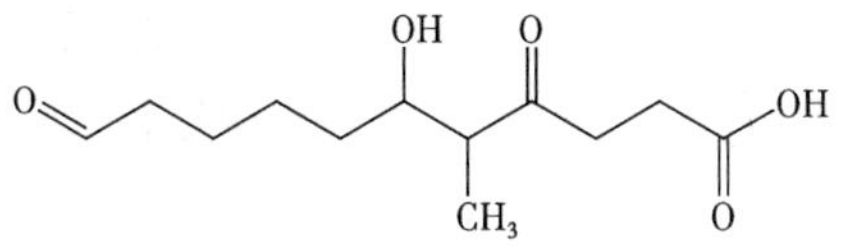

图 1-38 聚氧化乙烯

$$S_2O_3^{2-}+2O_2+H_2O \longrightarrow 2SO_4^{2-}+2H^+$$
$$2S_3^{2-}+O_2 \longrightarrow 2SO_4^{2-}$$

含硫化合物会对环境产生不良影响，硫酸盐还原菌会消耗含硫化合物产生硫化氢气体，硫化氢具有腐蚀性，会腐蚀井下管柱和工具。

八、小结

各黏土稳定剂性能对比情况见表 1-15。

表 1-15 各黏土稳定剂性能对比

黏土稳定剂	优 点	缺 点
简单无机物	耐高温	高浓度时才能起到黏土稳定剂的作用。它们的稳定作用是暂时的，后续应用非常有限
阳离子无机聚合物	具有很高的电荷，对微粒和膨胀黏土具有良好的稳定性	酸化后需要二次处理
简单有机物	二次伤害相对较低	抑制黏土膨胀效率低，用量大
阴离子有机聚合物	用量小，黏土稳定效果好	部分聚合物吸附在岩石表面造成孔喉堵塞
非离子有机聚合物	即使在没有离子交换的情况下，它们也能有效地防止黏土膨胀。不同盐度范围内，液体黏度变化不大	堵塞孔喉导致渗透率严重降低。在高注入速率下，高分子量聚丙烯酰胺可以吸附在岩石表面，造成孔喉堵塞

第二章 高温高压超深储层酸化液体系及添加剂

高温导致酸岩反应速率过快，近井地带过度溶蚀减小了酸液有效作用距离，难以实现酸液的深穿透，同时对岩石骨架破坏程度高，局部产生大量高价金属离子，易产生二次沉淀，特别是含硫储层此现象更为突出；高温环境中，改造液对管柱的腐蚀强度大大增加，尤其是酸化处理过程中，腐蚀速率高，常规缓蚀剂缓蚀效率低。高温高压超深储层酸液体系及添加剂的研发重点主要是高温酸液缓蚀剂、螯合剂、减阻剂以及胶凝剂等，形成超深、高温储层改造用酸液体系，同时研发降低高温酸液溶蚀速率添加剂（增加酸蚀作用距离）以及除氧剂和除硫剂，胶凝酸、自生酸、转向酸、加重酸和螯合酸正是当下研究的重点。

第一节 高温高压超深储层酸液体系

高温高压超深油气储层在增产改造过程中存在以下难题：(1)高温导致酸岩反应速率过快，难以实现酸液的深穿透，同时对岩石骨架破坏程度高；(2)超深导致改造液泵送过程中因摩阻过大，井口泵压高；(3)储层非均质性强，难以实现均匀布酸等问题；(4)高温条件下，酸对管柱的腐蚀强度大大增加，导致缓蚀剂缓蚀效率降低；(5)井筒垂向静液柱压差大，残酸不易返排，对储层的二次伤害严重。针对这些问题，从酸液角度而言，目前研究较多的为胶凝酸、自身酸、螯合酸、加重酸、有机混合酸、乳化酸以及转向酸等。

一、胶凝酸

胶凝酸是一种高分子溶液，属于亲液溶胶，具有很高的黏度。胶凝酸的主要技术特点是在酸化液中加入高分子聚合物（胶凝剂）后，使之成为亲液溶胶而降低 H^+ 的扩散速率，从而降低酸岩反应速率及酸液滤失速率，增加活性酸穿透距离，达到深度酸化目的。由于阻碍了 H^+ 的传质转移，因此对管线及设备的腐蚀程度相对较轻，节约成本，避免浪费。酸液由于有足够的黏度，因此有一定悬浮性，能将反应生成的或不溶于酸的有害物质返排到地面。

胶凝酸种类繁多，根据胶凝剂的不同，可划分为多个体系：(1)磷酸铝酯盐体系，利用己醇和五氧化二磷按比例混合生产的磷酸铝酯盐体系胶凝酸，既耐高温，也耐酸碱[150]；(2)低挥发性的磷（五价磷）酸酯体系，在150℃环境中黏度几乎无耗损[151-153]；(3)生物聚合物体系，如凝胶多糖[154]、聚3-羟基丁酸酯[155]、琥珀酰聚糖[156]，该类胶凝剂凝胶化时间较长，维持高黏度的时间也较长；(4)有机聚硅酸酯体系，通过一元醇、二元醇可简单合成得到；(5)乳液体系（聚异戊二烯或丁二烯/苯乙烯的乳液添加聚氧丙烯），体系耐温120℃左右，不会产生对高渗透地层有伤害的残留物[157]；(6)水基凝胶体系，由黄胞胶

(在低 pH 值环境中，Al^{3+} 在黄胞胶中能立刻形成凝胶[158]）、羧甲基纤维素（对热稳定[159]）、聚丙烯酰胺（金属离子与聚合物之间形成化学键，金属离子以有机物盐的形式加入地层，形成螯合物，延迟凝胶化过程[160-161]）、聚丙烯酸[162]及碱金属硅酸盐和氨基树脂组成[163]；（7）原位形成的聚合物，包括环氧树脂[164]、脲醛树脂[165]、乙烯基单体[166]、胺氧化物[167-168]以及基于纳米粒子的原位胶凝酸[169]。

二、自生酸

自生酸体系从自生氢氟酸、自生盐酸、自生有机酸，到自生土酸或复合酸体系，到现在已经成为一种比较完善的自生酸体系。自生酸多指使用两种或多种酸前体物质——酸母，酸母在地层中混合生成活性酸，从而达到解堵目标的酸液体系。多数自生酸解堵剂混合前在地面和注入管道（油管或套管和地面管线）中不显酸性或酸性很弱，避免了对注入管线及设备的腐蚀问题。由于大多数酸母通过可逆反应产生酸液，因此在地层中的酸是逐步生成的，酸化解堵半径更大，酸液有效作用时间更长。返排时的酸性相较传统酸液的酸性更弱，对于地面返排产生的影响也较常规酸液返排液小。自生酸对岩石的溶解速率均远远小于胶凝酸、交联酸，并且在温度大幅升高的情况下，反应速率也并没有增加太多，最大的反应速率不及胶凝酸在低温下的反应速率。

常用的自生酸包括：（1）有机酯类，如甲酸甲酯、乙酸乙酯、乙酸甲酯、磷脂类化合物[170-173]；（2）卤盐，如氯化铵、氯化铝等[174-176]；（3）含氟盐类，如氟化铵、氟硼酸铵等[177-178]；（4）卤代烃类，如四氯化碳、氯仿[179-180]；（5）酰卤类[181]等。这些自生酸性质不同，适应的地层条件也不同。大部分自生酸不适用于高温条件，只是一些卤盐类、卤代烃类以及复合盐类自生酸中少部分可以用于高温储层。

三、螯合酸

螯合酸已在石油和天然气工业的许多领域显示出潜在的性能。其螯合性能主要体现在螯合剂上，螯合剂的主要机理是与岩石或金属表面上的不同离子发生螯合，从而消除伤害（如滤饼和水垢）或改善流动性（如改变了润湿性）。螯合剂是用来控制金属离子不良反应的材料。在油田化学处理中，经常在增产酸中加入螯合剂，以防止酸化后固体沉淀。这些沉淀物包括氢氧化铁和硫化铁。此外，螯合剂被用作许多祛除/预防鳞屑配方中的成分。将螯合剂注入碳酸盐岩储层中，以将岩石的润湿性改变为更多的水湿条件，从而提高石油采收率。另外，螯合剂还通过降低油的润湿性和改善凝析油的流动性，利用润湿性改变机制来减轻致密油藏中的凝析油堆积。经常使用的螯合剂主要有氨基多元羧酸（Aminopolycarboxylic acids，APCA）和膦酸盐（Phosphonates）两种不同的类型。

氨基多元羧酸是工业上最常用的金属离子螯合剂[182]。氨基多元羧酸包括：（1）氨基三乙酸（NTA），具有很高的生物降解性，对大多数阳离子具有较低的稳定常数，但是已知的动物致癌物，在某些国家（如欧盟）是受限制的化学物质[183]；（2）羟乙基氨基二乙酸（HEIDA），具有很好的生物降解性，环保，在盐酸中的溶解度更高，反应速率可控[184-185]；（3）乙二胺四乙酸（EDTA），应用广泛[186]，反应可控，没有腐蚀或结垢问题，可与淡水和盐水一起使用，但不易降解，环境问题严重，盐酸中溶解度低[187]；（4）羟乙基乙二胺三乙酸（HEDTA），与 EDTA 类似，但在盐酸中的溶解度更高，价格昂贵，环境问题依然存在[184];(5)二乙三胺五乙酸(DTPA),最常用于除硫酸钡和硫酸锶垢[188],反应速率可控,没有腐蚀或结垢问题,价格昂贵,溶解能力有限,盐酸中溶解度低;(6)L-谷氨酸-N,N-二乙酸(GLDA),用于稳铁以及碳酸盐岩和砂岩储层的增产,GLDA 在水和高浓度酸液中均具有高溶解度[189],反应可控,可以在很广的 pH 值范围内使用,环保,可以和淡水及盐水一起使用,价格昂贵,溶解能力有限,反应时间长;(7)1,4,7,10-四氮杂环十二烷-1,4,7,10-四乙酸(DOTA),高热稳定性强;(8)甲基甘氨酸二乙酸(MGDA),化学结构与 NTA 相似,热稳定性强[190],向 DTPA 中添加 MGDA 可降低硫酸钡的溶解度;(9)膦酸盐型螯合剂,含有膦酸部分—C—PO(OH)$_2$ 的化合物,在石油领域中应用较少。

四、加重酸

加重酸酸化技术通过提高酸化工作液密度,增加井筒液柱压力,降低井口施工泵压和提高施工排量保证酸化效果,进而为后续储层改造创造条件。加重酸主要用于酸化地层、酸洗管道、清除水垢和聚合物伤害等。加重酸通常通过将酸与卤化物盐或浓缩卤化物盐水混合来制备,所用的酸可以是盐酸、盐酸—氢氟酸、有机酸(如乙酸和甲酸)或它们的组合。加重剂主要应用氯化钠(NaCl)、氯化钙(CaCl$_2$)、溴化钠(NaBr)、溴化钙(CaBr$_2$)或溴化锌和溴化钙的组合(ZnBr$_2$/CaBr$_2$)等[323]。加重酸酸化是针对深井、超深井高破裂储层酸化压裂改造的降低地层破裂压力的预处理技术,具有操作简单、安全和对高破裂压力储层预处理能力强等优点,可有效解决深井、超深井异常高破裂压力储层增产改造中面临的难题。但是在处理高温井时,加重酸相对于普通酸的风险更高,所使用的盐/盐水类型会显著影响加重酸的腐蚀性。

五、有机混合酸

Al-Dahlan 等[191]研究了一种无伤害合成酸 Syn-A 体系。Syn-A 体系是一种对人体健康伤害等级(NFPA)为 1 级(对人体无伤害)、溶蚀能力与浓度为 15%的盐酸相当的化学合成物,它具有正常酸液的 pH 值,自由氯离子含量很小。Syn-A 体系环保、无毒、无腐蚀,食品及药物管理局(FDA)认为其是安全的。因此,该酸液体系能更好地解决目前用于增产改造处理的酸液体系的高腐蚀性和高反应速率问题。

甲磺酸(MSA)是一种强烷基磺酸,5%(质量分数)MSA 酸液在 121℃下的扩散系数为 3.03×10^{-4} cm^2/s。酸度高,钙盐的溶解度高和热稳定性强,以及低腐蚀性和易于生物降解的成分,使得甲磺酸成为高温酸化应用中盐酸的强有力替代品[192-194]。

六、乳化酸

1. 常规乳化酸

常规乳化酸通常是指酸与油按适当比例(通常为 70:30)在乳化剂的作用下混配而成的油包酸乳化液。油为连续相,酸为分散相。一般用原油、柴油或轻质烃等作外相,内相一般为 15%~31%浓度的盐酸,或根据需要用有机酸、土酸等[195]。其作用机理是利用乳化酸的高黏度和外相油的阻碍作用延迟酸液与裂缝壁面的接触,延缓酸岩反应,使酸液的滤失时间滞后,从而使施工过程中的液体平均滤失量降低。其优点是滤失量小,缓速性能好，能进入地层深部，达到了深穿透酸压沟通地层深部缝洞的目的。

Sidaoui 等[196]在 2016 年提出了利用废油制备乳化酸的观点，并研究了乳化酸黏弹性与乳化剂浓度、搅拌速率和温度的关系。Sidaoui 等通过进一步实验假设，在 2017 年制备了一种新型的乳化酸。该乳化酸利用废油来取代柴油等正常油相，经济效益好，更加环保。利用废油制备的乳化酸呈褐色，在 120℃下可以稳定 3h。利用流变仪对乳化酸的流变性能进行测定，测得该乳化酸是一种剪切稀释流体。

2. 新型乳化酸

Al-Zahrani 等[197]在 2013 年提出了将缓蚀剂加在油外相的观点并制备了乳化酸体系。与缓蚀剂在酸内相相比，缓蚀剂在油外相的乳化酸在 120℃下能稳定 1h，2.5h 完全破乳。而缓蚀剂加在酸内相的乳化酸只能稳定 0.5h，2h 就会完全破乳。这说明将缓蚀剂添加在油外相，乳化酸体系更加稳定且缓蚀效果更好，大大减轻了酸液对管路的腐蚀，降低了成本。此外，新型乳化酸还具有较好的热稳定性，乳化酸用外相缓蚀剂的热稳定性比乳化酸用内相缓蚀剂的热稳定性好。Pandya 等[198]在 2013 年提出了缓蚀剂浓度与乳化酸稳定性密切相关的观点并进行了相关研究。研究表明，利用 28%盐酸制备的乳化酸体系，当需要满足 148℃或以上温度时，缓蚀剂用量不能高于 0.5%。其制备的乳化酸体系能够在 148℃下稳定 3h，且具有良好的缓蚀性。Wadekar 等在 2014 年研制出一种乳化酸体系，添加缓蚀剂（I-C）和增强剂（IN-O、IN-H 和 IN-C），能在 176℃下稳定使用。该乳化酸对 N80 钢片的腐蚀速率很低[$5.9g/(m^2 \cdot h)$]，有助于管路保护[199]。Cairns 等在 2016 年制备了一种新型乳化酸体系，可以在 150℃下稳定使用 5h[200]。

3. 纳米微乳酸

纳米微乳酸是由酸、油、主表面活性剂和助表面活性剂在临界配比下自发形成的均匀、透明、稳定的分散体系，分子粒径介于 10~100mm。纳米微乳酸的缓速作用机理是：(1)在纳米微乳酸进入地层之初，油外相将酸液与岩石表面隔开，从而延缓了酸液与岩石的反应；(2)随着纳米微乳酸进入地层深处，酸液温度升高，同时纳米微乳酸被地层流体稀释，乳化剂不断被地层岩石所吸附，致使酸液的稳定性不断减弱，使得酸液逐渐破乳而释放出 H^+；(3) H^+ 与岩石反应，从而实现深部酸化的目的。纳米微乳酸的优点是：(1)油包酸体系能够有效延缓酸岩反应速率；(2)油相为外相，对油层伤害低；(3)对管线的腐蚀性降低，可节省缓蚀剂用量；(4)摩阻较低，施工风险低；(5)界面张力极低，黏度低，易泵入；(6)热力学稳定性好[201]。

七、转向酸

常规酸液在处理非均质碳酸盐岩储层时，根据最小阻力原理，酸液优先进入高渗透层，导致需要处理的低渗透层进酸很少，因此，需要酸液在地层中转向。由于黏弹性表面活性剂（VES）在不同 pH 值和 Ca^{2+}、Mg^{2+} 浓度下呈现不同的胶束形态，因此，VES 酸化转向技术潜力巨大。鲜酸状态下，VES 以球状胶束形态存在，黏度较低，易泵入地层；残酸状态下，VES 以蠕虫状胶束存在，为高黏冻胶，封堵高渗透层以实现酸液转向，残酸与地层烃类物质接触后自动破胶，易于返排，对地层伤害小。已报道的 VES 转向剂主要为两性表面活性剂和阳离子季铵盐类表面活性剂，其中甜菜碱类两性表面活性剂使用最为广泛。

1. 阳离子季铵盐类表面活性剂

Taylor 等[202]研究改进的一种阳离子型自转向酸，酸液峰值黏度可达 270mPa·s，显示出良好的转向性能。当温度高达 149℃时，酸液依然具有较高黏度，耐温性较好。2003年，Alleman 等[203]描述了一种通过向黏弹性表面活性剂转向体系中加入聚合（高分子）电解质，来促进表面活性剂囊泡结构形成的转向酸体系，该体系即使在较低的表面活性剂浓度下也能产生足够的黏度，通过加入聚合电解质体系的热稳定性上限由 121℃提高至 177℃。Garcia-Lopez 等[204]将清洁压裂液中常用的 EMHAC（N-二羟乙基-N-甲基氯化铵）溶于异丙醇和乙二醇中使用，配制的酸液也有自转向功能。阳离子型自转向酸在实际应用时也存在一定的问题。一方面，残酸黏度达到最大值后，如果酸岩继续反应黏度会迅速降低，因而必须严格控制酸液的用量和注入速度；另一方面，阳离子型黏弹性表面活性剂易被地层吸附，从而产生润湿反转现象，造成地层伤害，故需追加柴油或盐水等互溶助排剂。Gurluk Merve 等[18]在 2013 年采用纳米颗粒来改善 VES 流体的耐温性，在 135℃条件下将纳米颗粒加入 VES 流体中，可以使 VES 流体从黏性流体向弹性流体转变，而且可以使体系的适用温度升高到 135℃。

2. 两性表面活性剂

两性离子型自转向酸中最常用的是甜菜碱型黏弹性表面活性剂，胶束性能稳定，但耐温性较差，通过改性可大幅度提高其耐温性。破胶时必须加入一定量的互溶剂，避免由于破胶剂与残酸接触不良而引起返排困难等问题。Chang 等[205]最早报道了一种两性离子型自转向酸，当 pH 值约为 2.8 时，残酸黏度达到最大值（约 800mPa·s），返排时需注入醇、醚等烃类物质破胶。Kazantsev 等[193]在 2020 年设计了一种以芥子酰胺丙基甜菜碱（SAP-BET）为主剂的自转向酸体系，其性能优良，但合成原料芥子酸的价格昂贵。Qiao 等[206]使用以油酸酰胺丙基甜菜碱为主剂的自转向酸体系，原料为较为廉价的油酸，大大降低了生产成本。美国 Rhodia 公司研发生产的 MIRATAINE BET-O-30（油酸酰胺丙基甜菜碱）和 MIRATAINE BET-O-40（芥酸酰胺丙基甜菜碱），均已实现商业化及规模化生产[207]，除羧基甜菜碱外，氧化叔胺类两性表面活性剂也是常用的酸液转向剂，如 Akzo-Nobel 公司生产的 Aromox APA-T[208]。

2010 年，Huang 等[209]分别对常规蠕虫状胶束和具有纳米微粒拟交联作用的虫状胶束溶液进行了流变测试。流变数据显示，加入纳米微粒后，表面活性剂胶束溶液的零剪切黏度增长了 100 余倍。2012 年，Yu 等[210]研究了以烷基酰胺类甜菜碱为转向剂的 VES 转向酸在高温下的水解作用对体系黏度的影响。高温下的酰胺键水解短时间内会使黏度增加，但最终会导致黏度急剧下降，甚至发生相分离。2012 年，Li 等[211]研究了缓蚀剂对转向酸黏度的影响，发现缓蚀剂中的短链醇会阻止棒状胶束的形成，使体系黏度降低。2013 年，Shu 等[212]研究了 Fe(Ⅲ)与 VES 转向酸中表面活性剂发生沉淀的作用机理，发现沉淀主要是由于在作用过程中形成了一种带负电的 $FeCl_4^-$ 基团与鲜酸条件下黏弹性表面活性剂中的带正电的氨基发生反应。

八、小结

胶凝酸综合性能较好，应用范围广，在油田一直备受青睐。但自生酸和螯合酸优异的性能，巨大的发展潜力使其越来越受到关注，在伤害程度、环保性能和酸溶蚀性能等方面都有着比胶凝酸更为优异的性能。对于重晶石含量高的储层，螯合酸具有适度的溶解能力；对于含硫、高价阳离子含量高的储层，螯合酸具有优异的抑制二次沉淀的能力；对于高温储层，自生酸具有优异的降低腐蚀能力。自生酸与螯合酸在增产改造中有着巨大的发展潜力。

第二节 胶凝酸/胶凝剂

胶凝酸由于综合性能较好，在高温碳酸盐岩储层中应用广泛，既有缓蚀能力，又可降低酸液滤失，实现酸液的深穿透[213]。凝胶强化的表面活性剂可用于提高有机工作液的性能。两性表面活性剂(如芥酸丙酰氨基三甲胺乙内酯)可提升凝胶的黏弹性，以增强其稳定性，并且降低其对稠化剂和金属酸盐浓度的敏感性。羧酸铝可用作合成胶凝剂的催化剂，同时它们会提高油基工作液的黏性。有机金属磷酸酯是常用的稠化剂[213]。具有黏弹性的凝胶剂通常被用于：(1)酸化压裂；(2)压裂填充；(3)砾石填充；(4)导流；(5)钻井液滤失量控制；(6)井漏控制；(7)控砂；(8)井眼清理；(9)输油管道清污；(10)有机污垢溶解；(11)清砂；(12)钻井。

一、磷酸铝酯盐

有机液体凝胶可用于酸化过程中降低酸液的滤失量。这种类型的胶凝剂可使烃类即时凝胶化。有机液体凝胶(如柴油、原油)通过使用磷酸铝二酯(图2-1)即可得到，所有的试剂基本上不受水和pH值的影响[214]，耐温性也较好，在150℃左右仍有较高黏度，黏温曲线如图2-2所示。

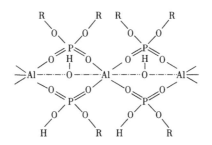

图2-1 磷酸铝二酯分子结构式

首先，由一种三酯和五氧化二磷反应而生成多磷酸盐，该盐再与醇反应生成磷酸二酯，然后将磷酸二酯和非水源铝(如柴油中的异丙醇铝)一起添加到有机液体中，以生成金属磷酸二酯。需要控制前两步反应的条件，以得到具有良好黏性(相应的温度和时间下)的凝胶。这种凝胶在地层压裂中的应用效果良好，它通过携带固体微粒支撑剂，在有效的压力下将混合物注入地层。在一个类似的过程中，将三乙基磷酸和五氧化二磷放在有机溶剂中反应生成多磷酸盐[150]。对于含磷的五氧化物，1.3mol以上的三乙基磷酸是最佳的配比。在第二步的反应过程中，高级脂肪醇的混合物(从己醇到正癸醇)和五氧化二磷以3:1的比例混合，硫酸铝为交联剂。如果使用己醇，就可使凝胶具有高温黏度，即使在常温，依然能维持可泵黏度[215]。

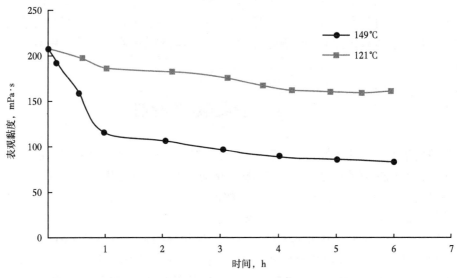

图 2-2 磷酸铝二酯不同温度下的黏度（170s^{-1}）

二、低挥发性的磷（五价磷）酸酯

这是一种高黏度的稠化烃，具有快速凝胶化的特点，能极大地降低酸液的滤失[152, 216]。可由三丁基磷酸盐和五氧化二磷反应，生成多磷酸盐中间体，进而制备长链磷酸酯（图2-3）。该磷酸酯可与长链醇发生反应[216-217]，如辛醇和正癸醇的混合物[151]，或者乙烯乙二醇苯醚[216]，最终得到液态的烷基磷酸二酯。长链磷酸酯部分端部为8~24个碳原子组成的烷基，或为2~12个碳原子和1个苯基组成的烷基醚，另外一部分端部为4~8个碳原子组成的烷基。这些磷酸酯适合用作液态烃类改造液的胶凝剂。

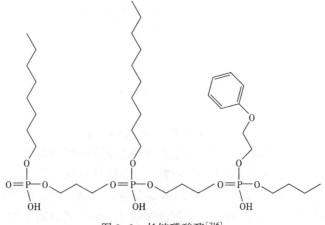

图 2-3 长链磷酸酯[216]

磷酸酯在150℃左右时可保持最佳的黏度，温度上升至162℃时仍可维持150mPa·s的黏度，在温度达到173℃时黏度骤降，直至失效（表2-1）。

表 2-1 磷酸酯黏温数据

时间, min	温度, ℃	黏度, mPa·s
0	27	260
30	55	295
60	88	320
90	117	355
120	141	375
150	148	390
180	152	310
210	162	150
240	173	27
270	174	16
300	183	15
330	193	14

三、生物聚合物

1. 凝胶多糖

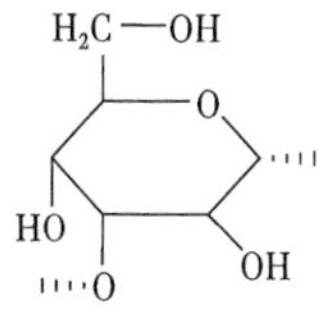

可以使用微生物生成生物聚合物凝胶,并且用岩心驱替实验验证其对渗透率的调节[154]。凝胶多糖是一种 B 键连接的微生物碳水化合物烃,如图 2-4 所示。

图 2-4 凝胶多糖分子结构式

将碱溶性的凝胶多糖与微生物营养物质以及产酸的嗜碱细菌混合,然后注入 Berea 砂岩岩心。在一个平行实验中,使用该多糖的溶液进行对比。该多糖聚合物在 27℃时 2~5 天后就变成了坚硬的凝胶。对应岩心经过 7 天的培养后,需要 25~35psi❶的压力才能使溶液通过岩心,并且岩心的渗透率也分别从 850mD 降至 2.99mD 和从 904mD 降至 4.86mD,对应的阻力系数分别为 334 和 186。

2. 聚 3-羟基丁酸酯

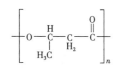

图 2-5 聚 3-羟基丁酸酯分子结构式

产碱杆菌可产生大量的细胞内聚酯——聚 3-羟基丁酸酯(PHB)(图 2-5),这些细胞内聚酯占细胞总质量的 70%。这类细菌可用于多孔介质的堵漏[218]。为了模拟地下环境,通过对产碱杆菌的活细胞进行静态输送和加压泵送来对实验沙袋上的 PHB 悬浮液进行评价[155]。一种粉末的 PHB 在水中的分散性良好,但不能够完全溶解,它的堵漏效果取决于 PHB 的浓度。

实例表明,富养产碱杆菌及其产物(PHB)都是有效的堵漏剂,在微生物提高原油采收率(MEOR)过程中有很大的应用潜能。细菌的杆直径为 0.7μm,长度为 1.8~2.64μm,在

---

❶ 1psi=6894.76Pa。

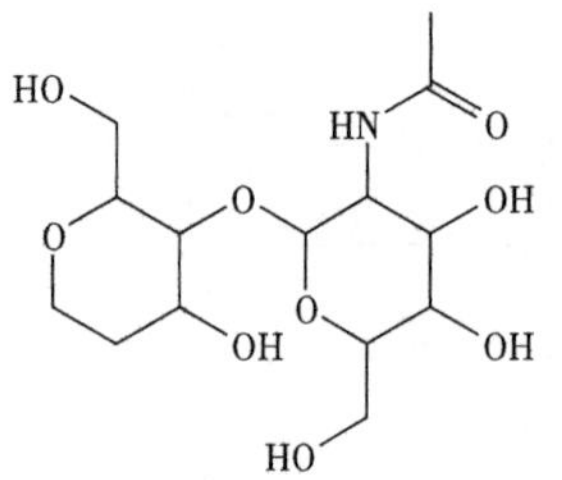

图 2-6 琥珀酰聚糖 $[(C_8H_{13}NO_5)_n]$ 分子结构式

细菌的培养液中不添加任何聚合物。

3. 琥珀酰聚糖

琥珀酰聚糖(图 2-6)的水溶液能够通过多价金属阳离子交联[156]。凝胶化发生在交联后的 3~24h，但是使用合适的螯合剂能够推迟凝胶化。螯合剂是多官能团的羧酸或者它们的金属盐，例如柠檬酸、草酸和苹果酸金属盐。

在提高采收率的过程中，含水凝胶有助于储层渗透率的调整。这种应用很简单：将凝胶注入地层，持续足够长的时间后，就可以获得理想的入侵深度，降低高渗透地层的渗透率。

四、有机聚硅酸酯

可通过注入有机聚硅酸酯，实现对含油储层渗透率的控制[219]。通过简单的一元醇(如甲醇、乙醇、丙醇、丁醇)可以制得聚硅酸酯。此外，也可使用二醇(如乙二醇)、多羟基化合物(如丙三醇、聚亚烯基氧化物)制得。通过注水井将这种聚硅酸酯注入地层，加量为待处理区域孔隙体积的 10%~100%。在地层中，聚硅酸酯能够形成凝胶，从而选择性地降低地层中高渗透区域的渗透率。可以通过注入起泡剂或其他凝结材料，例如包含氟离子或磷酸根离子的盐水来诱导凝胶形成。通常，适度地提高 pH 值会加速凝胶的形成。

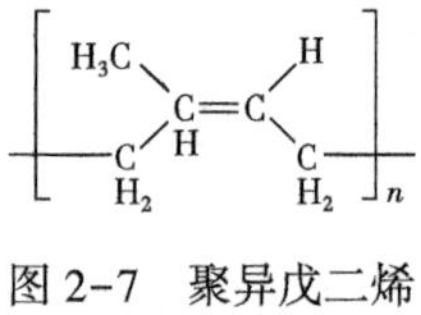

图 2-7 聚异戊二烯 分子结构式

五、乳液

利用聚异戊二烯(图 2-7)或丁二烯/苯乙烯(图 2-8、图 2-9)的乳液，将其与膨润土或石灰石填料混合，并添加聚氧丙烯，可制得胶凝剂[162]。这种溶液可以用泵注入地层，然而在 100℃下，2h 后它就会在地层中絮凝，使储层渗透率降低，这个配方在深油层中特别有用。

图 2-8 丁二烯 (C_4H_6)

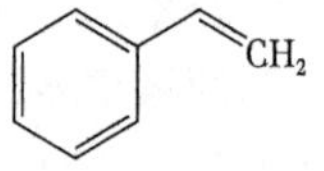

图 2-9 苯乙烯 (C_8H_8)

以聚合物、交联剂、凝胶化加速剂以及氧化剂为原料，可以制得可逆凝胶体系。高温下交联剂会被激活，使体系开始形成凝胶；应用后，氧化剂会分解凝胶。这意味着地层的油、水、气可被暂时密封[157]。所有组分都是油溶性的，该体系不会产生对高渗透地层有伤害的残留物。

该体系中更合适的聚合物是丁二烯-苯乙烯共聚物，交联剂是过氧化物，凝胶化加速剂是苯并噻唑-2-环己基亚磺酰胺($C_{13}H_{16}N_2S_3$，一种白色或淡灰色粉末，广泛应用于橡胶硫化)，氧化剂是过氧化氢异丙苯($C_9H_{12}O_2$)、叔丁基过氧化氢($C_6H_2F_4O_2$)等。最初的混合物包含无交联聚合物。当温度达到 95~120℃时，交联剂会分解成自由基，短时间内发生交联反应，生成聚合凝胶。凝胶强化剂能缩短体系凝胶化过程，氧化剂可使体系的交联过程逆转。可对氧化剂的数量和类别进行调整，将降解时间控制在 20~36h[157]。

六、水基凝胶体系

1. 黄胞胶

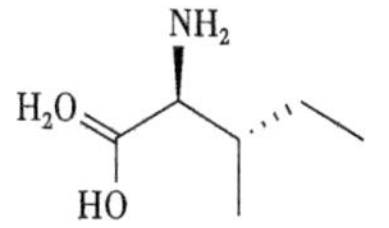

黄胞胶($C_{24}H_{42}O_{21}$,图2-10)水溶液的原位凝胶化是可以用于处理滤失较大储层的急救措施。

图2-10 黄胞胶分子结构式

在凝胶反应过程中,使用了Cr^{3+}和Al^{3+},Cr^{3+}大约需要1h 就可形成凝胶,然而在低pH值环境中,Al^{3+}在黄胞胶中能立刻形成凝胶。黄胞胶水溶液具有剪切变稀特性,使其具有良好的应用前景[158]。

2. 羧甲基纤维素

羧甲基纤维素具有润湿性,可溶于水,对化学药品、热、光稳定,无臭、无味。羧甲基纤维素是纤维素经羧甲基化而制得的聚合物,纯的羧甲基纤维素无实用价值,实际使用的是其钠盐。木质素磺化盐与改性的羧甲基纤维素[CMC,分子式($C_{6+2y}H_{7+x+2y}O_{2+x+3y}Na_y)_n$,图2-11],以及作为交联剂的金属离子的混合物可用作堵漏剂[220],CMC经过高级脂肪醇的聚氧乙二醇醚改性后,结合了表面活性剂和CMC二者的特点。它不仅降低了体系的黏度,还提高了所生成凝胶的强度。

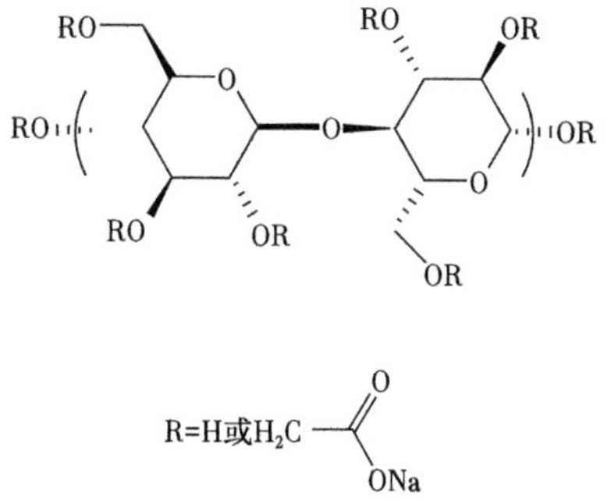

图2-11 羧甲基纤维素分子结构式

重铬酸钠和重铬酸钾可以用作交联剂。Cr^{3+}和Ca^{2+}可与改性的CMC分子反应,生成交联化合物。通过将不同成分的水溶液混合,可得到凝胶体系。也可用高度矿化的水,通过改变氯化钙和重铬酸盐的浓度,实现对凝胶化时间的控制。

1)氯化聚二甲基二丙烯基铵

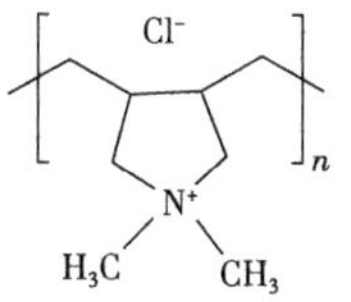

图2-12 氯化聚二甲基二丙烯基铵分子结构式

氯化聚二甲基二丙烯基铵[$(C_8H_{16}NCl)_n$,图2-12]是一种强碱性的阳离子聚合物。该聚合物与阴离子的CMC钠盐以1∶1的物质的量比在氯化钠水溶液中混合[159],所形成的堵漏剂在很大的pH值范围内都很高效。

2)木质素磺酸盐和羧甲基纤维素

含3%~6%木质素磺酸盐和2%~8%CMC的水溶液,在用高级脂肪醇聚氧乙二醇醚改性后,可用作堵漏体系[220]。木质素磺酸盐是纸厂的废弃物。重铬酸钠和重铬酸钾以及氯化钙都可用作交联剂,加量占总量的2%~5%。将各种成分的水溶液进行混合,即可得到凝胶。

氯化聚二甲基二丙烯基铵是一种阳离子型聚合物,CMC的钠盐是一种阴离子型聚合物,将它们以等物质的量混合时可形成一种堵漏液,这种堵漏液中的每一种聚合物的量都为 0.5%~4%。之所以发生凝胶化,是来自不同分子的大离子之间相互交联的结果。理想的堵漏化合物可适用于较宽的 pH 值范围[159]。

3. 聚丙烯酰胺

聚丙烯酰胺(PAM)的水溶液可用作高渗透地层的堵漏液,也可使用部分水解的聚丙烯酰胺以及完全水解的聚丙烯腈[161]。将聚合物水溶液泵入地层,如有多价金属离子存在,就会形成凝胶。凝胶的形成是由于分子间的相互交联,即金属离子与聚合物之间形成化学键。金属离子通常以有机物盐的形式加入地层形成螯合物,延迟凝胶化的过程[221](图 2-13)。

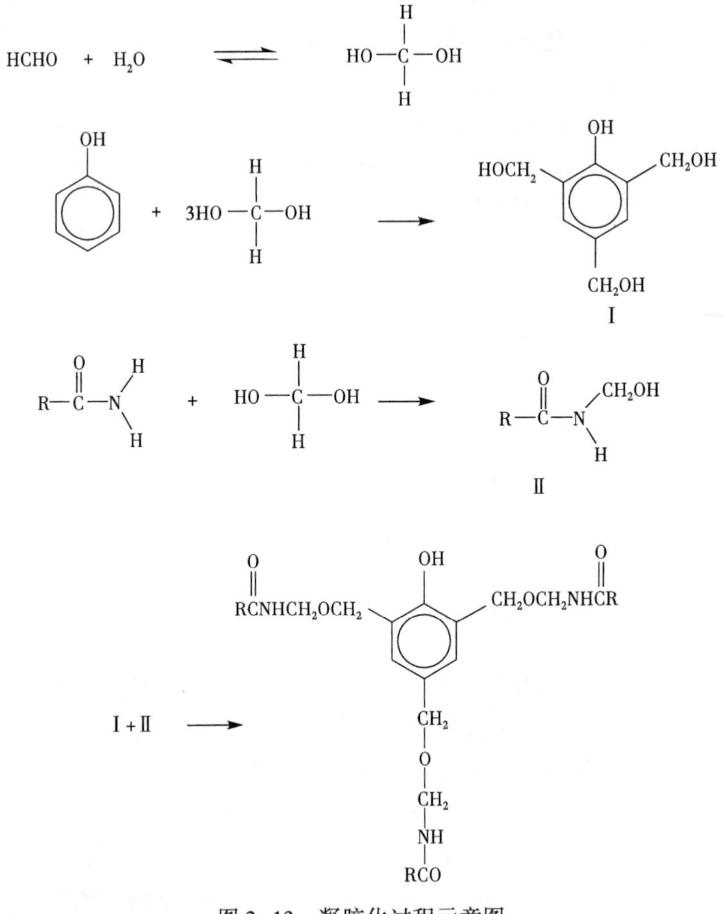

图 2-13 凝胶化过程示意图

1) 凝胶化过程的延迟

(1) 络合剂。

将络合剂添加到混合物中,能实现凝胶化过程的延迟。如果金属离子原本以络合物形式存在,凝胶化合物的所有成分就可以同时注入。理想的情况是可以使用生产出来的水,免除后处理步骤和费用。这些组分有水溶性聚丙烯酰胺聚合物、铁化合物[如乙酰丙酮铁(图 2-14)、草酸高铁铵]、酮类[如 2,4-乙酰丙酮(图 2-15)][222]。该成分可形成暂时性的凝胶,用于临时性的堵漏。然而,这些凝胶在 6 个月之后都会消失。

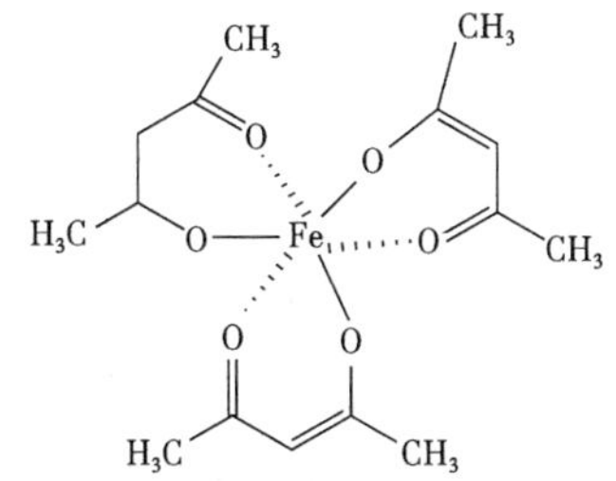

图 2-14 乙酰丙酮铁分子结构式

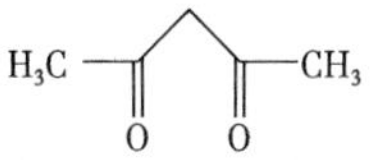

图 2-15 2,4-乙酰酮分子结构式

(2) pH 值的调节。

一些有机试剂,如环六亚甲基四胺和尿素,在较高温度下会水解,并且释放出氨气。尿素的水解过程如图 2-16 所示。

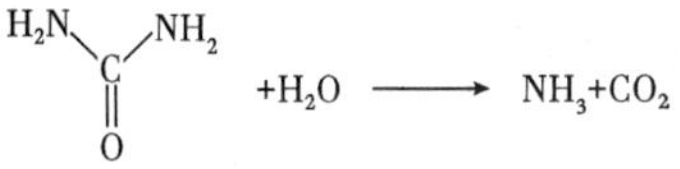

图 2-16 尿素的水解

环六亚甲基四胺($C_6H_{12}N_4$)水解可产生甲醛和氨,因此可以提高溶液的 pH 值。在该 pH 值下,体系可能发生凝胶反应。环六亚甲基四胺的水解过程如图 2-17 所示。

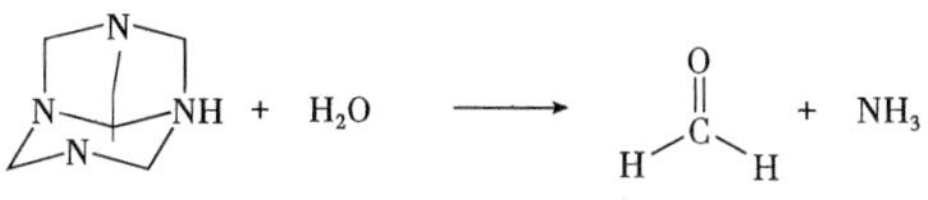

图 2-17 环六亚甲基四胺的水解

2) 聚丙烯酰胺和环六亚甲基四胺混合物

一个以聚丙烯酰胺为基础的凝胶体系[223]见表 2-2。不同温度下,聚丙烯酰胺和环六亚甲基四胺混合物形成凝胶的时间见表 2-3。

表 2-2 以聚丙烯酰胺为基础的凝胶体系

材料	数量,%	材料	数量,%
聚丙烯酰胺	0.05~3	重铬酸钠	0.01~1
洛托品	0.01~10	水	100

表 2-3 不同温度下聚丙烯酰胺和环六亚甲基四胺混合物形成凝胶的时间

温度,℃	时间,h
60	10~18
80	6~22
120	4.5~7

3）作为交联剂的金属离子和盐

（1）铁盐。

铁离子以及一些二价的阳离子都不能用于盐水环境中。

（2）废弃的原料。

有些过程的废弃物可以再利用，如镀锌过程的废弃材料。从木质素磺酸盐得到的铁盐和铬盐也都是金属离子的来源[224]。

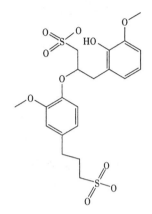

图2-18 木质素磺酸盐

木质素磺酸盐（图2-18）是亚硫酸盐法造纸木浆的副产品，为线型高分子化合物，通常为黄褐色固体粉末或黏稠浆液，有良好的扩散性，可溶于各种pH值的水溶液中，不溶于有机溶剂，官能团为酚式羟基。木质素是由愈创木基、紫丁香基和对羟基苯丙烷3种基本结构单元以C—C键、C—O—C键等形式连接而成的聚酚类三维网状空间结构高分子量聚合物（图2-19）。

将纯化的木质素和Na_2SO_3完全溶解在pH值为13的NaOH溶液中，然后将溶液放入水热反应釜中于165℃高温下反应5h，得到产物木质素磺酸钠溶液。木质素磺酸钠的合成机理如图2-20所示。

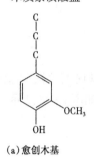
（a）愈创木基

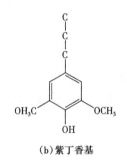
（b）紫丁香基

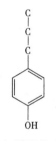
（c）对羟基苯丙烷

图2-19 合成木质素原料

（3）丙酸（Ⅲ）铬。

丙酸（Ⅲ）铬聚合物[$Cr(CH_3CH_2COO)_3$]体系可用于油田淡水无法满足的凝胶化处理[225]，可在硬卤水和淡水中生成良好的稳定凝胶，其效力是稠化剂浓度的函数（如丙酸铬的浓度越高，残余阻力系数就越大）。

柠檬酸铝（$C_6H_5AlO_7$，图2-21）也可用于含有铁和钡的卤水体系的胶凝，可用于深井和近井的处理。与柠檬酸铝相比，丙酸铬在深井处理方面的效率更高。

（4）凝胶化过程和凝胶分解。

含铬离子的聚丙烯酰胺的凝胶化是通过含氮基团的配位发生的[218]。当反应物的浓度处于特定范围内时，可获得最佳结果。在中性pH值环境中生成的凝胶相对稳定，在储层温度下能保存50天。化学药品，如盐酸、无机酸和过氧化氢可用作分解剂。

（5）柠檬酸铝。

对于许多聚合物而言，柠檬酸铝可以用作交联剂，用于非均质储层高渗透区域的深入堵漏。

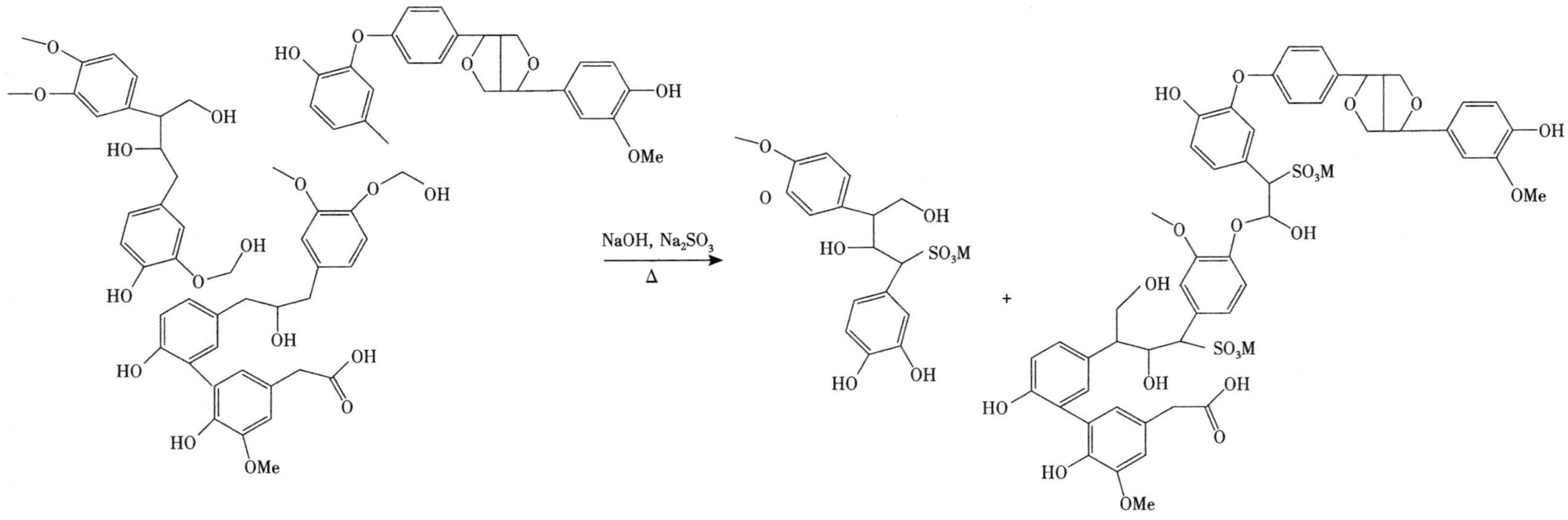

图 2-20 木质素磺酸钠的合成机理

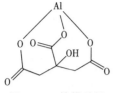

图 2-21 柠檬酸铝
分子结构式

通过对柠檬酸铝作为交联剂的性能进行评价，筛选出了部分水解的聚丙烯酰胺、羧甲基纤维素、多糖和丙烯酰胺甲基丙烷硫酸盐。参考文献[226]介绍了多类不同的聚合物性能。胶体分散体系凝胶作用很大程度上取决于聚合物的类型与质量。

(6)金属盐与储层的相互作用。

金属盐与多孔介质的相互作用及分布会在很大程度上影响凝胶的位置和作用。以聚丙烯酰胺—柠檬酸铝凝胶为例对这种相互作用进行研究[227]，当铝与柠檬酸盐的比率增大时，在岩心中的保留量也会随之增大，但是铝的释放速率比铝的吸附速率要慢得多。

4. 聚丙烯酸

研究人员对丙烯酸(图2-22)和甲基丙烯酸(MA，图2-23)聚合物的成胶能力进行了测定，体系中使用的交联剂与聚丙烯酰胺中用的相似。甲基丙烯酸酯(图2-24)与甲基丙烯酸的共聚物乳液，也可用作堵漏剂[162]。

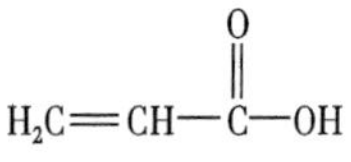

图 2-22 丙烯酸分子结构式

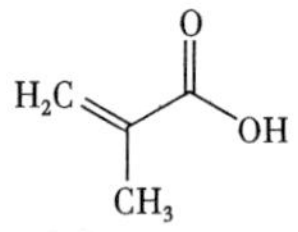

图 2-23 甲基丙烯酸分子结构式

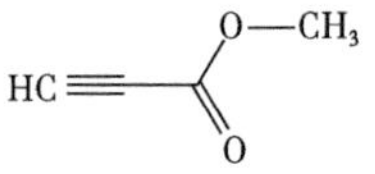

图 2-24 甲基丙烯酸酯分子结构式

5. 碱—硅酸盐氨基塑料组成

Soreau 等[163]提出，碱性金属硅酸盐和氨基塑料树脂可用于胶凝剂。脲—甲醛，脲—乙二醛和脲—乙二醛—甲醛浓缩物都可以用于胶凝剂。该类组分可有助于提高原油采收率。

七、原位形成的聚合物

1. 环氧树脂

环氧树脂具有良好的黏结性能。在低温下使用胺类固化剂，或者在高温下使用有机酸酐，都可以对环氧树脂进行固化。对该体系做适当调整，可使其拥有较长的保存时间，减少放热。环氧树脂不能与井下流体混溶，并且费用相对较贵。标准环氧树脂以双酚A(图2-25)为交联剂。

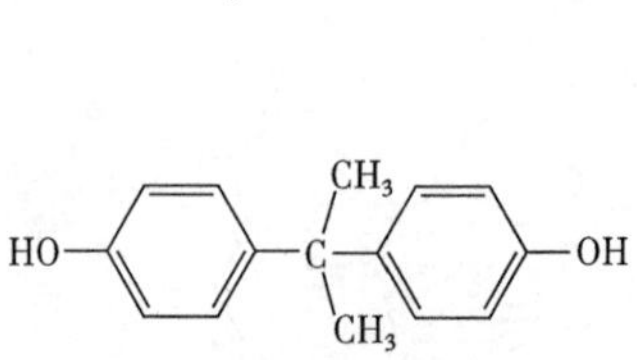

图 2-25 双酚 A 分子结构式

Dartez 等[164]提出了一种选择性堵漏的方法，该方法使用低黏度的环氧树脂和一种简单胺交联剂。

2. 脲醛树脂

脲醛树脂可由茴香素的生产废料(含有 200~300g/L 用作硬化剂的 $AlCl_3$)进行固

化[165],茴香素是 Hock 过程的中间产物,即通过丙烯和苯的 Friedel-Crafts 反应制得。这种混合物可在 45~90min 内硬化,并且与岩石和金属形成一种黏附力,在 0.2% $AlCl_3$ 和 0.4% $AlCl_3$ 环境中的黏附力分别为 0.19~0.28MPa 和 0.01~0.07MPa。

脲醛树脂冷凝物或者酚醛树脂冷凝物的溶液,加入少量的木质素磺酸盐,可以用于油气井钻井过程中吸水地层的隔离。脲醛树脂或酚醛树脂与木质素磺酸盐混合,在 80~120℃下固化即可。

3. 乙烯基单体

乙烯基单体需要在地层中进行聚合反应,方可形成凝胶。将乙烯基单体的水溶液与引发剂混合,引发剂在高温下分解引发聚合反应,这样即可在适当的位置形成凝胶。聚合反应过程对氧很敏感。

为了延缓凝胶反应,可向溶液中加入少量阻聚剂。这种技术可用于地层处理,尤其适用于高温下地层的增产解堵。丙烯酸、丙烯酰胺、乙烯磺酸及 N-乙烯吡咯烷酮都可以使用,这样形成的聚合物可与多功能的乙烯树脂单体(如丙三醇甲基丙烯酸酯、丙二烯酸)进行交联[166]。Leblanc 等[228]提出,也可使用 N-羟甲基丙烯酰胺(图 2-26)、N-羟甲基甲基丙烯酰胺(图 2-27)作为聚合反应的单体。苯酚衍生物(如 N-亚硝基苯酚酰胺盐)可以作为聚合反应的阻聚剂[229]。

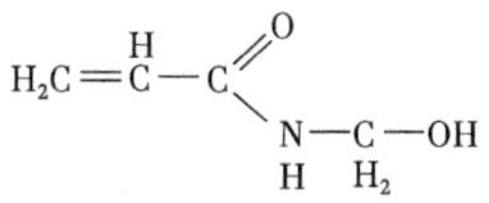

图 2-26 N-羟甲基丙烯酰胺分子结构式 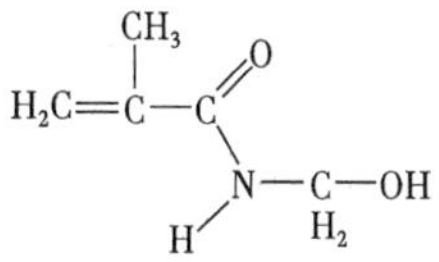 　　　　图 2-27 N-羟甲基甲基丙烯酰胺分子结构式

4. 胺氧化物

胺氧化物结构式如图 2-28 所示,将胺氧化物胶凝剂与酸或泡沫、水等混合直接引入地层。随着酸性物质的消耗,酸性液体会变稠。当酸进一步消耗后,流体黏度下降,最终回到低黏度状态,便于清理。这一过程允许选择性地对地层中渗透性较差的区域进行转向酸化,对含油气地层进行更均匀的增产[168]。

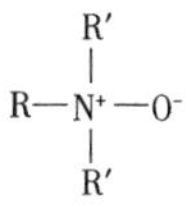

图 2-28 胺氧化物结构式

一般引入高价金属离子络合物来提高该胶凝剂黏度(如 Fe^{2+}、Fe^{3+}、Mg^{2+}、Al^{3+}、Zr^{4+}、Cr^{3+} 等),但是在酸性含硫井中铁离子可以在 pH 值为 1.9 时以硫化铁的形式沉淀。在偏碱性井中,Fe^{3+} 在 pH 值为 1~2 时会以氢氧化铁的形式沉淀。同时,Fe^{3+} 的存在会促进稠油储层中污泥的形成,因此一定条件下需避免使用铁基胺氧化物,而采用其他高价金属离子络合物[167]。

铬络合物过去被用作交联剂,因为它们在 pH 值小于 4 时具有良好的交联黏度。然而,由于与环境影响和铬的致癌性质有关,在一些地区禁止使用铬。Moffitt 等[230]提出了在原位凝胶酸体系中使用锆作为聚丙烯酰胺交联剂的想法。然而,在锆基体系中,交联剂的 pH 值范围为 4~5,并且需要使用破胶剂[231],因此逐渐被抛弃。

另外,酰氨基胺氧化物胶凝效果也很好,结构式如图 2-29 所示,其中 R_1 是一种饱和或不饱和、直链或支链的脂肪族基团,其碳原子为 7~30 个,最好为 14~21 个。例如,Akzo-Nobel 公司的产品 APA-T 在 120℃ 环境中热稳定[232](图 2-30)。

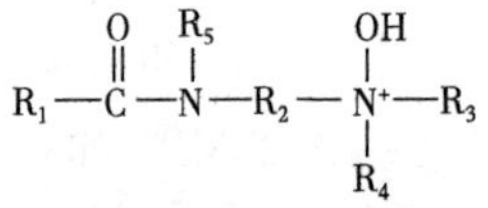

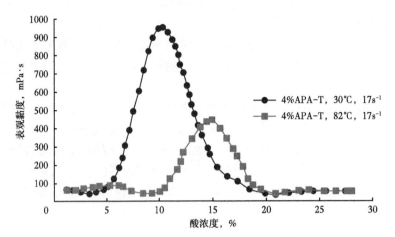

图 2-29 酰氨基胺氧化物分子结构式

图 2-30 APA-T 的表观黏度随酸浓度变化曲线

酰氨基胺氧化物凝胶化过程如图 2-31 所示。

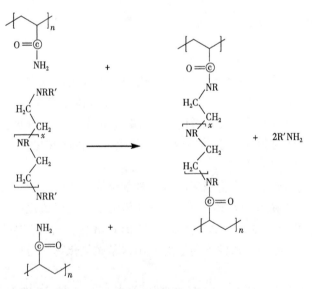

图 2-31 酰氨基胺氧化物胶凝化过程

5. 基于纳米粒子的原位胶凝酸

气相金属氧化物纳米颗粒可用作颜料、黏度调节剂、催化剂载体和填料。纳米颗粒是用金属氯化物在高温（1000℃）下火焰热解制得的。在此过程中，熔化的球形初级粒子相互碰撞并形成分形团聚体。由于气相二氧化硅在水相中分散性好、纯度高，研究偏向于气相二氧化硅作为胶凝剂[169]。纳米粒子改善了注入的流体特性，例如黏度、密度、界面张力、导热性、润湿性及传热系数等。此外,纳米颗粒减少了聚合物分子进入多孔介质的吸附。

八、小结

目前,增产效果较好的胶凝酸体系主要是水基胶凝体系以及原位形成的聚合物,综合性能优异,其中最为优异的是胺氧化物,其通过改性可制成性能指标更好的胶凝剂,同时其在减阻方面也表现优异,发展潜力大(表2-4)。

表2-4 各类胶凝酸体系的性能对比

胶凝酸类型	耐温程度,℃	耐酸性
磷酸铝酯盐	150	强
低挥发性磷(五价磷)酸酯	162	强
生物聚合物	150	较强(pH值>2)
有机聚硅酸酯	—	较强
乳液	120	强
水基凝胶体系	140	较强
原位形成的聚合物	135	强

第三节 减 阻 剂

近年来,由于施工要求和经济原因,石油行业在工作液中采用了高黏度减阻剂(HV-FR)[233-235]。减阻剂大多是长链聚丙烯酰氨基聚合物,通常在液体中加入减阻剂,使水在油乳液中动态水化[233,236]。大多数水溶性高分子减阻剂是高分子量聚合物。减阻剂的主要作用是将泵送工作液时的摩擦损失降低70%~80%,将湍流变为层流[236-237]。

一、聚丙烯酰氨基聚合物

在石油和天然气工业中最常用的减阻剂是聚丙烯酰氨基聚合物。聚丙烯酰胺(图2-32)的主链单体主要有丙烯酰胺(AM)、丙烯酸(AA)、2-丙烯酰胺-2-甲基丙烷磺酸(AMPS,图2-33)等。疏水单体通常含有12~18个烷基,如丙烯酸十八烷基酯和甲基丙烯酸十六烷基酯[238]、C_{12}—C_{22}甲基丙烯酸烷基酯[239]和n-十六烷基丙烯酰胺[240]。常用剂量为0.06%~0.2%,减阻率为60%~75%。Wang等[240]通过丙烯酰胺、丙烯酸、耐盐单体和n-十六烷基丙烯酰胺的溶液聚合得到疏水性聚合物。一系列试验表明,疏水聚合物(HAWSP)具有优良的耐温性和抗剪切性能,当浓度为0.1%~0.3%时,其减阻率可达70%~75%。高分子聚合物减阻剂的微观结构如图2-34所示。

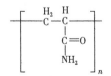

图2-32 聚丙烯酰胺 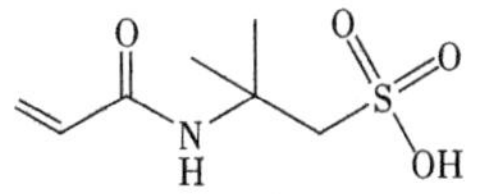   图2-33 丙烯酰胺甲基丙烷磺酸盐

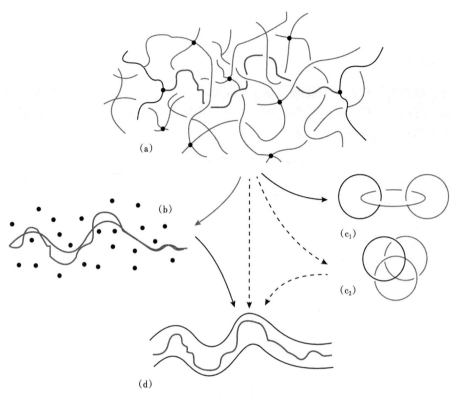

图 2-34 高分子聚合物减阻剂的微观结构示意图[241]

Motiee 等[234] 2016 年使用了高浓度减阻剂(HCFR),他们在 105℃下进行了 25h 的驱替实验。实验表明,使用 HCFR 后,其渗透率恢复率为 72%,而加入破胶剂后,其渗透率恢复率提高至 80%(表 2-5)。此外,Van Domelen 等[235]在 2017 年对增黏减阻剂(VFR)进行了实验和现场应用评估。实验条件为 82℃,使用 1%破胶剂,渗透率恢复率为 96%,将测试时间从 24h 增加到 50h,渗透率恢复率为 106%。Huang 等[242]在 2018 年提出了一种低聚合物负载非交联(ELN)流体。在 121℃条件下,使用碳酸盐岩岩心和砂岩岩心进行了渗透率恢复测试实验。结果表明,砂岩岩心渗透率恢复率为 89%,碳酸盐岩岩心渗透率恢复率为 91%。

表 2-5 高分子聚合物减阻剂减阻效果对比

减阻剂类型	浓度 %	是否需要破胶剂	温度 ℃	渗透率恢复率 %	参考文献
HCFR	14	否	105	72	[234]
HCFR	14	是	105	80	
VFR	3	是	82	93	[235]
VFR	3	是	82	106	
ELN	未知	未知	121	91	[242]

Ba Geri 等[243] 2019 年设计的高黏度减阻剂(HVFR)具有更高的耐温性,最高可承受 170℃。HVFR 的黏度测试见表 2-6。

表 2-6　HVFR 的黏度测试

减阻剂类型	浓度 %	温度 ℃	剪切速率 s^{-1}	黏度 $mPa \cdot s$	参考文献
HCFR	10	21	511	40	[234]
	2	21	511	7	
	6	21	150	40	
	6	82	150	30	
HVFR	4.5	—	511	16.5	[233]
	2.25	—	511	10.2	
	4	95	50	17	
	2	95	50	5	
	8	21	511	40	[244]
	2	21	511	10	
	8	25	511	33	[243]
	8	80	511	13	

二、天然多糖减阻剂

天然多糖(特别是瓜尔胶和黄胞胶)的减阻特性已被广泛研究[65,245-246]。瓜尔胶主要成分是分子量为 5 万~80 万的配糖键结合的半乳甘露聚糖,即由半乳糖和甘露糖(1:2)组成的高分子量水解胶体多糖类,为白色至淡黄褐色粉末,能分散在热水或冷水中形成黏稠液。黄胞胶是一种由黄单胞杆菌发酵产生的细胞外酸性杂多糖,是由 D-葡萄糖、D-甘露糖和 D-葡萄糖醛酸按 2:2:1 组成的多糖类高分子化合物,分子量在 100 万以上[65]。黄胞胶的二级结构是侧链绕主链骨架反向缠绕,通过氢键维系形成棒状双螺旋结构。黄胞胶在水中能快速溶解,有很好的水溶性。黄胞胶溶液的黏度不会随温度的变化而发生很大的变化,一般的多糖加热黏度会发生变化,但黄胞胶的水溶液在 10~80℃时黏度几乎没有变化,即使低浓度的水溶液在广泛的温度范围内仍然显示出稳定的高黏度。1%黄胞胶溶液(含1%氯化钾)从25℃加热到120℃,其黏度仅降低3%。黄胞胶溶液对酸碱十分稳定:在 pH 值为 5~10 时,其黏度不受影响;在 pH 值小于 4 和大于 11 时,黏度有轻微的变化;在 pH 值为 2~11 时,黏度最大值和最小值相差不到10%[246]。

Sun 等[247]在 2010 年研究了不同质量浓度的瓜尔胶的减阻性能。结果表明,质量浓度为 10mg/L 的瓜尔胶溶液具有一定的减阻性能。随着质量浓度的增加,减阻率增加,在 300mg/L 时接近 30%。黄胞胶是另一种多糖减阻剂,通常由真菌与玉米淀粉反应产生。Singh 等[245]在 2009 年测试并获得黄胞胶的减阻率为 30%(淡水中 50mg/L 黄胞胶)、32%(盐水中 200mg/L 黄胞胶)和 65%(淡水中 1000mg/L 黄胞胶)。Wyatt 等[246]在 2011 年研究了黄胞胶粉末在湍流中的减阻性能,发现随着质量浓度从 20mg/L 增加到 200mg/L,黄胞胶溶液的减阻率从 2%增加到 35%。瓜尔胶和黄胞胶的减阻率相对较低。只有当浓度大于 500mg/L 时,才能获得较高的减阻率。天然聚合物的低减阻性限制了其在油气增产中的应用。

三、聚环氧乙烷

聚环氧乙烷（PEO）通过环氧乙烷的开环聚合而获得。它是具有重复螺旋单元（$\text{--CH}_2\text{--CH}_2\text{--O--}$）的线型柔性聚合物，是一种水溶性的热塑性结晶型树脂，为白色可流动粉末，此类树脂活性端基的浓度较低，没有明显的端基活性。聚环氧乙烷具有良好的水溶性和良好的减阻效果，并被广泛用于研究聚合物的减阻机理[248-249]。Virk 研究了聚环氧乙烷的分子量和质量浓度对减阻率的影响，发现 9mg/L 的分子量为 $10^5 \sim 10^6$ 的聚环氧乙烷水溶液达到 60% 的减阻率。但是，聚环氧乙烷的分子结构决定了它不是优异的酸化减阻剂。聚环氧乙烷中的醚键在高剪切速率下容易断裂，导致分子量和减阻率降低。在高剪切速率下，聚环氧乙烷的减阻率仅为 30%～45%，在酸化增产应用中，聚环氧乙烷的应用受到严格限制。

四、烯烃共聚物

向水中添加少量表面活性剂，使其中的超高分子量聚乙烯处于分散悬浮状态。该悬浮液可以增大液态烃类的流动性[251-252]。可先聚合得到超高分子量聚乙烯，然后在低于其玻璃转变温度下进行低温研磨造粒。超高分子量聚乙烯减阻剂的减阻率随时间的变化曲线如图 2-35 所示。

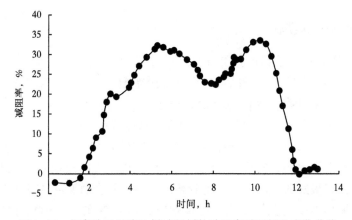

图 2-35 超高分子量聚乙烯减阻剂的减阻率随时间的变化曲线

五、α-烯烃共聚物

可用作减阻剂的 α-烯烃共聚物包括：(1)二乙烯基苯/1-己烯、1-辛烯、1-癸烯和 1-十二碳烯❶；(2)苯乙烯/N-乙烯基吡啶；(3)乙烯/α-烯烃❷；(4)α-烯烃的均聚物或共聚物，分子量高达 15000，不低于 75% 的等规度；(5)聚异丁烯（油溶性聚合物）；(6)甲基丙烯酸酯；(7)C_{12}—C_{18} 丙烯酸酯或甲基丙烯酸酯/离子型单体❸；(8)叔丁基苯乙烯丙烯酸

---

❶ 由 Ziegler-Natta 催化剂的合成体。

❷ 直到 C_{30}，Ziegler-Natta 催化剂。

❸ 当浓度为 0.0001%～0.0025% 时，烃类流体的阻力可减小 80%。

盐、甲基丙烯酸；（9）丙烯酰胺-丙烯酸盐；（10）超高分子量聚烯烃；（11）苯乙烯/甲基苯乙烯磺酸盐/NVP❶。乙烯基单体如图 2-36 所示。

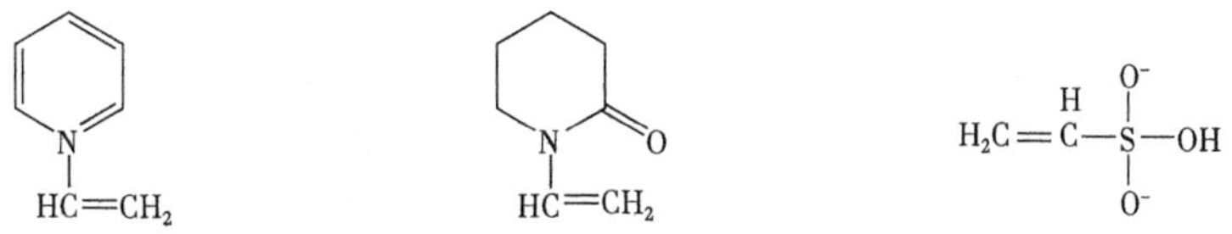

(a) N-乙烯基吡啶　　(b) N-乙烯基吡咯烷酮　　(c) 乙烯基磺酸

图 2-36　乙烯基单体

线型低密度聚 α-乙烯是 α-乙烯及其他烯烃的共聚物，使用的催化剂为 Ziegler-Natta 催化剂或茂金属催化剂。浓缩液可通过在含有异丙醇的煤油溶液中沉淀而制得，由此产生的浆料可在烃类流体中迅速溶解。通过涂覆含有脂肪酸的聚 α-烯烃作为分隔剂，并分散在一个长链醇中，就能得到非凝结非悬浮的溶液[253]。

六、乳液减阻剂

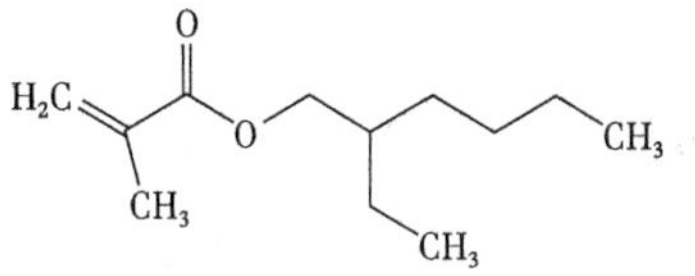

乳液减阻剂是由在连续相中的乳液聚合得到的，对其进行改性，可以增大聚合物在烃类中的溶解度。甲基丙烯酸异辛酯（$C_{12}H_{22}O_2$，图 2-37）是由常规乳液聚合技术聚合而成的，产物为稳定胶体体系[254]。分散相由高达 50%的高分子聚合物胶体粒子组成，连续相是水和表面活性剂。可以对乳液进行改性，或者添加表面活性剂和有机溶剂，从而增加其黏度。

图 2-37　甲基丙烯酸异辛酯分子结构式

七、纤基乙酸钠

纤基乙酸钠是一种甲羟基纤维素（分子质量为 6000D），其源于一组低分子量液体的选择过程。Bewersdorff 等[255]详细测算了 0.4%~0.6%纤基乙酸钠水溶液的平均黏度、标准的雷诺应力以及压降值。这些溶液的黏度的测量结果表明，其发生了剪切稀化行为；流变仪的振荡和蠕变测试表明，这些低分子量聚合物溶液延缓了流体由层流向湍流的转变，其减阻效果是那些低弹性、剪切稀化的高分子量水性聚合物溶液的一半左右。

八、微胶囊聚合物

把高分子或单体放入微胶囊中进行本体聚合（单体可以是在聚合前、聚合中和聚合后放入），可制得高浓度减阻剂。如果在聚合前或聚合中封装，就必须放入催化剂。聚合中可以加入少量溶剂，也可以不添加溶剂。可以在微胶囊减阻剂加入液态流体前、中、后将惰性胶囊或外壳去除。在向液态流体中加入减阻剂时，无须注射探针或其他特殊设备，也不需要对聚合物进行研磨（低温或高温）[256]。

九、铝羧酸盐

铝羧酸盐（Al[OCO(CH$_2$)$_n$P(O)(OR$_1$)(OR$_2$)]$_3$，图 2-38）类减阻剂不是高分子聚

---

❶ 聚两性电解质。

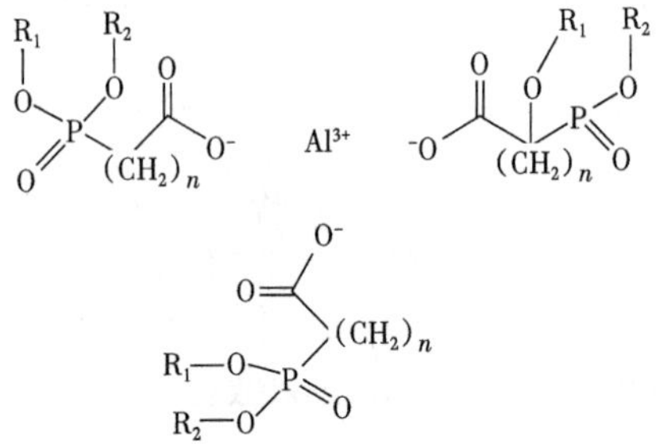

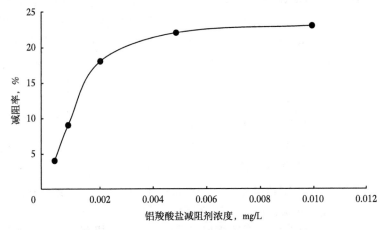

图 2-38　铝羧酸盐分子结构式

合物减阻剂,而是一种阴离子型表面活性剂,其中 R_1 和 R_2 是烃基,n 介于 1~4。该类添加剂不会发生剪切降解,也不会造成乳液的不良变化或改变流体性质,也不存在不良发泡。

这类减阻剂由铝羧酸盐和脂肪酸组成。铝羧酸盐是从脂肪酸铝盐中提炼出来的,包括辛酸、硬脂酸、油酸或环烷酸的铝盐[257]。由短链或长链的羧酸组成的铝羧酸盐的减阻率和浓度之间存在一个最佳的平衡(图 2-39)。

图 2-39　铝羧酸盐减阻剂减阻率随浓度的变化曲线

十、小结

综上所述,不同类型的减阻剂优缺点见表 2-7。不同形态聚合物产品的优缺点见表 2-8。

表 2-7　不同类型减阻剂的优缺点

类型	优点	缺点	耐温程度,℃	耐酸性	减阻率,%
天然多糖减阻剂	低成本,良好的溶解度,环保,可生物降解	减阻率低	>120℃	较强	2~65
烯烃共聚物	溶解快	减阻率低			0~34
聚环氧乙烷	减阻率高	抗剪切力差		弱	30~45(高剪切速率)
聚丙烯酰胺	设计灵活,高水溶性,良好的热稳定性和减阻性	减阻率和成本受很多因素影响	140	较强	60~75
疏水聚合物	耐盐性好,黏度高	溶解速度相对较慢	170	较强	70~75
纤基乙酸钠		抗剪切性差,减阻效果差			0~35
铝羧酸盐	不发生剪切降解,成本低	耐酸性差		弱	0~23

表 2-8 不同形态聚合物产品的优缺点[258]

类别	水包油(O/W)型乳液	油包水(W/O)型微乳液	溶液	乳胶	粉末
外观或形态	白色乳状液体	白色乳状液体	水溶液	凝胶	粉末或微小的珠子
表面活性剂	不	大量	不	不	不
有机溶剂	不	大量	不	不	不
能源消耗	低	低	特低	特低	极高
安全等级	高	低	高	高	高
环境友好型	极好	较差	好	好	普通
生产成本	低	超高	特低	特低	高
运输成本	高	高	极高	极高	低
溶解速率	极快	快	普通	慢	极慢
稳定度	好	极好	好	好	好
成本效益	高	普通	低	低	普通

在石油和天然气工业中最常用的减阻剂是聚丙烯酰氨基聚合物，其本身具有较好的热稳定性，不受 pH 值影响，抗剪切性强，水溶性高，减阻性也很好，设计灵活；同时其可通过改性得到热稳定性更好、减阻率更好的疏水聚合物减阻剂，可根据储层条件不同而设计出不同性能要求的聚丙烯酰氨基聚合物减阻剂，因此其在增产改造领域有巨大价值。

第四节　螯合剂

由单个分子形成多个配位键导致一个或多个杂环的形成，这个过程被称为螯合。它们可以在中心离子的内部配位域中占据一个、两个、三个或更多位置，被称为单齿配体、双齿配体与多齿配体。经配合形成的这些化学物质称为螯合剂，大多数是有机化合物。螯合剂是包含两个或多个基团(也称为配体)的分子，这些基团可以提供电子与中心金属原子形成配位键(图 2-40)。

螯合剂已在石油和天然气工业的许多领域显示出潜在性能。螯合剂的主要机理是与岩石或金属表面上的不同离子螯合，从而消除伤害(如滤饼和水垢)或改善流动性(如改变润湿性)。螯合剂是用来控制金属离子不良反应的材料。在油田化学处理中，经常在增产酸中加入螯合剂，以防止酸化后固体沉淀。这些沉淀物包括氢氧化铁和硫化铁。此外，螯合剂被用作许多祛除/预防鳞屑配方中的成分。经常使用的螯合剂主要有氨基多元羧酸(APCA)和膦酸盐两种类型。

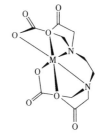

图 2-40　螯合剂与阳离子(M)结合

一、氨基多元羧酸型螯合剂

氨基多元羧酸是工业上最常用的金属离子螯合剂[182]。在结构上，它们包含一个或多个氨基和从氨基延伸的几个羧基。它们可以用通式 H_xY 表示，其中 x 取决于分子中质子化的羧酸酯基团的数量。在各种 pH 值下，这些氨基多元羧酸都可以进行去质子化处理。去质子化的氨基多元羧酸是带负电的有机分子,通过其氨基和羧酸根与金属离子之间的配位键形成螯合金属离子。螯合过程导致形成高稳定性的金属螯合物。石油工业中使用的大多数螯合剂是氨基多元羧酸。在这类螯合剂中,氮位于分子的中心,并且羧酸基团充当螯合剂的臂。螯合剂显示出优于几种有机酸和无机酸的特性。它们具有良好的溶解能力,腐蚀性低,更好地抑制铁离子沉淀,低结渣倾向,并且对环境更友好[259]。已使用的常见螯合剂包括但不限于乙二胺四乙酸(EDTA)、羟乙基乙二胺四乙酸(HEDTA)、羟乙基亚氨基二乙酸(HIDA)、L-谷氨酸 N,N-二乙酸(GLDA)、二乙烯三胺五乙酸(DTPA)、亚硝基三乙酸(NTA)和甲基甘氨酸二乙酸(MGDA)。

1. NTA

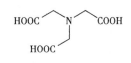

图 2-41 NTA 分子结构

氨基三乙酸(NTA)是一种四齿氨基多元羧酸,是从氨基多元羧酸组合中的第一组螯合酸,用于增产、控制铁离子沉淀和除垢[183],分子结构如图 2-41 所示。它的结构由三个乙酸"手臂分支"和一个中心氮原子组成,所有这些都负责 NTA 的变性。尽管 NTA 比其他常用的螯合剂(如 EDTA 和 HEDTA)具有更高的生物降解性,但它对大多数阳离子具有较低的稳定常数。此外,它是已知的动物致癌物,并且在某些国家(如欧盟)是受限制的化学物质。因此,当前在现场很少使用 NTA。NTA 在高于 293℃的温度下分解为 N-甲基-亚甲基二乙酸和三甲胺。在较低的 pH 值下,降解产物可能是亚氨基二乙酸、肌氨酸、甘氨酸、一氧化碳、二氧化碳和甲醛[260]。

2. HEIDA

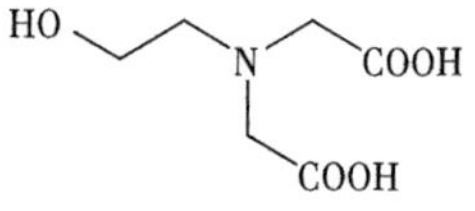

羟乙基氨基二乙酸(HEIDA)有多种用途,包括除垢和酸化[184-185]。它是一种三齿螯合剂,除了只有两个乙酸基团和一个羟乙基外,其结构与 NTA 相似(图 2-42)。HEIDA 也是 EDTA 的主要热降解产物之一。与 EDTA 和 HEDTA 相比,HEIDA 具有更好的生物降解性,对不同规模的水垢溶解能力低。

图 2-42 HEIDA 分子结构

3. EDTA

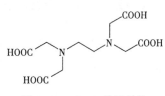

图 2-43 EDTA 分子结构

乙二胺四乙酸(EDTA)是一种氨基多元羧酸,在配位金属离子时可作为六齿螯合剂(图 2-43)。EDTA 于 1935 年在德国由 Munz 首次获得专利,可用于从洗涤剂到纺织品的各种应用[186]。在石油和天然气工业中,它已用作替代的增产剂、铁离子稳定剂和除垢剂。在 260℃ 和 pH 值为 9.5 的条件下,EDTA 能够在 30min 热降解为 HEIDA 和亚氨基二乙酸[260]。初级降解产物 HEIDA 进一步水解为乙二醇和亚氨基二乙酸。EDTA 具有很差的生物降解性,但是可以被某些细菌降解。EDTA 用于去除水垢,在去除碳酸盐、硫酸钙以及硫酸钙和硫酸钡水垢的混合物方面显示出令人鼓舞的结果。EDTA 在其他方面的应用也有报道,例如从锅炉中去除碳酸盐和硫酸盐矿物以及从矿石中提取金属[261]。尽管 EDTA 具有广泛的应用范围和通用性,但它仍然存在一些问题。首先,它不易生物降解,因此在某些国家禁止使用[187]。其次,它不溶于水,并且由于其两性性质而使得在酸溶液中呈现低溶解度特点。例如 EDTA 在 pH 值小于 4 时,不溶于酸。这些缺点促使研究人员寻找替代 EDTA 的可行方案。

4. HEDTA

羟乙基乙二胺三乙酸(HEDTA)是Frenier等[185]提出的另一种氨基多元羧酸,替代EDTA作为增产液。这是由于EDTA在pH值较低的情况下,溶解度低。HEDTA是一种五齿螯合剂,其结构与EDTA相似(图2-44),唯一的区别是它有一个羟乙基取代了一个乙酸基。增添的羟乙基改善了HEDTA的溶解性,但是降低了其稳定性常数。HEDTA也可用于除铁和除铁垢。然而,由于其结构中存在两个氮原子,它面临着与EDTA类似的生物降解性问题。

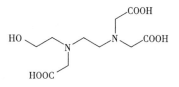

图 2-44　HEDTA 分子结构

Frenier等[184]经过测试表明,20%Na_3HEDTA在177℃下对Cr13腐蚀6h,测得的腐蚀速率为0.00534g/(cm²·h)。表2-9为HEDTA溶剂的一些性质参数。HEDTA是碳酸钙和硫酸钙垢的良好解决方案[189]。

表 2-9　HEDTA 溶剂的性质参数[184]

流体	温度 ℃	性　质		
		黏度, mPa·s	密度, g/cm³	运动黏度, 10^{-4}m²/s
20%Na_3HEDTA, pH = 12	90	1.3	1.11	0.012
	121	0.75	—	—
	150	0.45	—	—
20%Na_3HEDTA, pH = 3.5, 甲酸	90	1.8	1.18	0.015
	121	1.2	—	—
	150	0.95	—	—
20%Na_3HEDTA, pH = 4, 盐酸	90	1.4	1.15	0.012
	121	0.75	—	—
	150	0.45	—	—
20%Na_3HEDTA, pH = 2.5, 盐酸	90	1.4	1.15	0.012
	121	0.75	—	—
	150	0.45	—	—

注：表中的Na_3HEDTA产品由陶氏化学公司生产提供。

5. DTPA

二乙三胺五乙酸(DTPA)是八齿螯合剂,在石油工业中常用的螯合剂中也具有最高的稳定性常数。它最常用于硫酸钡和硫酸锶的除垢[188]。使用DTPA去除水垢的优势不仅在于其高稳定性常数,还在于其在水垢表面的结构取向(图2-45)。由于通常会添加用于除垢的DTPA作为基本解决方案,因此它的腐蚀性不强。此外,DTPA的水垢溶解会产生金属螯合物,而不会形成任何有毒气体。使用DTPA的除垢反应不会产生腐蚀性气体。使用K_2CO_3作为转化剂,使用20%(质量分数)DTPA能去除80%的黄铁矿二硫化亚铁垢[262-264]。使用选定的DTPA配方在70℃下在48h内可溶解多达85%的水垢。DTPA在不使用转化器的情况下也

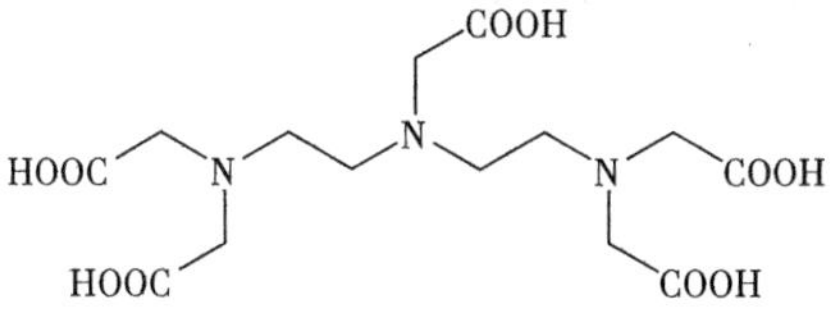

图 2-45　DTPA 分子结构

可有效溶解硫酸钙水垢。但是，其在溶解硫酸钡垢方面的性能很差。但是，DTPA不易生物降解，在水和酸溶液中具有溶解性问题。2017年，Ahmed等[265]在121℃条件下测试了DTPA螯合剂在pH值为11时的性能，表明该螯合剂可使砂岩岩心提高渗透率。

6. GLDA

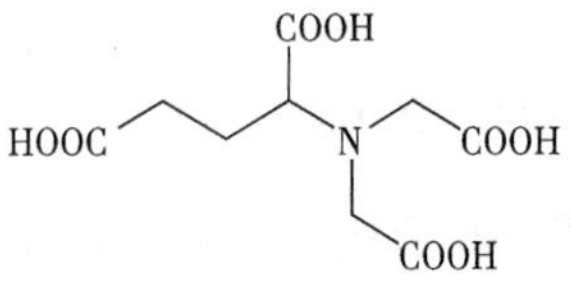

L-谷氨酸N，N-二乙酸（GLDA）或DL-2-（2-羧甲基）硝基三乙酸是一种相对较新的螯合剂。GLDA用于稳铁以及碳酸盐岩和砂岩储层的增产。GLDA在水和高浓度酸溶液中均具有高溶解度[189]。这是因为GLDA的亚氨基二乙酸部分具有较大的基团（图2-46），降低了结晶的可能性[190]。它是由L-谷氨酸或谷氨酸钠制成的，易于生物降解。当用作对L80和13Cr金属的酸化液时，GLDA还显示出比其他螯合剂更低的腐蚀性。GLDA的稳定性常数低于EDTA和HEDTA的稳定性常数。GLDA在177℃下在4h后会热降解为甲酸和环状GLDA；在相同温度条件下，加热12h GLDA会降解为氧代四氢呋喃-2羧酸、乙酸、羟基戊二酸和谷氨酸钠水合物[260, 266]。

图2-46 GLDA分子结构

7. DOTA

1，4，7，10-四氮杂环十二烷-1，4，7，10-四乙酸（DOTA）的结构式如图2-47所示。八齿螯合剂已在医学界获得了重要应用，例如在核磁共振成像扫描中作为显像剂和放射性药物。由于所形成的配合物的高热稳定性和动力学惰性，它常被用于螯合镧系元素。它在1976年首次被发现，是由环己酮和溴乙酸合成的。

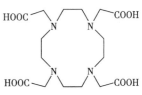

图2-47 DOTA分子结构

8. MGDA

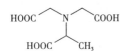

图2-48 MGDA分子结构图

甲基甘氨酸二乙酸（MGDA）是基于亚氨基二乙酸（IDA）开发的，其化学结构与NTA相似（图2-48）。它是四氨基螯合剂，通过甘氨酸与甲醛和碱金属氰化物在碱性介质中反应制得[267]。与其他螯合剂相比，MGDA的优势在于其在标准条件下在不存在合适细菌的条件下具有降解的能力，以及不受pH值和温度影响而保持稳定性的能力[268]。与八齿的DTPA相比，MGDA仅具有一个氮原子和一个螯合臂。然而，当加热6h时，MGDA在高达177℃的温度下仍具有热稳定性[190]。文献报道的结果表明，向DTPA中添加MGDA可降低硫酸钡的溶解度。

二、膦酸盐型螯合剂

膦酸盐型螯合剂是指含有膦酸部分—C—PO（OH）$_2$的化合物，通常是氨基多元羧酸盐的结构类似物，例如NTA和NTMP，EDTA和EDTMP或DTPA和DTPMP。膦酸盐型螯合剂是第二类螯合剂，它具有许多合成类型[183, 260]，例如二乙烯三胺五亚甲基膦酸（DTPPH）和腈三亚甲基膦酸（NTMP）。最重要的膦酸盐螯合剂是1-羟乙基-1，1-二膦酸（HEDP），广泛用于各种应用。膦酸盐螯合剂的化学结构如图2-49所示。

膦酸盐型螯合剂应用于石油行业的不是很多，只有少量文献简要提及了此类型的螯合剂，没有更详细的介绍。

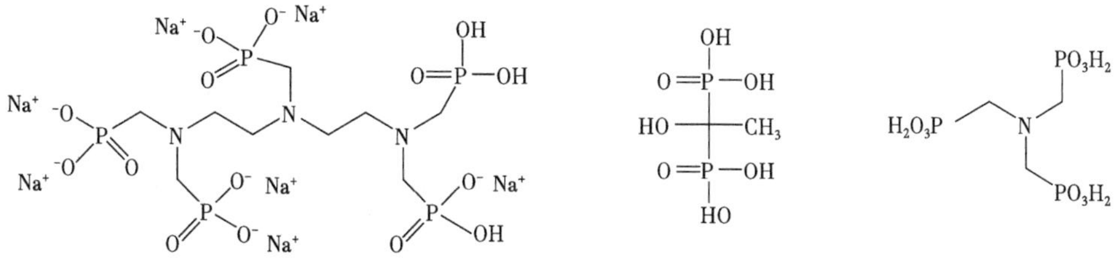

图 2-49 膦酸盐型螯合剂的化学结构

三、应用情况

进行增产作业以提高油气井的生产率,这些作业包括碳酸盐岩和砂岩酸化。传统上使用酸来酸化碳酸盐岩和砂岩地层,由于与常规酸相关的风险和问题,引入了螯合剂作为替代品。传统的处理液(如盐酸)需要大量添加剂(腐蚀抑制剂、表面活性剂、聚合物和铁离子稳定剂等)来酸化砂岩和碳酸盐岩地层。螯合剂可与常规增产液一起用作铁离子稳定剂。

1. 碳酸盐岩酸化增产

Fredd 等[269]首先研究了 DTPA 和 CDTA 螯合剂在碳酸盐岩岩心中形成蚓孔(分析在室温下使用转盘评估螯合剂与方解石的反应),次年又研究了使用螯合剂(EDTA)酸化碳酸盐岩储层的方法。他们注入了 pH 值为 4~13 的螯合剂,并产生了虫洞,而不会形成淤渣或沥青质。之后,Fredd 等[261]用 CDTA、DTPA 和 EDTA 在 3~12 的 pH 值下研究了方解石的溶解动力学,发现方解石的溶解取决于 pH 值、螯合剂的类型和浓度。

Mahmoud 等[270]在 pH 值为 1.7~13 范围内和 82~149℃的温度范围内测试了 GLDA 的碳酸盐岩酸化效果。他们得出结论,较高的温度可提高 GLDA 的反应速率,并减少产生蚓孔所需的孔隙体积。LePage 等[189]将 GLDA 与 NTA、EDTA、HEIDA 和 HEDTA 进行了比较。结果表明,与其他螯合剂相比,GLDA 在 149℃的广 pH 值范围内具有更高的溶解度和钙溶解能力。在 pH 值为 3.8、温度 79℃时,GLDA 对方解石的溶解能力高于天冬氨酸 N,N-二乙酸(ASDA)、甲基甘氨酸二乙酸(MGDA)和 HEIDA[271]。另外,在较高 pH 值下,HEDTA 可以溶解比 GLDA 稍多的钙[272]。

2004 年,Frenier 等[185]在高温碳酸盐岩油井(该井井底温度为 110℃)使用 pH 值为 3 的羟乙基氨基羧酸(HACA)体系,在处理期间观察到明显的压降,表明螯合剂与地层真实反应。使用 HACA 处理之后,采油量从 0 增至 96m³/d,气油比仅为 264~299m³/m³(处理前为 440m³/m³,若用其他处理液可能升高至 880m³/m³)。

2012 年,Jimenez-Bueno 等[273]在墨西哥某油田(储层温度 120~180℃,孔隙度 2%~20%,渗透率 0.5~7mD)。以 15.0m³ 的螯合剂为主体系,采用溶剂预冲和过冲处理 A 井。在此之前,采用了两种混合的常规酸化系统进行增产作业。在这两种情况下,产量都有所增加,然而,产量在几天内就下降到了预处理前的水平。在使用新溶液处理后,产量增加了 254bbl❶/d,几乎没有随着时间的推移而减少(监测了 3 个月),表明增产措施更加有

---

❶ 1 bbl(美石油)= 158.9873L。

效，经济指标也大大提高。B 井经过三次常规系统的尝试，使用 20.0m³ 螯合剂液进行增产，产量增加了 726bbl/d。

2013 年，Sayed 等[274]评估了在 163℃ 的酸性气井中 GLDA 酸化处理的结果。结果表明，增产成功，增产的产量接近预期的压裂增产效果。这些平稳运行的实例表明，GLDA 可显著提高产量并提高长期导流能力，这证实了螯合剂作为独立的碳酸盐岩酸化液的有效性。

2. 砂岩酸化增产

就矿物学而言，砂岩地层非常不均匀，并且砂岩中存在几种矿物。砂岩由方解石、白云石等碳酸盐矿物，伊利石、高岭石、绿泥石等黏土矿物，长石和铁等矿物组成。砂岩矿物学的复杂性使其增产困难。为了避免在砂岩酸化过程中造成损坏，需要进行大量测试。常规的砂岩处理是使用土酸，土酸是盐酸和氢氟酸的混合物。除了将反应产物保持在溶液中外，还使用氢氟酸来消除对二氧化硅和硅酸盐的破坏，并且需要使用盐酸来去除可能与氢氟酸反应的有害矿物，例如方解石。土酸有几个局限性，例如与氢氟酸的制备和运输相关的环境风险，腐蚀性极强，可能对高黏土含量的岩石造成破坏，与碳酸盐岩反应并沉淀出水垢等。在高温条件下砂岩的酸化非常困难，部分黏土矿物的酸敏及水敏现象会造成孔喉堵塞。高温（高于 149℃）下，如果与盐酸接触，所有黏土矿物都不稳定。最合适的增产液是可以消除砂岩岩石损伤而又不会引起地层伤害，并且对管柱不腐蚀的流体。由于螯合剂有上述优点，既可以溶解砂岩中的某些成分，提高孔隙度、渗透率，增强裂缝导流能力，又会抑制某些金属元素的沉淀，这样就不会损伤地层，对管柱腐蚀性小，因此，在砂岩酸化中，螯合剂也是一种非常好的备选增产液。

螯合剂可以螯合并防止酸化砂岩中某些关键离子沉淀，例如钙、铁、镁、铝。Al-Harbi 等测试了螯合剂与黏土的反应，结果表明螯合剂（如 HEDTA）可以从 149℃ 的高岭石中提取超过 0.1% 的铝。Al-Harbi 等[275]采用这种方法测试了在室温、pH 值为 4~4.7 的条件下螯合剂在用 NH_4-EDTA/HF 混合物酸化过程中防止 CaF_2 和 AlF_3 沉淀的能力。结果表明，螯合剂/氢氟酸可通过钙的螯合阻止 CaF_2 沉淀。螯合剂/氢氟酸的组合表现与 9% 盐酸：1% 氢氟酸的作用相当。研究还表明，防止 AlF_3 沉淀的方法取决于 AlF_3 的摩尔分数，而不仅取决于 EDTA 对其螯合的能力[276]。即使溶液中含有 50%EDTA 也会产生 AlF_3 沉淀也能证实这一观点。一旦 Al^{3+} 的浓度改变了，沉淀物就会重新溶解。

Reyes 等[277]开发了一种新的基于氨基羧酸的螯合剂用于酸化处理，他们声称该螯合剂是可生物降解的，对高达 149℃ 的温度有效，可在 1~4 的 pH 值范围内使用，并与 0.5%~2% 的氢氟酸兼容。他们还表明，螯合剂/氢氟酸混合物可抵抗氟金属（硅或铝）沉淀。他们的测试表明，螯合剂/氢氟酸流体可以分别溶解高达 1%、0.5%、0.6% 和 0.03% 的铝、钙、铁和硅。Smith 等[278]在 132℃ 和 pH 值为 2.5~3 条件下测试了钠盐形式的螯合剂。结果表明，钠螯合剂在这些条件下不会遇到（铝、铁、镁、钙）氟化物的任何沉淀问题。此外，结果还表明，螯合剂/氢氟酸混合物即使在 7%KCl 或 8.6%NaCl 的条件下也不会产生氟硅酸盐沉淀。Mahmoud 等[279]认为，盐酸与 300 ℉ 时含有 1%~18% 伊利石的砂岩岩心不相容，并且当伤害主要是基于碳酸盐岩时，建议使用 20%GLDA。此外，如果在破坏性材料中存在铝硅酸盐，则建议使用 20%GLDA 和氢氟酸，其中氢氟酸的浓度不超过 1%。Mahmoud 还认为，在 pH 值为 4 时性能最佳，尤其是对于 GLDA。另外，螯合剂能够将亚氯酸盐溶解在砂岩岩心中。Reyes 等[280]在接近 177℃ 的温度下对 GLDA/氢氟酸混合物进行了测试,结果表明,清洁的砂岩不完全适合用 GLDA/氢氟酸酸化,因为氟金属或二氧化硅可能以多种形式析出。然而,这些研究人员得出的结论是,螯合剂流体对于富含黏土的非均质碳酸盐地层非常有效。2002 年,Ali 等[281]提出了 EDTA、表面活性剂和互溶剂的溶液成功地酸化了东南亚的几个高温(65~83℃)砂岩气井(表 2-10)。使用 EDTA 流体作为增产液处理的井平均多产了 $184×10^4 ft^3$❶$/d$ 的天然气,创造的收益约为常规砂岩酸化的两倍。

表 2-10 高温砂岩气井部分资料

参数	数值
测试温度,℃	149
样品来源井号	B3
样品深度,ft	8120
样品尺寸(直径×长度),in×in	ϕ0.988×1.075
围压,psi	650
回压,psi	300
注入速率,mL/min	2
气(N_2)测渗透率,mD	152

Frenier 等[185]使用螯合剂羟乙基氨基羧酸(HACA)在高温砂岩地层中实现了应用。该勘探井位于美国西部,深度为 12431ft(3729m),平均渗透率为 50mD,孔隙度为 12.3%,井底温度为 190℃。在使用 20%HACA 时,井底压力明显下降,说明该体系与地层岩石发生反应,能够有效地实现油井增产。此外,在位于西非的一个海上油田高温油井中也有成功应用。该储层是三角洲砂岩,在某些地层中含有多达 15%的碳酸盐岩,井底温度为 128℃。使用 pH 值为 4 的 HACA 螯合剂增产液,使该井重新开始产气,油井产量提高 45m³/d。Ali 等[282]使用 HEDTA 体系成功地酸化了高温(149℃)和高碳酸盐岩含量(44%)的砂岩储层。所用溶液为 Na_3HEDTA(pH 值为 4),经处理后,碳酸盐岩被溶解了 34%。Parkinson 等[283]在西非的 Pinda 地层进行了一种基于低 pH 值螯合剂的增产措施。该地层是多层的,并且碳酸盐岩含量可以在 2%至接近 100%的范围内。他们成功使用 HEDTA 在井底温度为 300 °F 的地层酸化了 6 口井,这 6 口井的产量几乎都实现了翻番(表 2-11)。

表 2-11 作业前和作业后 365 天的井产量

井号	处理前产量				处理后产量			
	bbl(液)/d	bbl(油)/d	bbl(水)/d	$10^3 ft^3/d$	bbl(液)/d	bbl(油)/d	bbl(水)/d	$10^3 ft^3/d$
1	114	114	0	269	208	207	1	139
2	253	197	56	556	762	749	13	767
3	840	830	10	2385	1108	1059	49	2744
4	770	762	8	7500	1263	1262	1	9909
5	218	217	1	331	490	472	18	663
6	1056	761	296	1569	1117	782	335	901
总计	3251	2881	371	12610	4948	4531	417	15123

---

❶ $1ft^3 = 28.3168L$。

2011年，Armirola等[284]开发了一种氢氟酸—硼酸和螯合剂混合物体系，该体系成功地清洁了砾石充填层，而没有细微的迁移问题。该井位于哥伦比亚Los Llanos地区的Cara高渗透砂岩油田（渗透率为1~3D），处理地层温度为120~300℉。基液为二胺EDTA螯合剂，其中添加低浓度氢氟酸。氢氟酸大大增加了铝硅酸盐的溶解度，而螯合剂阻止了硅胶沉淀。硼酸的加入有效地延缓了流体的溶解速度，因为硼酸与氢氟酸反应生成氟硼酸（HBF_4），氟硼酸缓慢水解释放氢氟酸。氟硼酸还提供了一种有效的细粒运移控制手段。2014年，De Wolf等[190]在海上砂岩油井中（地层温度为125℃，包含7%H_2S和3%CO_2，井筒管柱为碳钢）使用GLDA也显示了良好的现场结果。2016年，Smith等[278]对用于砂岩酸化的新型钠螯合剂/氢氟酸液体在132.2℃下进行了现场测试以及室内实验测试，由于室内和现场有较大的差异，因此在室内没能完全复制现场的结果。所用的螯合剂组合为含氢氟酸的氨基多元羧酸混合液，pH值为2.5~3。2017年，Mahmoud等[263]使用海水和GLDA处理砂岩地层，GLDA与岩石和流体相容，除提高了井眼的注入能力外，还提高了岩心的渗透率。此外，他们还研究了不同的增产液对砂岩岩石力学完整性的影响。2018年，Ameur等[285]用17%（质量分数）GLDA增产液体系处理了9口井，螯合剂去除了有害物质，恢复了渗透率，并且使产量提高至施工前的1.6倍，比GLDA处理之前提高了30%。GLDA处理后含水量没有增加，处理后的两个月之内产量虽然略有下降，但是仍大致稳定在施工前的1.5倍。分为三次不同的施工，只有第三次施工是成功的，前两次的施工效果并不理想［使用的是15%（质量分数）盐酸和pH值为10的螯合剂］。

尽管螯合剂在酸化碳酸盐岩和砂岩方面提供了许多积极的结果，但仍需要进行更多的研究以更好地了解其负面影响。一些令人关注的领域包括螯合剂的复合物稳定性和电位的性质，产生的副产品和添加剂不配伍。Saneifar等[286]以及Parkinson等[283]列举了在酸化过程中螯合剂不相容和润湿性改变的一些情况，表明在砂岩酸化和碳酸盐岩酸化过程中螯合剂面临许多潜在障碍。

3. 使用螯合剂作铁离子稳定剂

用酸液配方处理碳酸盐岩地层时，通常会发生铁离子沉淀的挑战。因此，开发一种处理液且能减少由铁沉淀引起的伤害非常重要。在混合增产液制备过程中，Fe^{2+}会因为液体中溶解的氧气而被氧化成Fe^{3+}。如果溶液的pH值高于7.5，则二价铁会保留在溶液中；当pH值低于7.5时，开始沉淀；当pH值介于1.0~3.5时，它会完全沉淀[287]。螯合剂［例如EDTA、NTA、亚氨基二乙酸（IDA）和DTPA］在稳定酸化液中的铁离子方面非常有效，还消除了套管和生产管的腐蚀。2000年，Frenier[184]的室内测试表明，用HEDTA可抑制Fe^{3+}沉淀，在154℃下至少可以维持6h，而HEIDA可以抑制Fe^{3+}沉淀的温度最低为93℃。

由于螯合剂与Fe^{3+}的螯合能力比较强，因此能够作为一种铁离子的稳定剂，一定程度上抑制铁离子沉淀。DTPA和CDTA对Fe^{3+}的稳定性常数最高，说明两者对铁离子络合能力非常强，在某些时候作为铁离子稳定剂是一种很好的选择。

4. 油田除垢

在石油和天然气工业中，水垢沉积在地面和地下生产设备上会引起不同的问题，例如地层伤害、生产损失、压力降低以及井下设备过早失效。由于注入水、原生水和岩石之间的地球化学过程，储层流体的成分复杂使其难以控制无机垢的形成。碳酸盐（钙）、硫化物（铁、锌）和硫酸盐（钙、钡、锶）水垢在油田应用中更为常见。结垢的形成取决于几个因素，包括但不限于温度、压力、溶液饱和度和流体的流体动力学行为。盐酸是使用的经典化学品之一，因为对于大多数矿物垢而言，它都可溶于盐酸。但是，盐酸对环境有害，会引起腐蚀，并且由于需要使用许多添加剂来减少腐蚀，因此特别昂贵，特别是在高温条件下。因此，螯合剂是一种有效的替代方法，已成功应用于不同领域。

螯合剂是有机酸和无机酸的一种有吸引力的替代品，可去除地层中的水垢。螯合剂对环境更友好，易于生物降解并且对井管及其他井下设备的腐蚀性较小。与盐酸相比，螯合剂的腐蚀速率非常低。由于腐蚀速率低，因此需要较少量的腐蚀抑制剂。由于其对环境友好，螯合剂是从敏感的井下设备（例如潜水电泵）中去除水垢的首选[288]。然而，与无机酸相比，螯合剂本身的成本更高。在北海的北阿尔文地区测试了使用螯合剂的第一个成功的硫酸钡去除工作。下面着重介绍 EDTA、DTPA 和 GLDA 三种螯合剂在油田除垢中的应用。

1) EDTA 螯合剂除垢

EDTA 浓度的增加也与硫酸钙垢溶解能力直接相关，流速还影响硫酸钙垢的溶解，EDTA 无须使用任何转化剂即可去除硫酸钙垢。EDTA 螯合剂已用于去除油气井中的硫酸钡（重晶石）水垢。Na_4EDTA 的溶解能力低于 K_4EDTA。据报道，从油基钻井液和水基钻井液中去除重晶石垢和重晶石滤饼的最佳浓度为 0.6mol/L。添加碳酸钾作为转化剂，可增强重晶石在 K_4EDTA 中的溶解度。在 pH 值大于 11 的 K_4EDTA 溶液中，碳酸钾将硫酸钡转化为碳酸钡。硫酸钡在 K_4EDTA 和碳酸钾中的溶解度超过 90%[288]。HEDTA 是去除碳酸钙和硫酸钙垢的良好解决方案[189]。

2) DTPA 螯合剂除垢

文献中报道的 DTPA 除垢的大多数应用是去除硫酸钡垢。去除硫酸钡水垢的最佳 pH 值为 12[188]。在此 pH 值下，Ba-DTPA 配合物具有最高的稳定性常数。Lakatos 等[289]发现，在评估的 7 种螯合剂中，DTPA 去除重晶石水垢的效率最高。Lakatos 研究了 DTPA 浓度对去除重晶石的影响，发现 DPTA 中的重晶石溶解度随着 DTPA 浓度的增加而增加，直到 10mmol/L，然后开始减少[290]。通常，一些催化剂/转化剂也与 DTPA 一起加入以增加重晶石的溶解度。Paul 等[291]观察到，特定浓度的草酸可能是 0.5mol/L DTPA 的有效增效剂。Bageri 等[288]使用 DTPA 和碳酸钾作为催化剂/转化剂来溶解硫酸钡垢。通过优化 DTPA 和碳酸钾的浓度，对重晶石水垢溶解度可达到 95% 以上。与单独的 DTPA 相比，含有 DTPA 及其他螯合剂的混合物溶解重晶石的效率较低。

3) GLDA 螯合剂除垢

GLDA 在水和酸性溶液中具有良好的溶解性，用作铁离子稳定剂和用于储油层增产。GLDA 还具有更好的生物降解性，并且也用于不同的除垢应用中。GLDA 对于某些水垢（例如硫酸钡）的低稳定性常数限制了其在去除这些类型水垢中的应用[292]。

油田中，碳酸盐垢非常普遍且发生在井中的不同位置。盐酸是去除碳酸盐垢最有效的酸，但也面临许多挑战，尤其是在高温井中。盐酸可以与有机酸结合使用，以减少其对管材腐蚀的影响。盐酸可能会在除垢过程中形成氢氧化铁和沥青质沉淀，因此，使用盐酸时应添加许多添加剂，如铁离子稳定剂、缓蚀剂、防污剂等。硫酸盐垢通常在海水注入井中沉淀。硫酸钙、硫酸钡和硫酸锶在油井、气井和水井中非常常见。硫酸盐垢在低 pH 值下稳定，因此，应使用高 pH 值的液体去除硫酸盐垢。螯合剂对去除硫酸盐垢非常有效。硫酸钡垢在不同的螯合剂中具有低至中等的溶解度。近年来，引入了水垢转化的概念，通过使用碳酸钾转化剂将硫酸盐水垢转化为碳酸盐水垢，水垢转化过程将硫酸盐垢的去除效率从60%提高到90%以上。

5. 清除滤饼

在超平衡钻井作业期间，钻井液的液体基料（水或油）会渗入地层。因此，钻井液中的固体颗粒沉积在地层表面以形成滤饼层。在钻井操作后必须有效清洁滤饼，以提高裸眼段的生产率并确保良好的固井质量。通常，滤饼层是根据形成滤饼层的固体来源进行分类的，主要是钻井液中的固体添加剂（如重晶石、方解石、钛铁矿、四氧化锰等钻井液的增重材料）或在钻井过程中积累的地层固体（岩屑）。从清除角度看，滤饼也可根据钻井液的基础进行分类。螯合剂溶液，例如DTPA、EDTA、GLDA和HEDTA，在溶解金属材料附近的滤饼时应用非常广泛。

增重材料占滤饼组成的80%~90%[293]。在常规情况下，在钻井作业过程中会使用固体污染物去除工艺来去除积聚的细屑。滤饼中的这些固体颗粒被聚合物涂层和（或）淀粉覆盖，从而限制了滤饼固体与溶剂的反应。因此，在使用任何常规聚合物破胶剂进行清除之前，必须先溶解聚合物层。术语"单级"滤饼去除表示可以在一个阶段中进行两步过程（聚合物破碎和滤饼去除）。另外，在某些情况下，聚合物破胶剂与滤饼去除剂不兼容；反之亦然。因此，应首先除去聚合物层，然后注入滤饼清除剂以除去滤饼，此过程称为多阶段去除。油基钻井液的滤饼去除过程需要在滤饼反应之前进行过多的溶解或破坏油乳液的处理。因此，在介绍螯合剂作为滤饼溶剂的部分用途之前，须对滤饼的主要成分和结构，以及不同滤饼在不同类型螯合剂中的溶解度有充分的了解，见表2-12。

表2-12 滤饼在不同类型的螯合剂中的溶解度

溶液	条件	溶解效果	参考文献
K_5DTPA	93℃（24h），pH>11.5	溶解26.8g/L颗粒	[294]
K_5DTPA+转化剂+酶	93~121℃（24h），pH>11.5	溶解34.4g/L重晶石颗粒，去除90%方解石滤饼	[295]
K_4DTPA	93℃（24h），pH>11.5	溶解25.6g/L重晶石颗粒	[294]
K_5DTPA+转化剂	93~121℃（24h），pH>11.5	溶解34g/L重晶石颗粒，去除90%方解石滤饼	[296]
GLDA	107℃（16h），pH=3.3	去除100%方解石滤饼	[297]
HEDTA	107℃（16h），pH=4	去除100%方解石滤饼	[297]

1) DTPA螯合剂

DTPA能够溶解由高含量重晶石水基钻井液形成的滤饼层。DTPA对Ba^{2+}的稳定性常数为$\lg K_{MY}=8.87$[184]。总共1L的K_5DTPA（pH值在11.5以上）溶液[20%（质量分数）]能够在24h、200°F的温度下溶解26.8g/L重晶石颗粒。通过添加不同的转化剂，例如碳酸钾（K_2CO_3），可以增强DTPA的性能。20%DTPA+6%K_2CO_3的组合溶液，在93℃浸泡24h可溶解34.4g/L重晶石颗粒[298]。DTPA溶液对深部加热的储层产生了90%的去除效率，该深层储层的温度高于121℃[299]。

DTPA溶液与聚合物破胶剂溶液相配伍，因此，清除过程是在一次操作中完成。在重晶石滤饼去除过程中，有许多因素会影响DTPA的性能，包括地层温度和地层类型。在滤饼去除后，DTPA溶液被钡离子完全饱和，可能在地层内部释放钡离子，并与地层黏土矿物相互作用[300]。因此,建议在最小压差下进行这种去除过程,以防止 DTPA 溶液渗入地层。

2）EDTA 螯合剂

EDTA 也可用于不同的井清洗工艺中,以溶解重晶石滤饼。pH 值高于 12 时,完全离解的 K_4-EDTA 具有溶解工业重晶石颗粒的高性能,溶解速率为 25.6g/L,接近相同条件（93℃ 和 24h）下的 DTPA 溶解能力（26.8g/L）[301]。这是因为 EDTA 对钡离子的平衡常数为 $\lg K_{MY}$ = 7.76,接近 DTPA（8.87）。此外,EDTA 溶液还与转化剂（碳酸钾）相容,添加碳酸钾可使其溶解度提高至 34g/L。尽管 EDTA 具有溶解钡离子的高性能,但它与聚合物破胶剂溶液（酶）不相容。因此,水基重晶石滤饼的去除将通过两步去除过程进行。

3）GLDA 螯合剂

GLDA 也被提出用于滤饼去除。首先,发现 GLDA 是方解石的强力溶剂,因此,有效地使用了 20%（质量分数）GLDA（pH 值 3.3~4）来溶解由水基方解石钻井液形成的滤饼。其次,GLDA 溶液能够破坏所形成的聚合物涂层,这意味着 GLDA 溶液可以在该过程中替代酶（聚合物破胶剂）阶段。高 pH 值 GLDA 溶液能够在浸泡 11h 后破坏聚合物涂层。此外,引入了 GLDA［7%（质量分数）］和盐酸［1%（质量分数）］的组合系统作为有效溶液,以溶解由钻井液中的四氧化三锰颗粒形成的块状滤饼。提出该配方是为了克服与使用盐酸有关的地层伤害[302]。

4）其他螯合剂

尽管 DTPA、EDTA 和 GLDA 是用于滤饼去除处理的最常见螯合剂,但也发现了其他一些螯合剂,例如 HEDTA 和 NTA,在有限的情况下,它们在溶解滤饼方面是有效的。与 EDTA 和 DTPA 相比,在相同条件下 HEDTA 显示出较低的去除效率。NTA 螯合剂还可以在浸泡 24h 内有效去除方解石水基钻井液和油基钻井液形成的滤饼[303]。

总体而言,螯合剂解决方案在滤饼清除过程中显示出高性能。在未来的研究工作中,要充分认识不同类型碱对螯合剂的作用,按需制备螯合剂,以达到除去滤饼的最好效果。在相同条件下使用钾碱而不是钠碱,重晶石在 DTPA 中的溶解度从 15.2g/L 增加到 26.8 g/L[301]。另一个重要方面是钻井液增重材料在螯合剂（例如 HEDTA、NTA 和 NPC）中的溶解,需要深入研究以充分了解其机理。值得一提的是,螯合剂也可作为聚合物破乳剂,螯合剂的类型不同,针对的聚合物也不同。然而,使用酶作为聚合物破乳剂还需要进一步研究其相容性。现有信息显示了在有限情况下螯合剂和聚合物破胶剂的兼容性。

另外,在许多情况下,使用螯合剂溶液进行滤饼处理,其去除效率很高。在去除滤饼之前,螯合剂与目标储层之间的反应尚未得到充分研究。2019 年,观察到 DTPA 溶液可能通过将钡离子释放到地层孔隙中而引起地层伤害[304]。岩屑也可能对去除效率产生反作用,因为螯合剂具有与地层黏土矿物反应的能力,例如在许多提高原油采收率技术应用中提出的解决方案中,还需要开发一种螯合剂去除系统来应对这些挑战。

四、小结

螯合剂已在石油和天然气工业的许多领域显示出潜在的性能。螯合剂基本分为两大类型,本节重点介绍了氨基多元羧酸型螯合剂（包括 NTA、HEIDA、EDTA、HEDTA、DTPA、GLDA、DOTA、MGDA）,简要提及了膦酸盐型螯合剂。下面将对部分螯合剂进行几个方面的对比,便于更加清晰地认识这几种螯合剂。

1. 螯合剂分子结构对比

为便于查看各螯合剂分子结构式，图 2-50 将本节中所提到的几乎所有螯合剂汇聚于此，可以明显地看到，氨基多元羧酸型螯合剂的分子结构大多是相似的。

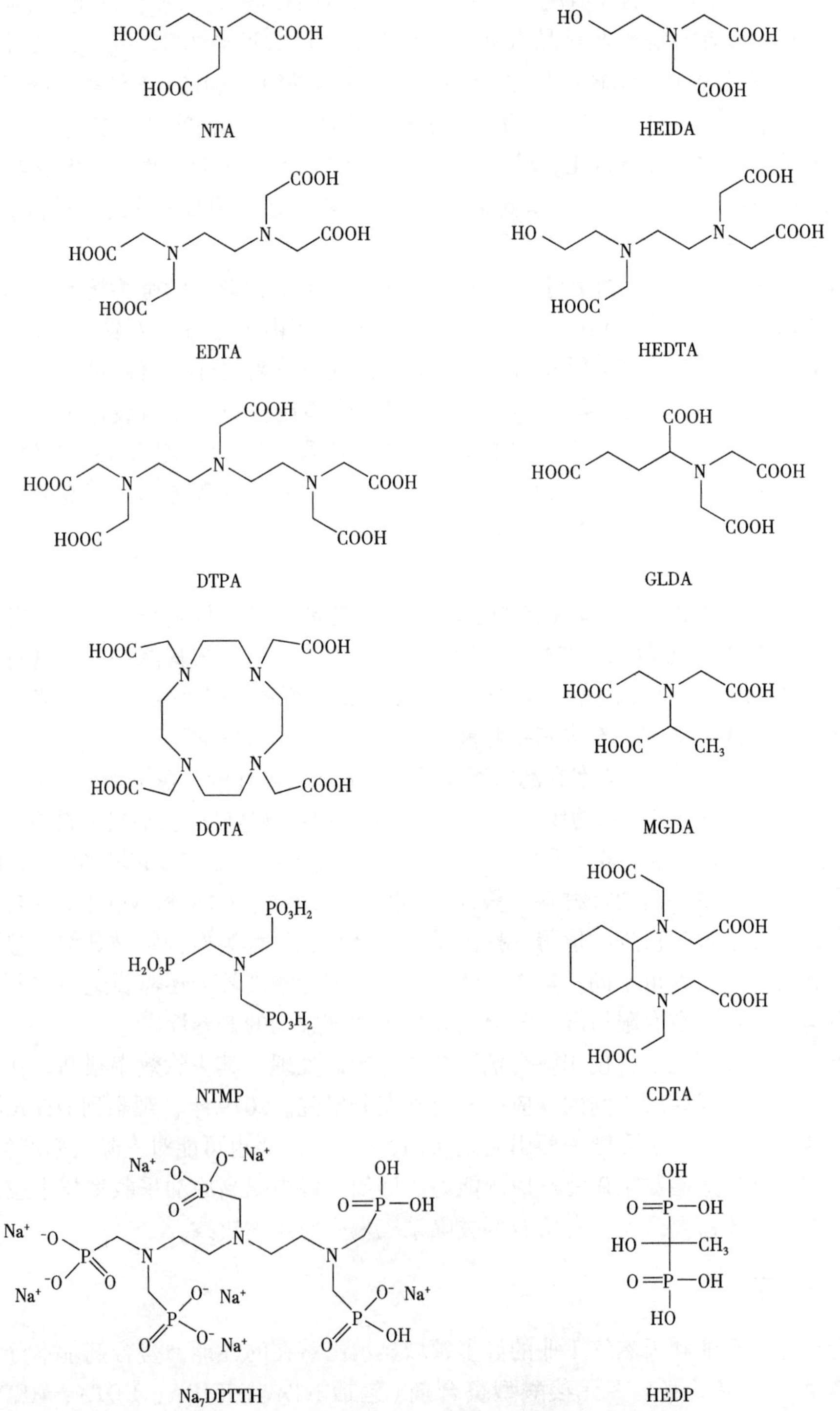

图 2-50　石油行业常见的螯合剂的化学结构

2. 螯合剂酸度系数对比

表 2-13 列出了不同氨基多元羧酸的 pK_a 值，即酸度系数，又名酸离解常数，是酸离解平衡常数常用对数的相反数，其定义式为 $pK_a = -\lg(K_a)$。酸度系数反映了一种酸将质子传递给水，形成 H_3O^+ 的能力，即反映了酸的强度。其下标 a1 至 a5 指的是该酸发生第一至第五次离解。

表 2-13　25℃时不同氨基多元羧酸的 pK_a 值[305]

项目	NTA	EDTA	HEDTA	DTPA	HEIDA	GLDA
pK_{a1}	9.7	10.2	9.8	10.5	8.7	9.4
pK_{a2}	2.5	6.1	5.4	8.5	2.2	5
pK_{a3}	1.8	2.7	2.6	4.3		3.5
pK_{a4}	1	2		2.6		2.6
pK_{a5}		1.5		1.8		

从表 2-13 中可以看出，DTPA 的酸度系数最高，而 HEIDA 的最低，pK_a 值的大小直接反映了酸的强弱，值越小，酸性越强，证明 HEIDA 在第一次离解时酸性最强。

3. 螯合剂强度对比

螯合剂的强度通常通过其与目标离子的稳定性常数来衡量。如果螯合剂对铁(三价铁离子)表现出比其他螯合剂更高的稳定性，那么与相同的螯合剂相比，它对其他离子的稳定性也更高，可通过表 2-14 较为直观地看出。HEDTA 螯合剂对铁离子的稳定性常数对数为 19.8，而 NTA 仅为 15.9，因此 HEDTA 表现出比 NTA 对金属离子更高的稳定性，在对其他离子进行对比时发现，HEDTA 比 NTA 都要高。稳定性常数对数越大，证明该离子与该酸络合的倾向就越大，此配合物就越稳定，DTPA 和 CDTA 对 Fe^{3+} 的稳定性常数对数最高，说明这两种螯合剂对铁离子络合能力非常强，某些时候作为铁离子稳定剂是一种很好的选择。

表 2-14　螯合剂的稳定性常数对数[183, 306]

配体	分子量(25℃)		1:1 混合时的稳定性常数对数						
	酸	钠盐	Al^{3+}	Fe^{2+}	Fe^{3+}	Cu^{2+}	Mg^{2+}	Ba^{2+}	Ca^{2+}
甲酸	46	N/A	1.36	N/L	3.1	1.4	1.43	1.38	1.43
醋酸	60	N/A	1.51	1.4	3.4	1.8	1.27	1.07	1.18
柠檬酸	192	258	11.7	4.4	11.5	5.9	3.37	2.76	3.5
NTA	191	257	11.4	8.3	15.9	12.9	5.47	4.80	6.4
HEDTA	278	344	14.4	12.2	19.8	17.4	7.0	6.2	8.4
EDTA	292	380	16.5	14.2	25.0	18.8	8.83	7.8	10.7
DTPA	393	503	18.7	16.5	28.0	21.1	9.34	8.87	10.9
HEIDA	177	221	7.74	6.8	11.6	11.7	3.46	3.37	4.8
GLDA	263	—		8.7	15.2		5.2	3.5	5.9
DOTA	404	—					11.85	12.87	17.2
CDTA	364	—		16.27	28.05		10.32	8.69	12.5
MGDA	205	—		8.1	16.5	—	5.8	4.9	7

注：N/A 表示不适用。

4. 螯合剂在碳酸盐岩中的酸化

螯合剂虽然可以用于砂岩和碳酸盐岩酸化，但是现场应用也是针对含碳酸盐岩含量高的砂岩进行酸化，因此主要还是用于碳酸盐岩酸化。但并不是每种螯合剂都适用于碳酸盐岩的酸化增产，表2-15总结了用于碳酸盐岩酸化的各种增产液，并对这几种增产液对方解石的溶解能力进行了对比。从表2-15中可以看出，盐酸对方解石的溶解能力最强，每加仑盐酸可以溶解1.8lb的方解石；对方解石溶解能力最弱的是柠檬酸，每加仑柠檬酸只能溶解1.05lb的方解石。虽然说盐酸溶解能力强，价格便宜，反应速率高，但是所带来的一系列问题却是比较多的，缺点明显，尤其是对管柱的一些腐蚀问题屡见不鲜。螯合剂对碳酸盐岩酸化一般速率不快，但是反应大多数是可控的，并且对于钢铁、管线的腐蚀很小，不会造成严重伤害，所引起的环境问题也较少，因为当前很多螯合剂都是考虑可生物降解的。从表2-16中看，最适合于碳酸盐岩酸化的螯合剂是GDLA和EDTA型的螯合剂。

表2-15 不同增产液对方解石的溶解能力[183]

流体	浓度,%(质量分数)	溶解能力，lb(方解石)/gal(液体)
盐酸	15	1.8
GLDA	20	1.5
EDTA	20	1.3
HEDTA	20	1.35
DTPA	20	1.2
柠檬酸	15	1.05
醋酸	15	1.1
甲酸	15	1.4

表2-16 用于碳酸盐岩酸化的不同增产液以及每种液体的利弊[183]

酸液	优点	缺点
盐酸	价格便宜；与方解石反应速率更高	有腐蚀性，反应迅速，需要大量添加剂及添加剂相容性难题；仅在淡水中配制
GLDA	反应可控；pH值适用范围广；不需要某些添加剂；环保；可和淡水及盐水一起使用；在盐酸中溶解度高	价格昂贵；溶解能力有限；反应时间长
EDTA	反应可控；可以在广泛的pH值范围内使用；没有腐蚀或结垢问题；可以与淡水和盐水一起使用	环境问题；盐酸中溶解度低
HEDTA	环保；在盐酸中的溶解度更高；反应速率可控	价格昂贵且溶解能力有限
DTPA	反应速率可控；没有腐蚀或结垢问题；可以与淡水和盐水一起使用	价格昂贵；溶解能力有限；环境问题；盐酸中溶解度低
柠檬酸 醋酸	腐蚀性远小于盐酸；与方解石的反应呈中等；可以用作铁稳剂	溶解度有限；不能在高浓度下使用；高温条件需要添加缓蚀剂
甲酸	腐蚀性远小于盐酸；与方解石的反应呈中等	溶解度有限；不能在高浓度下使用；高温条件下需要添加缓蚀剂；需要铁稳定剂及其他添加剂

5. 螯合剂除垢对比

螯合剂和酸的混合液体系可以有效去除不同类型的水垢。但是由于受多种因素影响，这种方法很复杂。大多数螯合剂在pH值小于4时溶解度较低。螯合剂和金属螯合物在温度高于121℃时会降解，而这种降解是在某些强酸存在下催化完成的[307]。Mahmoud等[308]发现，在pH值为6时EDTA的最大可溶物浓度为20%（质量分数）。在较低的pH值下，最大可溶物浓度降低。与HEDTA、GLDA和DTPA相比，EDTA不溶于盐酸。表2-17显示了不同化学溶剂对水垢的溶解度。可以发现，对于重晶石类的水垢溶解，采用DTPA+K_2CO_3的组合是最好的，但是对于具体的浓度还需要多做试验研究；而对于硫化铁类型的水垢，采用各种螯合剂去溶解，其溶解度远低于重晶石在螯合剂中的溶解度，大部分的溶解度为20%~40%，其中效果最好的是20%（质量分数）EDTA反应48h，达到了85%的溶解度。螯合剂由于其低腐蚀和溶解多种油田水垢的能力，似乎是溶解不同类型水垢最有吸引力的选择。

表2-17 文献中报道的不同化学溶剂的垢溶解度

溶液	温度,℃	垢型	pH值	时间,h	溶解度 g/100g溶剂	参考文献
20%DTPA	70	硫铁矿	11	48	85	[279]
20% DTPA	125	硫化铁	11.5	24	24	[309]
20% DTPA	125	硫化铁	7.95	24	29	[309]
25% DTPA	125	硫化铁	11.5	24	27	[309]
25% DTPA	125	硫化铁	7.95	24	36	[309]
25% DTPA	125	硫化铁	6.02	24	41	[309]
30% DTPA	125	硫化铁	6.02	24	42	[309]
0.5mol/L DTPA	80	重晶石	11	24	70	[288]
0.5mol/L DTPA	132	重晶石	11	24	75	[288]
20% DTPA	93	重晶石	11.5	24	68	[295]
20% DTPA	132	重晶石	11.5	24	70	[295]
0.5mol/L DTPA+6%K_2CO_3	80	重晶石	11	24	95	[288]
20% DTPA+6%K_2CO_3	93	重晶石	11.5	24	86	[295]
20% DTPA+6%K_2CO_3	132	重晶石	11.5	24	97	[295]
20% DTPA+6%KCl	93	重晶石	11.5	24	75	[295]
20% DTPA+6%KCl	132	重晶石	11.5	24	85	[295]
20% DTPA+6%$CHKO_2$	93	重晶石	11.5	24	75	[295]
20% DTPA+6%$CHKO_2$	132	重晶石	11.5	24	84	[295]
18% EDTA	93	重晶石	12	24	27	[296]
20% EDTA	125	硫化铁	11.1	24	21	[309]
20% EDTA	125	硫化铁	8.7	24	25	[309]
25% EDTA	125	硫化铁	11.1	24	24	[309]
25% EDTA	125	硫化铁	8.8	24	34	[309]
25% EDTA	125	硫化铁	6.52	24	39	[309]
30% EDTA	125	硫化铁	6.52	24	39	[309]

续表

溶　　　液	温度,℃	垢型	pH值	时间,h	溶解度 g/100g 溶剂	参考文献
18% HEDTA	93	重晶石	12	24	18	[296]
20% 葡萄糖酸+20% DTPA	125	硫化铁	10.5	24	20	[309]
20% 葡萄糖酸+20% DTPA	125	硫化铁	13.6	24	29	
20% 葡萄糖酸+20% DTPA+10%琥珀酸	125	硫化铁	10.3	24	28	
20% 葡萄糖酸+20% DTPA+10%马来酸	125	硫化铁	10.8	24	28	
20% 葡萄糖酸+20% EDTA+20%马来酸	125	硫化铁	9.8	24	6	
20% 葡萄糖酸+20% EDTA+20%马来酸	125	硫化铁	9.9	24	16	

螯合剂可以有效地对储层进行增产，解除水垢和滤饼的伤害，提高采收率，并提高裂缝的导流能力。综上所述，得到如下结论：

（1）螯合剂为控制铁沉淀和避免地层伤害提供了一个很好的解决方案。将螯合剂添加到增产液中以稳定三价铁离子并消除腐蚀，从而改善增产性能。

（2）与盐酸相比，EDTA 和 GLDA 等螯合剂在碳酸盐岩增产及酸蚀蚓孔发育方面表现出比盐酸更好的性能。螯合剂与不同的阳离子形成非常牢固的络合物，从而减少了对地层的伤害，并提高了碳酸盐岩储层的采收率。

（3）对于砂岩增产，使用螯合剂来酸化方解石含量高的砂岩。此外，在所有黏土矿物都不稳定的高温条件下，使用螯合剂来提高砂岩的产能，而不会造成地层伤害或腐蚀问题。

（4）高温下，螯合剂（例如 EDTA）可以有效去除碳酸盐垢。同样，使用催化剂和螯合剂的混合物除去复杂的水垢，例如硫酸盐和硫化物。低 pH 值的 DTPA 螯合剂在去除硫化铁水垢方面表现出最佳性能。

（5）螯合剂溶液（例如 DTPA、EDTA、GLDA 和 HEDTA）对于溶解不同钻井液类型形成滤饼层的含金属材料非常有效。pH 值高于 12 的 EDTA 表现出很高的溶解工业重晶石颗粒的性能。

（6）将螯合剂注入碳酸盐岩储层中，以将岩石的润湿性改变为更多的水湿条件，从而提高石油采收率。另外，螯合剂还可降低油的润湿性和改善凝析油的流动性，利用润湿性改变机制来减轻致密油藏中的凝析油堆积。

（7）在提高原油采收率技术应用中，以顺序方式注入螯合剂，以提高原油采收率并最大限度地减少注入的化学药品。在相同条件下，与 EDTA 螯合剂相比，GLDA 溶液显示出更高的原油采收率。

（8）螯合剂用作水力压裂液的添加剂，以提高流体黏度，因此携带支撑剂颗粒并减少流体损失。它可以与采出水或海水一起使用，因为即使在高溶解性总固体（TDS）浓度下也可以产生足够的黏度。同样，螯合剂可用于酸压，因为它们可以溶解碳酸盐岩的断裂面并提高裂缝导流能力。

第五节　自　生　酸

自生酸（又称潜在酸）体系是缓速酸酸液体系中较常用的一种。自生酸的概念由 Templeton等[310]在1975年提出，然后由Abrams等[311]对其进一步优化。自生酸指几种不显酸性的药剂在地层中接触混合后，发生一系列化学反应，生成活性酸的酸液。注入的药剂不同，生成的酸液不同。现场应用较多的自生酸原材料有氯羧酸盐、卤代烃、卤代烷、卤代芳香烃、卤盐、酯类、酸酐、酰卤等。自生酸最显著的优点是在地面不显酸性或显弱酸性，而在地层条件下混合生酸。在高温条件下，生酸浓度高，溶蚀效果较好，缓速效果明显。由于自生酸具备以上性质，因此可有效降低酸岩反应速率，增强酸液穿透能力，降低酸液对井下管柱腐蚀的效果，实现缓速缓蚀的目的。

一、自生酸种类

1. 酯类

有机酯在高温或催化剂的作用下与水反应生成有机酸，如甲酸甲酯在54~82℃地层中水解为甲酸，乙酸甲酯在88~138℃下水解为乙酸。甲酸甲酯及乙酸甲酯等低级醇的酯有很好的减缓酸岩反应速率的作用，酸消耗时间可在40~400min内。此外，由于有机酯水解后生成低级醇类，可以起到一定的助排和防水锁作用，还由于降低了水的浓度，使得酸岩反应速率有所降低。

甲酸甲酯水解生成甲酸的工艺是由美国Leonard公司于1982年提出的，国内20世纪80年代在济南石油化工厂进行了甲酸甲酯水解的小试和中试。中国科学院成都有机所、华南理工学院等对甲酸甲酯水解进行了研究，利用两种方法促进水解反应进行：一是水过量，推动水解反应向生成甲酸一侧进行；二是有胺的存在，生成的甲酸和胺盐促进水解反应进行。通常情况下，甲酸甲酯的水解速率较慢，而逆反应生成酯较为容易。甲酸本身可作为甲酸甲酯水解的催化剂，因此实际应用时可加入适量的甲酸加速水解。乙酸甲酯的水解平衡常数很小，单程水解转化率也较低，工业上采用催化剂可以大幅度提高其单程水解转化率。Nasr-El-Din等[171]研究了用自生酸解除气井滤饼中的碳酸钙垢，采用的自生酸母体为乙酸甲酯。10%乙酸甲酯在80℃下能水解生成2%~3%乙酸，在160℃下水解能生成5%~6%乙酸，且乙酸甲酯在水解过程中生成的甲醇能显著降低酸液的表（界）面张力，有利于酸液返排。但即使在高达160℃的温度下，乙酸甲酯也只能有效释放出6%的乙酸，且乙酸的酸性较弱也是一个客观存在的问题。Al-Otaibi等对比研究了甲酸酯、乙酸酯和乳酸酯解除油气井滤饼中的碳酸钙垢[172]。甲酸、乙酸和乳酸常温下的离解常数分别为3.75、4.75和3.86，表明甲酸和乳酸酸性相当，乙酸酸性较弱。甲酸钙、乙酸钙和乳酸钙在不同温度下的溶解度见表2-18。

表2-18 甲酸钙、乙酸钙和乳酸钙在不同温度下的溶解度

种类	溶解度，g/100g 水		备注
	0℃	100℃	
甲酸钙	16.1	18.4	不溶于醇
乙酸钙	52	45.5	微溶于醇
乳酸钙	10.5	∞	可溶于醇

甲酸钙的溶解度随温度升高略有增大，乳酸钙的溶解度随温度升高而急剧增大，乙酸钙的溶解度随温度升高略有降低。由于酸化后钙盐的溶解度直接影响到对储层的伤害程度，因此温度对自生酸母体十分重要。120℃下的水解实验表明，10%甲酸酯在1h内能有

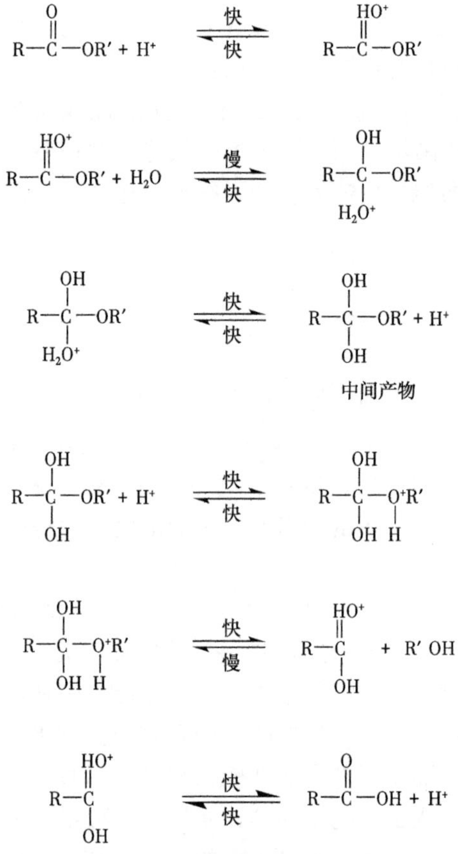

效释放出6%的甲酸,但随着时间的继续延长,甲酸酯基本不继续水解;10%乳酸酯在6h内能释放出8%的乳酸,10%乙酸酯12h能释放出6%的乙酸。

一般认为以有机酯作为自生酸母体的水解机理如图2-51所示。

目前,对乙酸甲酯水解反应动力学研究较为详尽:极性物质(特别是水)的存在,对其水解反应速率影响较大,均相动力学方程很难适用。水过量时,采用均相动力学方程进行实验结果拟合较为合适;水量较少时,均相动力学模型存在较大偏差。

Nasr-El-Din等应用了一种自生酸,该系统由酸前体(羧酸酯)组成。例如,先前的研究中使用了乙酸甲酯,该酯与水分子反应生成乙酸。

$$CH_3COOCH_3 + H_2O \rightleftharpoons CH_3COOH + CH_3OH$$

上述反应生成的乙酸将与滤饼中存在的碳酸钙颗粒反应生成乙酸钙。典型的乙酸浓度范围为6%~10%(质量分数)。不建议使用高浓度的乙酸,因为它可能生成乙酸钙沉淀。

表2-19中的自生酸配方能够在121℃下正常使用,甚至在160℃下产生更多的酸。如图2-52所示,同样的配方在温度超高的条件下,反而生成了更多的乙酸。

图2-51 有机酯作为自生酸母体的水解机理图

表2-19 所用的自生酸配方

成分	数量	成分	数量
水	100cm³	产酸催化剂	1.5g
KCl	7g	非离子表面活性剂	0.1cm³
酸前体(酯)	10cm³	淀粉破碎酶	0.5cm³

注:鲜酸溶液的pH值为5.6,室温下的密度为1.07g/cm³。

2015年,刘丙晓等[173]研制了一种水解酯潜在的缓速酸,它是一种适合砂岩地层深部酸化的以"酯+氟盐"自生得到的氢氟酸为主体的缓速酸体系,用不同甲酸甲酯与氟盐物质的量比下的溶蚀实验确定了甲酸甲酯与氟盐最佳的物质的量比为2:1,且在该比例下,通过调配盐酸的浓度配制出一种水解酯潜在缓速土酸:3%自生氢氟酸+10%盐酸。该潜在酸对选取的5号岩粉的溶蚀率由70℃时的20%增加到100℃时的33%,对7号岩粉的初始反应速率仅为常规土酸的一半,具有较好的温控溶蚀能力及缓速性能;对3种不同钻井液体系的溶蚀率均大于33%,对黏土矿物的溶蚀率均高于20%,具有解除钻井液及黏土矿物堵塞地层的能力;经潜在酸酸化后的岩心的渗透率恢复为之前的4.01倍,达到常规土酸效果的2倍,具有良好的深部穿透的能力。

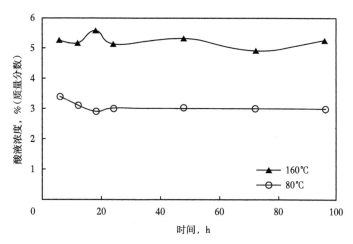

图 2-52 乙酸浓度随时间和温度的变化曲线

2020 年，Wang 等[170]合成了有机酯对硝基苄基乙酸酯（PNBA），用于将酯原位水解为乙酸，从而建立一种自生酸体系。该自生酸体系可以通过添加有机溶剂形成均质溶液。该自生酸体系具有所需的特性，可在 120℃ 以下水解，2h 内生成少量乙酸，在 140℃ 以上水解，可生成大量酸。自生酸对碳酸盐岩的溶解能力较低，80℃ 下对 N80 钢板的腐蚀较弱。自生酸特别适用于高温碳酸盐岩储层中酸的裂解和岩石溶解。所用到的制备材料包括甲酸甲酯、对硝基苯乙酸酯、甲醇、丙酮、对硝基苯甲醇、硫酸氢钠、柠檬酸钠和十六烷基硫醇。将一定量的有机酯与水、有机溶剂及其他试剂（如铁离子稳定剂和缓蚀剂）混合，制得自生有机酸体系。在典型的制备过程中，将 30mL 甲酸甲酯添加到 40mL 水中，然后添加 1% 的铁离子稳定剂柠檬酸钠和 0.5% 的腐蚀抑制剂六硫醇。因此，加入溶剂甲醇和丙酮并搅拌可获得均质的自生酸体系。

图 2-53 展现了在 140℃ 下 PNBA 水解过程中产生的酸量，在反应的初始阶段，产生的酸量较少，水解过程较慢，在反应 1h 后，水解产生的酸量开始增大，直到 5h 后才逐渐变得缓慢。

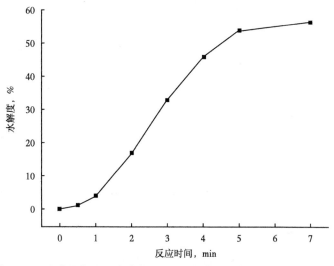

图 2-53 对硝基苄基乙酸酯在 140℃ 下的水解度与反应时间的关系图

有机酯常与氯羧酸盐混合使用，在地层产酸，可用于碳酸盐岩和白云岩储层，但有机酯类水解产生的酸液强度低，多用于解堵酸化，未见用于深度酸化的报道。由于水解反应所需的温度不同，甲酸甲酯一般适用于低温地层，乙酸甲酯一般适用于高温地层，但乙酸酯即使在高温下水解生成的乙酸浓度仍较低。此外，部分有机酯水解生酸与岩石反应，生成的有机酸盐溶解度不高，影响酸液作用效果。

绝大多数酯类都存在易燃特性，少数酯类剧毒。例如，甲酸甲酯最小致死剂量为500mg/kg，且极易燃；乙酸甲酯易燃，其蒸气与空气可形成爆炸性混合物，遇明火、高热能引起燃烧爆炸；乙酸乙酯易燃，具刺激性，具致敏性，对眼、鼻、咽喉有刺激作用，高浓度吸入可具有麻醉作用，长期接触本品有时可致角膜混浊、继发性贫血、白细胞增多等；乳酸甲酯易燃，具刺激性，吸入、口服或经皮肤吸收对身体有害；乳酸乙酯易燃。因此，在对酯类进行室内实验和现场运输、施工时均需特别小心。

2. 氯羧酸盐

Scheuerman 等[312]在专利 US4122896 中提出了采用氯羧酸盐在一定温度（38~149℃）下水解生成酸的方法。最常用的是氯乙酸铵，其溶液在地层停留或流动时，由于其缓慢的水解速率，可得到缓慢的酸释放速率。

以氯乙酸铵为例，其水解机理为：

$$ClCH_2COO^- + H_2O \longrightarrow HOCH_2COOH + Cl^-$$

$$HOCH_2COOH \longrightarrow HOCH_2COO^- + H^+$$

该机理已被证实。用 X 射线分析氯乙酸铵与碳酸钙接触所形成的沉淀物，证实于冷却溶液中的沉淀物为 $(HOCH_2COO)_2Ca$。在地层温度下，$(HOCH_2COO)_2Ca$ 有较高的溶解度，不会产生沉淀，在地面水解度极小，不腐蚀金属，与羟乙基纤维素合用，可改善处理效果。

刘友权等[313]采用 A+B 和氯乙酸盐复配，得到适用于高温碳酸盐岩地层的复合潜在酸体系。在酸岩反应前期，A+B 生成盐酸的反应占主要地位，氯羧酸盐的水解受到抑制；在反应后期，A+B 消耗过多，浓度相对较大的氯羧酸盐开始水解生成弱酸，提供 H 向地层中继续推进，有利于深部酸化。室内研究结果表明，该复合潜在酸体系针对碳酸盐岩储层在150℃下具有长达 7h 的酸岩反应时间。

根据其水解所需温度可知，以氯乙酸铵作为母体的自生酸在低温、高温地层中均适用，但需采取保温措施，防止沉淀。

3. 卤代烃

氯代烃在高温下（121~371℃）能水解生成盐酸。油田使用的氯代烃产酸主要是四氯化碳、三氯甲烷、五氯乙烷、四氯乙烷等，其中以四氯甲烷最佳。此外，专利 US4148360[179]报道了能同时生成盐酸和氢溴酸的卤代烃有溴三氯甲烷、氯二溴甲烷、溴二溴甲烷、三氯二溴甲烷、1,1-二氯-1,2-二溴甲烷、1,2-二氯-1,2-二溴甲烷和1,1-二氯-2,2-二溴乙烷，能同时生成盐酸和氢氟酸的卤代烃有1,1,2-三氟三氯乙烷、氟四氯乙烷和氟三氯乙烷等。

这些氯代烃能水解产生强酸，具有较强的溶蚀能力，但这类氯代烃物质不溶于水。现场曾将纯的氯代烃类物质注入井内，或将其溶于有机溶剂中再注入井内，但这样存在潜在的安全问题，同时大量使用有机溶剂将大大增加成本。Wang 等[180]提出在溶液中加入乳化剂，使有机物与水形成水包油的乳状液，将该乳状液注入地层从而实现对地层的酸化。

以四氯化碳和氯丙烯为例，氯代烃的水解机理如下：

$$CCl_4 + 2H_2O \longrightarrow 4HCl + CO_2\uparrow$$

$$CH_2=CH-CH_2Cl + H_2O \longrightarrow CH_2=CH-CH_2OH + HCl$$

氯代烃水解自生酸适用于含有大量钙、镁或其他多价阳离子的碳酸盐或其他酸溶性地层，既可处理原生水含量高的高温层，也可处理含少量乃至没有原生水的高温层。

氯代烃等物质的毒性很强，且水解时发生的副反应可能产生剧毒性物质——光气。例如 CCl_4 是典型的肝脏毒物，被列为"对人类有致癌可能"一类的化学物。因此，安全考虑是限制氯代烃作为自生酸母体的最大难题。

4. 卤盐

李延美[174]在专利 CN200310116816.2 中提出采用 PCl_3、PCl_5 和 $POCl_3$ 水解产生 HCl，其反应方程式为：

$$PCl_3 + 3H_2O \longrightarrow 3HCl + P(OH)_3$$

$$PCl_5 + H_2O \longrightarrow 2HCl + POCl_3$$

$$POCl_3 + 3H_2O \longrightarrow 3HCl + H_3PO_4$$

这几种物质遇水就会发生剧烈的水解反应。因此，实际施工时首先向井筒中注入一定量的隔离液，而后依次交替向井筒中注入主体液、隔离液和活化剂，其中隔离液一般为轻质油，活化剂一般为清水；若使用固体的 PCl_5 和 $POCl_3$，则需要将其混拌到煤油中，制成主体液。但是该体系易在地层中生成磷酸钙、磷酸镁等沉淀物，可在活化剂中添加 1%~5% 的结晶改良剂，如六偏磷酸钠等来避免酸化造成油层伤害。有实验表明，10% PCl_3（含足量活化剂）在 90℃ 下反应 4h 比 10% 盐酸在相同条件下的溶蚀率更高。

Arslan 等[175]为了克服常规盐酸酸化体系 15%（质量分数）反应速率快、腐蚀速率高的缺点，研制了一种新型原位生成盐酸，即自生盐酸。用旋转圆盘仪（RDA）测定了反应速率，从 RDA 收集的样品中测量钙浓度，用来计算溶出速率，测试后的圆盘表面采用扫描电子显微镜能量色散光谱（SEM-EDS）进行分析。实验结果表明，37℃ 和 65℃ 的溶解速率主要受酸向表面传质速率的控制。通过将温度提高到 93℃，原位生成的盐酸的整体反应速率在 800r/min 以下主要受传质速率影响，在 800r/min 以上主要受表面反应速率影响。根据溶解速率结果，测定了新开发的原位生成盐酸在 37℃、65℃ 和 93℃ 下的扩散系数、活化能和反应速率常数，并与 15%（质量分数）的常规盐酸进行了比较。24℃ 下的酸液性质见表 2-20。

表 2-20 24℃下的酸液性质

酸液类型	密度 g/cm^3	黏度 mPa·s	H$^+$浓度 %（质量分数）	pH 值	初始 H$^+$浓度 mol/mL
15%（质量分数）盐酸+添加剂	1.082	1.30	18.76	0	0.00556
自生酸+添加剂	1.14	1.92	19.54	0	0.00611

当在 37℃ 下比较两种酸的反应速率时，可以观察到 15%（质量分数）盐酸的反应性几乎是自生酸的 2 倍（表 2-21）。

表 2-21 旋转圆盘实验中酸液的消耗速率对比

旋转圆盘转速，r/min	H⁺扩散速率，g/(mol·min)	
	自生盐酸	普通 15%（质量分数）盐酸
100		
200	0.0095	0.018
400	0.0132	—
600	0.0158	0.0338
800	0.0195	0.0417
1200	0.0221	0.0495

通过测量自生盐酸（酸 A）的扩散系数值，并与15%（质量分数）盐酸进行了比较。从图 2-54 所示的结果可以看出，在37℃下，15%（质量分数）盐酸的扩散系数大约是酸 A 在37℃下扩散系数的4倍，略高于酸 A 在65℃下的扩散系数。这些数据表明，酸 A 的反应速率比15%的普通盐酸慢得多。酸 A 的这种缓蚀作用使其在低进酸率时成为常规盐酸的良好替代品。

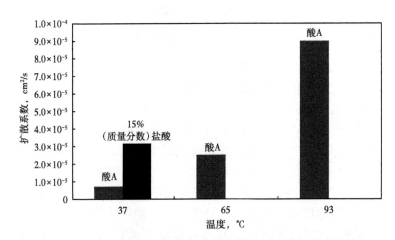

图 2-54　酸 A 和15%（质量分数）盐酸的扩散系数的测定比较

Sokhanvarian 等[176]测试了一种自生酸，适应于121℃和149℃高温条件。普通的15%（质量分数）盐酸在149℃对 Berea 岩心造成79%的伤害。新的自生酸体系在 Grey Berea 和 Bandera 砂岩岩心均取得了积极的增产效果（渗透率倍比为1.7~2.7），没有发现细粒运移或砂体解固结的迹象。在碳酸盐岩增产的情况下，如果使用15%的常规盐酸作为处理液，需要更多的酸才能实现突破。在新的酸性体系中，蚓孔发育效率更高。在碳酸盐岩酸化过程中，在149℃高温条件下，使用15%（质量分数）的常规盐酸观察到表面溶解。低碳钢（L80 和 C95）和铬管（Cr13）的腐蚀速率明显低于15%（质量分数）的普通盐酸。

表 2-22 列出了在整个实验中所使用的添加剂及其浓度。表 2-23 给出了原位生成盐酸的物理性能，并与15%（质量分数）的常规盐酸进行比较。常规盐酸为 ACS 级［36%~37%（质量分数）］。盐酸溶液由 ACS 级试剂 KCl 和去离子水（18.2MΩ·cm，25℃）制备。研究使用的岩心为露头灰色 Berea 砂岩、Bandera 砂岩、石灰岩和白云岩，均切割至长度6in 和直径1.5in。

表2-22 原位生成盐酸和15%(质量分数)常规盐酸的酸添加剂及其浓度

添加剂	浓度,%
缓蚀剂	6
缓蚀剂增强剂	40
防铁剂	8
非乳化剂	3

表2-23 在24℃下增产液的黏度和密度

酸液类型	盐酸当量浓度,%(质量分数)	pH值	密度,g/cm^3	黏度,mPa·s
自生盐酸	16.3	0	1.107	1.596
15%(质量分数)常规盐酸	15	0	1.073	1.220
5%(质量分数)KCl	—		1.049	0.910

通过一系列的实验证明,自生盐酸在不破坏黏土结构的情况下,成功地提高了Berea岩心和Bandera岩心的渗透率。并且自生盐酸可以解决15%(质量分数)的普通盐酸在149℃时的高腐蚀率,自生盐酸的腐蚀速率低于N80、J55、C95和Cr13的可接受极限。对于自生盐酸,在149℃时达到突破的最佳流速为2cm^3/min;与15%(质量分数)的常规盐酸相比,自生盐酸的反应速率较低,在121℃和149℃的石灰石和白云石处理中,酸渗透更深,相同体积的酸液,自生盐酸穿透的更深,自生酸的蚓孔形态为单一优势孔,而普通盐酸为圆锥形孔。

5. 酸与氟盐体系

盐酸与氟盐体系是由化学家霍尔(B. E. Hall)首次提出的[314],采用酸与氟盐先后泵入地层的方式来降低体系H$^+$浓度。后来BJ公司将盐酸换为有机酸,使得酸与氟盐体系的H$^+$浓度更低,与岩石的反应速率更慢,有效酸深入地层内部,从而实现深度酸化[177]。多氢酸是最新的酸与氟盐体系,由一种有机多元酸替代盐酸与氟盐进行氢化反应。该有机多元酸为中强酸,存在多级离解平衡,随着H$^+$的消耗,逐级离解释放H$^+$,能够让氢氟酸浓度一段时间里维持在较低值。酸与氟盐体系属于土酸体系,因而适用于砂岩地层。多氢酸的研究主要针对砂岩地层,针对碳酸盐岩地层的研究较少。在采用有机酸代替盐酸作为酸化工作液的研究中,Al-Douri等[178]对以有机磷酸为主的酸液溶蚀能力和表面反应动力学进行了探讨,为方解石地层提供了新的有机缓速酸种类。较好的含氟酸盐有六氟磷酸铵、六氟磷酸铯和氟磺酸铯等。

6. 酰氯

酰氯可以与水反应生成盐酸和有机酸。常见的酰氯有乙酰氯、苯甲酰氯、苯磺酰氯、间苯二甲酰氯[181]等。乙酰氯与水的反应速率快,苯甲酰氯和苯磺酰氯等大分子酰氯与水反应稍慢,但在高温下仍然快速水解出酸。酰氯的机理研究较少,大多认为酰氯水解也是通过羰基与水加成生成四面体构型的中间产物而进行的,如图2-55所示。

由于酰氯分子中氯原子上的孤电子对与羰基上的π电子的共轭程度小,因此,酰氯分子中的羰基最容易发生加成反应。

酰氯一般适用于低温地层，在高温地层由于水解生酸速率快，因此并不适用。

酰氯对眼睛、皮肤黏膜和呼吸道有强烈的刺激作用，受热或遇水分解放热，放出有毒的腐蚀性烟气，使用过程中可能存在安全问题。

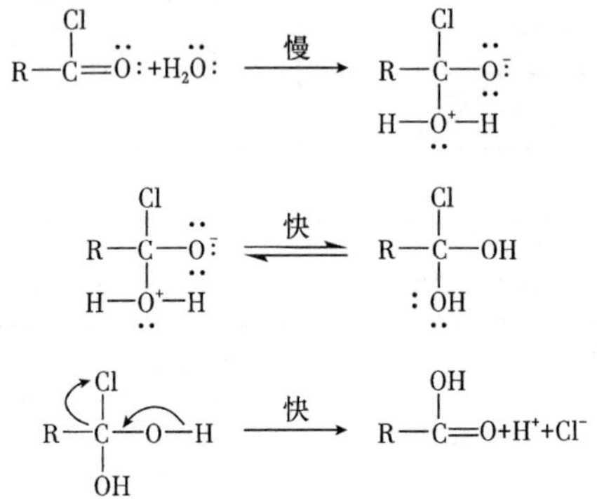

图 2-55　酰氯水解

7. 酸酐

常用的酸酐有乙酸酐、马来酸酐、邻苯二甲酸酐等。酸酐的水解速率比有机酯快，但比酰氯慢，不加酸或碱也能较快水解。例如，将乙酐滴入水中，它立即沉在水底，加热则水解成乙酸。酸酐水解的机理，如图 2-56 所示。

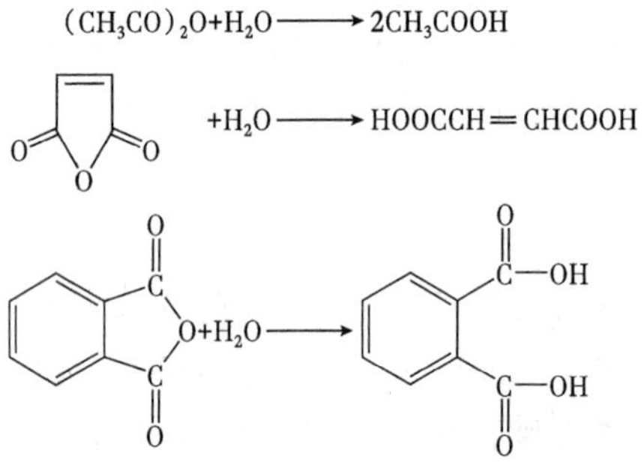

$$(CH_3CO)_2O + H_2O \longrightarrow 2CH_3COOH$$

图 2-56　酸酐水解机理

以酸酐作为自生酸母体的酸液适用范围目前还未见报道，但由于其水解温度比有机酯低，可能不适合高温地层，具体适用温度范围需实验验证。

8. 酰胺

酰胺不容易水解，N-烃基取代酰胺和 N,N-二烃基取代酰胺更难水解。许多酰胺可以用水作溶剂进行重结晶，一般要与碱或酸一起加热才能水解（图 2-57）。

图 2-57　酰胺水解

酰胺酸性水解机理如图 2-58 所示。

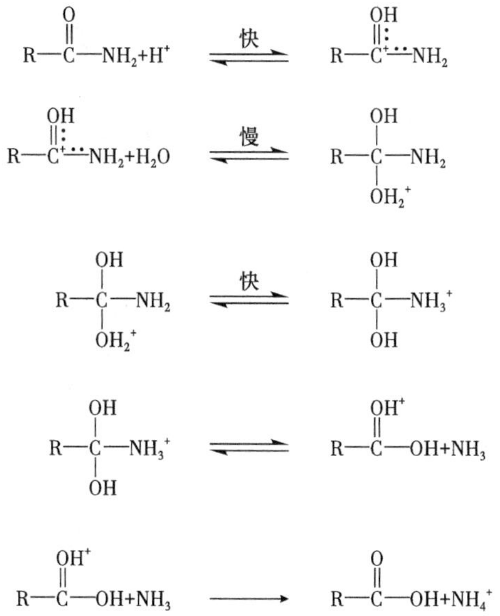

$$R-\overset{O}{\underset{\|}{C}}-NH_2+H^+ \underset{}{\overset{快}{\rightleftharpoons}} R-\overset{OH}{\underset{\|}{C}}\cdots NH_2$$

$$R-\overset{OH}{\underset{\|}{C}}\cdots NH_2+H_2O \underset{}{\overset{慢}{\rightleftharpoons}} R-\overset{OH}{\underset{OH_2^+}{\overset{|}{C}}}-NH_2$$

$$R-\overset{OH}{\underset{OH_2^+}{\overset{|}{C}}}-NH_2 \underset{}{\overset{快}{\rightleftharpoons}} R-\overset{OH}{\underset{OH}{\overset{|}{C}}}-NH_3^+$$

$$R-\overset{OH}{\underset{OH}{\overset{|}{C}}}-NH_3^+ \rightleftharpoons R-\overset{OH^+}{\underset{\|}{C}}-OH+NH_3$$

$$R-\overset{OH^+}{\underset{\|}{C}}-OH+NH_3 \longrightarrow R-\overset{O}{\underset{\|}{C}}-OH+NH_4^+$$

图 2-58 酰胺酸性水解

由于在酰胺分子的共振杂化体中，电荷分离的经典结构式贡献较大，羰基的活性低，—NH_2 的离去倾向又小，因此，酰胺水解速率比酯更小，且水解后的 NH_4^+ 与 OH^- 结合，并不适合于产酸与岩石反应，也未见用于酸化作业的报道。

9. 固体酸

酸化用固体酸主要有氨基磺酸和氯乙酸以及固体硝酸粉末等。固体酸呈粉状、粒状、球状或棒状，以悬浮液状态注入注水井以解除铁质、钙质污染。与盐酸比较，固体酸具有使用和运输方便、有效期长、不破坏地层孔隙结构、能酸化较深部地层等优点。氨基磺酸在 85℃ 下易水解，不宜用于高温。其酸化和水解反应如下：

$$FeS+2NH_2SO_3H \longrightarrow (NH_2SO_3)_2Fe+H_2S\uparrow$$

$$CaCO_3+2NH_2SO_3H \longrightarrow (NH_2SO_3)_2Ca+CO_2\uparrow+H_2O$$

$$NH_2SO_3H+2H_2O \longrightarrow NH_3\cdot H_2O+2H^++SO_4^{2-}$$

对于存在铁、钙质堵塞，又存在硅质堵塞的注水井，可以采用固体酸和氟化氢铵交替注入法以消除污染。氨基磺酸可以作为酸敏性大分子凝胶的破胶剂，具有延缓破胶的作用。

氯乙酸酸性比氨基磺酸强，且耐高温，使用时其浓度可达 36% 以上。浓度越高，酸岩反应速率越慢。其水解反应如下：

$$CH_2ClCOOH+H_2O \longrightarrow HCl\uparrow+CH_2OHCOOH$$

与氯乙酸特点相近的还有芳基磺酸，如苯磺酸、邻（间）甲苯磺酸、乙基苯磺酸及间苯二磺酸等。它们使用时其浓度大于 35%，甚至可达 50% 以上。

固体硝酸酸化工艺技术是乌克兰国立石油科学院研制成功的一种酸化工艺技术。通过化学反应将硝酸固化得到硝酸脲，其工业品为白色、淡黄色或黄色结晶粉末，易溶于水，含硝酸45%~48%，脲(尿素)50%~53%，水分1%~2%。将硝酸脲粉剂溶解于无水原油、柴油或凝析油中，配成浓度为500~1000kg/m³的溶液，注入地层后可产生浓度为5%~10%的硝酸。该项技术是国内近10年来发展起来的一项新工艺，能延缓酸岩反应速率，达到白云岩深部酸化的效果。

2007年，Still等[315]在专利中介绍了一种固体酸酸化工艺及在酸压裂(压裂酸化)中远离井筒裂缝端在原位产生酸的方法，该固体酸前体在被注入后溶解在水中以产生酸。固体酸前体可与固体酸反应物质混合，加速水解。

固体酸施工的难点在于如何将固体酸携带进入地层。有资料表明，采用偏酸性压裂液或黏稠性液体将地层压开，然后采用一定黏度的酸性携带液(成分未知)携带固体酸进入压开的裂缝，固体酸在泵后通过混砂车的加砂漏斗均匀加入，使其沿压开的裂缝进入地层深部。在固体酸加完后尾追一段低浓度的胶凝酸将固体酸挤入裂缝的最前沿，并提供固体酸溶解所需的水。中原油田和新疆油田采用固体硝酸分别进行了碳酸盐岩和砂岩的基质酸化。

固体酸适用温度一般在90℃以下，温度太高，释放速率过快，达不到缓速效果，故使用范围有所局限。

二、应用情况

国外对自生酸的研究较早，大多集中在20世纪80年代，且对于现场应用案例也鲜有公开报道，大多是一些发明专利[179, 312, 316-319]，近几年的研究就更少，因此对于自生酸在油田的应用主要参照国内应用情况。

1. 酯类

Nasr-El-Din[320]在2007年应用固体珠状形式存在的有机酯与水在低温下反应(水解)并产生一种有机酸。该有机酸与碳酸盐岩矿物发生反应，腐蚀裂缝表面。该系统在实验室中进行的测试取得了良好的效果。应用现场的井底温度为129℃，井底初始压力为5900psi，产生的气体包含2.8%(摩尔分数)的H_2S和2.4%(摩尔分数)的CO_2，目标区的孔隙度和平均渗透率分别为15%和11~15mD。处理的结果是成功的，因为大多数固体珠都成功地放置在裂缝中，但是对酸破裂处理的良好反应低于预期，主要是可能并非所有的固体珠都会在井下水解，以及水解固体珠所需的时间比裂缝闭合所需的时间长得多，这些都为后续现场施工提供了宝贵的经验。

2. 卤盐类自生酸

张怀香[321]对以卤盐为主要成分的LZR潜在酸进行了溶蚀能力、缓蚀性、缓速性以及耐温性的室内实验，结果表明，该潜在酸在具有强的溶蚀能力的同时也有好的缓速性能；对钢片的腐蚀速率低，在150℃下仍具有较低的溶蚀率。该潜在酸从1987年开始在胜利油田70~150℃砂岩地层中进行了较多的应用，油井酸化改造后增产效果明显：采油井共计28口，总增油量为79900t，每口井平均增加油量2853.5t。注水井酸化解堵后注入能力增强：注水井共计32口，总共增注395174m³，平均每口井增加注水量12349m³。

贾光亮等在塔河油田某井使用自生酸酸化工艺，挤入地层前置非交联压裂液356.5m³进行压裂造缝，自生酸270m³刻蚀裂缝，胶凝酸30m³。施工泵压最高78.4MPa，最大排量6.3m³/min，停泵压力3.4MPa，用酸量3.34m³/m，地层吸液强度0.07m³/(min·m)。在泵注自生酸过程中，施工压力在10min内由35MPa降至16MPa，有明显的沟通有效储集体显示，裂缝刻蚀效果明显。措施后采用 6mm 油嘴控制放喷排液，初期日产油 54t，日产水 $8.6m^3$，改造效果明显。

三、小结

自生酸在地面无明显的强酸特征，在地层混合后在温度或诱导剂的催化作用下缓慢反应，生成氢离子体系。

1. 自生酸的种类及其适应性

自生酸的种类及其适应性见表 2-24。

表 2-24 自生酸种类及适应性

类型	代表成分	适用条件
有机酯类	甲酸甲酯	适用于 54~82℃ 的井底温度，砂岩、碳酸盐岩储层均可
卤盐	铵盐	适用于 70~150℃ 的井底温度，砂岩、碳酸盐岩储层均可
	氯化铝	适用于 90℃ 以下的井底温度，适用于砂岩储层
含氟盐类	氟化铵、氟硼酸铵	适用于 70℃ 左右的井底温度，适用于砂岩储层
多氢酸	磷酸酯类化合物、氟盐	适用于 60~80℃ 的井底温度，适用于砂岩储层
卤代烃	四氯化碳、氯仿、四氯乙烷等	适用于 121~371℃ 的井底温度，砂岩、碳酸盐岩储层均可
酰卤	乙酰氯	适用于 60℃ 以下的井底温度，适用于碳酸盐岩储层
复合酸	无机酸、有机酸和潜在酸的混合物	适用于 50~80℃ 的井底温度，适用于砂岩储层
	28%（A+B）+18%氯乙酸盐	适用于 150℃ 以下的井底温度，适用于碳酸盐岩储层

从表 2-24 中可以看出，很大一部分的自生酸不适用于高温条件，只有一些卤盐类、卤代烃类以及复合盐类中少部分可以应用于高温储层。

2. 自生酸岩反应动力学参数

表 2-25 显示了自生酸与胶凝酸的反应动力学参数，该自生酸为高聚合度羧基化合物和盐类发生反应逐渐生成的酸液体系，两者的酸岩反应动力学参数中的数量级几乎是一致的。

表 2-25 自生酸与胶凝酸岩反应动力学方程[322]

反应动力学参数及方程	自生酸（100℃）	胶凝酸（90℃）
反应级数	1.0013	1.5072
反应速率常数	8.5704×10^{-7}	9.3539×10^{-7}
反应动力学方程	$J = 8.5704 \times 10^{-7} C^{1.0013}$	$J = 9.3539 \times 10^{-7} C^{1.5072}$

3. 自生酸反应速率

自生酸是缓速酸的一种，大多数用于高温深井缓速酸化，因此对于自生酸的酸化速率以及高温条件下的腐蚀速率要求都比较高。从图 2-59 中可以看到，不论是在中高温 95℃ 还是高温 150℃ 条件下，自生酸对岩石的溶解速率均远远小于前三种酸，并且在温度大幅升高的情况下，反应速率也并没有增加太多，最大的反应速率不及胶凝酸在低温下的反应速率。

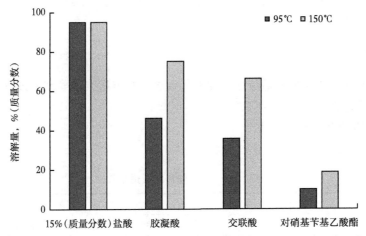

图 2-59 在95℃和150℃下反应60min的不同酸溶液溶解的碳酸盐岩量[170]

对于岩石反应较慢,起到了高温条件下的缓速效果,而高温条件下的腐蚀情况也是自生酸非常重要的一个方面,据悉,美国每年的钢材腐蚀都会损失上千亿美元。由表 2-26 可以看到,自生酸对钢材的腐蚀速率与醋酸相当,因此腐蚀情况小,符合高温条件下的使用要求。

表 2-26 N80钢板在150℃下不同酸的动态腐蚀速率[170]

酸液	温度 ℃	反应时间 h	表面积 mm²	腐蚀前质量 g	腐蚀后质量 g	腐蚀速率 g/(m²·h)
自生酸	150	4	13.654	10.918	10.902	3.075
胶凝酸	150	4	15.190	6.3128	4.9804	219.30
醋酸	150	4	13.390	10.687	10.673	2.483

尽管自生酸从文献来看还有不错的效果,但是现场应用相较于常规盐酸等常规酸液体系来说,应用还比较少,并且自生酸也有一些缺陷,例如某些自生有机酸,浓度不能太高,因为会产生对应的钙盐沉淀物,这样就达不到很好的酸化效果。这就需要更多的学者相继研究,在各个方面取得突破才会让此技术在油田焕发新春。

第六节 加重酸/加重剂

目前,国内外很多油气井属于超深层(4500~5500m)、高温(120~150℃)、高压(70~90MPa)、致密砂岩气藏,储集岩致密,具有高破裂压力、高裂缝延伸压力、高闭合压力强塑性特征,具有弱—中等偏弱速敏、无—弱水敏、弱—中等偏弱盐敏、弱—中等碱敏、中等应力敏、严重水锁特征。酸化作业时,酸化管柱长,沿程摩阻大,泵注方式选择余地小,排量受限,储层致密,吸液能力低,特别是气层异常高压导致施工泵压高,酸化规模受控,不仅增加了作业安全风险,加大了对施工设备和管柱的伤害,而且影响了投产增产效果。

加重酸酸化技术通过提高酸液密度,增加井筒液柱压力,降低井口施工泵压,同时通过酸液对近井地带钻完井污染物的溶蚀作用实现酸化解堵,恢复近井地带的孔渗性,进一步降低井口施工压力,从而达到解决深井、超深井异常高破裂压力储层利用目前的技术与装备施工无法进行储层酸化增产措施作业面临的难题。

在完井或后续修井过程中,酸通常用于处理油井和消除地层伤害。有时,根据工程要求,为了防止气侵、地层流体过分混合与密度分离,或为了保持静水压力等,需要提高酸液密度,即采用高密度加重酸[324]。加重酸一般由酸液与卤化盐类或者浓缩的卤化水混合制得,具有优良的缓蚀性能、降阻性能、流变性能、溶蚀性能、稳定性及配伍性。盐或盐水的选择主要基于加重酸的所需特性和成本效益。

利用高密度酸液加重酸化的技术思路,通过提高酸化工作液密度,增加井筒液柱压力,降低井口施工泵压和提高施工排量,保证酸化效果,解决深井超深井、异常高压、异常高地应力及致密储层在酸化投产增产施工作业时井口施工设备长时间承压高,甚至利用目前的技术与装备无法进行酸化作业的难题。

一、卤盐加重剂

当前,国内外主要应用的卤盐加重剂有氯化钠、氯化钙、溴化钠、溴化钙或溴化锌和溴化钙的组合等。

针对高温高压深层(150℃,110MPa,6000m)白云岩储层无法进行酸压处理的特殊情况,为有效降低表面处理压力,Cheng 等[325]开发了一种新型高密度酸体系,其密度在 1.25~1.55g/cm³ 范围内可调,根据不同的密度需求选择加重剂,主要配比见表2-27。

表 2-27 不饱和溶液的密度 (25℃)

类型	26%氯化钾	26%氯化钠	33%溴化钠	27.5%氯化钙	40%溴化钠	45%溴化钠	21%溴化钠+15%氯化钠	44%溴化钠+4%氯化钠
密度, g/cm³	1.17	1.19	1.32	1.26	1.41	1.48	1.34	1.514

实验显示常规酸和加重酸的溶解能力几乎相等,但是当氯化钙为加重剂时严重增加了酸腐蚀,只能在短期处理(小于2h)的条件下使用。但缓蚀剂能有效控制溴化物加重的高密度酸的腐蚀,溴化钠加重酸的腐蚀量与常规盐酸几乎相同,因此该体系完全可以在现场长期使用(表2-28)。该加重酸体系现场应用取得了很好的效果。

表 2-28 加重酸缓蚀性能 (130℃)

种类	腐蚀速率, g/(m²·h)			
	1h	2h	3h	4h
15%常规盐酸	—	—	—	13.5
氯化钙加重	4.45	8.97	37.5	364.1
20%常规盐酸	—	—	—	21.2
溴化钠加重	—	4.65	—	25.9

为了更好地了解加重酸的腐蚀性,Ke[323]进行了缓蚀评价实验,结果显示,用缓蚀剂 A 处理的普通酸在 N80 和 Cr13 上都产生了可接受的腐蚀速率(表2-29)。然而,含有缓蚀剂 A 的加重酸产生的腐蚀速率远远超过了 0.050 lb/(ft²·h) 的工业可接受水平。将缓蚀剂 A 的浓度提高100%或使用缓蚀剂 B 可以改善抑制作用,但不能对两种金属提供足够的保

护。此外，所有的 N80 和 Cr13 试样都显示出不可接受的点蚀，对于酸处理而言，不小于 2 的点蚀等级被认为是不可接受的，且溴化锌/溴化钙（$ZnBr_2/CaBr_2$）的存在会对缓蚀剂 A 和缓蚀剂 B 的性能产生不利影响，从而导致加重酸的腐蚀性显著增加。通过应用缓蚀剂和缓蚀增效剂的组合，两种金属的腐蚀都可以得到有效控制，能有效抑制 $ZnBr_2/CaBr_2$ 盐水加重的酸腐蚀。

表 2-29 在 14.5 lb/gal $ZnBr_2/CaBr_2$ 加重酸下的腐蚀速率（93.3℃，6h）

7.5%盐酸	材料	腐蚀速率，lb/($ft^2 \cdot h$)	点蚀
常规酸 2+缓蚀剂 A	N80	0.014	0
常规酸 2+缓蚀剂 A	Cr13	0.023	0
加重酸 2+缓蚀剂 A	N80	0.216	>2
加重酸 2+缓蚀剂 A	Cr13	0.337	>2
加重酸 4+缓蚀剂 A	N80	0.147	>2
加重酸 4+缓蚀剂 A	Cr13	0.271	>2
常规酸 4+缓蚀剂 B	N80	0.007	0
常规酸 2+缓蚀剂 B	Cr13	0.020	0
加重酸 4+缓蚀剂 B	N80	0.146	>2
加重酸 4+缓蚀剂 B	Cr13	0.288	>2
加重酸+缓蚀剂组合	N80	0.025	0~1
加重酸+缓蚀剂组合	Cr13	0.017	0

但是在含硫地层中，长期使用溴化锌高密度盐水会导致硫化锌结垢[326]，从而导致地层伤害和产量下降，故在具体施工前应根据工况添加适当的除垢剂[327-328]。Sierra 等曾在温度低于 149℃的海上环境中使用过硼酸盐型胶凝和交联流体进行酸压增产[329]。Steel 等[330]研制了在 177℃以上使用的高密度酸压体系，其中用溴化钠调节密度，该体系在实际生产使用中取得了很好的效果。Chesser 等[331]提出，加重材料（如氯化钠）不仅可用于增加流体重量，还可作为大部分架桥剂。使用酸溶性增重剂时，使用桥接概念来最小化颗粒侵入似乎是可行的。Morgenthaler[332]对卤盐加重剂进行了室内岩心流动实验，评估其对地层的伤害潜力，结果表明，在 13.4~19.2 lb/gal 范围内，由氯化钙、溴化钙和溴化锌配制的溶液不会对地层造成伤害，但使用高浓度（大于 14.2 lb/gal）含溴化钙和（或）氯化钙的卤水会对地层造成伤害，这主要是由酸溶性钙盐沉淀引起的。故在密度大于 14.2 lb/gal 的盐水中应至少含有 8%的溴化锌，以降低酸碱度并防止沉淀。在实验中观察到氯化钙的存在加速了岩石的溶解速率，是不含氯化钙盐的空白溶液的 2.7 倍[333]，溴化物盐水通常被认为对金属无害，前提是添加剂适合油井（缓冲、腐蚀抑制和除氧）。专利 US3918524A[334]提供了一种对地下井地层酸化的改进方法，通过控制所使用的预冲洗流体和处理流体的密度，以防止储层裂缝内处理流体的分离和偏析。由于水溶液与地层的相容性及易于处理，在预冲洗液中加入卤盐加重剂，使水性预冲洗液成为室温下相对密度为 1.0~1.4 的溶液，根据该发明使用的最优选的预冲洗流体是氯化钠水溶液、氯化钙水溶液和氯化钾水溶液。专利 US5297628A[335]提到使用不同密度的酸同时进行基质酸化。专利 US5327973A[336]提供了可变密度酸化的方法，该发明中指出，非反应性流体或低密度间隔物包括在水溶液中的碱金属或碱土金属的盐及其混合物，可以使用氯化钠、氯化钾、氯化钙和氯化锌，同时也可以

使用这些盐的溴化物,使在室温条件下酸阶段的相对密度可以在1.05~1.10的范围内。专利US4883124A[337]提供了在碳酸盐岩地层中提高水平井眼中烃产量的方法,使用卤盐加重可使酸液获得较高的密度(表2-30)。

表2-30 加重剂密度配方

加重剂	质量分数,%	相对密度(20℃)	密度(20℃),lb/gal
氯化钠	8	1.0590	8.82
氯化钠	12	1.0894	9.07
氯化钠	26	1.2025	10.02
氯化钾	8	1.0500	8.75
氯化钾	12	1.0768	8.97
氯化钾	24	1.1623	9.68
氯化钙	8	1.0659	8.88
氯化钙	12	1.1015	9.18
氯化钙	20	1.3957	11.63
氯化锌	8	1.0715	8.93
氯化锌	12	1.1085	9.23
氯化锌	70	1.9620	16.34

张福祥等[338]提供了一种加重酸配方,加重酸液密度能够达到1.25~1.55g/cm³,重酸液通过卤盐加重,其组成及其体积比为:31%的工业盐酸60~125;无机盐饱和溶液30~65;酸液稠化剂0.6~1.6;酸液缓蚀剂3~5;破乳剂1~2;铁离子稳定剂1~2;助排剂1~2。加重酸液可以降低井口施工压力,使用现有设备实现深井、超深井、异常高压井、异常高地应力井、致密储层井酸压裂储层改造。

徐进等[339]介绍了一种适用于160℃高温条件下的加重酸液,所述加重酸液的原料配比按以下质量份计:盐酸3~20份,氢氟酸0~3份,缓蚀剂2~4份,缓蚀增效剂1~3份,铁离子稳定剂1~3份,加重剂7.2~70.7份。所述加重酸液的密度为1.5~2.2g/cm³。160℃条件下腐蚀速率小于30g/(m²·h),在室温条件下放置8天不分层、不沉淀,放置稳定性好,便于现场放置和使用。它解决了加重酸液在高温条件下腐蚀性强的问题,提高了加重酸的密度和加重能力,可以有效解决高温深井、超深井异常高破裂压力储层的试破及改造等难题。

二、其他加重剂

其他加重剂主要有甲酸钾、甲酸钠、甲酸铯和柠檬酸钠等有机盐加重剂,或是有机盐和无机盐的混合物。

在高温高压凝析气井中,需要使用高密度盐水,以确保钻井和完井阶段的安全作业,甲酸铯盐水是用于该应用的最新高密度盐水,声称它既环保又无腐蚀性[340]。相比于卤盐的腐蚀性,S13Cr钢在氯化钙和氯化钙+氯化钙溶液中发生应力腐蚀开裂失效,而甲酸铯盐水虽然对S13Cr钢的腐蚀速率略高于预期,但是在其他低合金钢上观察到相对较低的腐蚀速率。此外,应力腐蚀开裂和局部腐蚀的敏感性可以忽略不计。从腐蚀性较强的卤水到腐蚀性较弱的卤水,可以得出一个总的腐蚀性等级,见表2-31。

表 2-31 卤水腐蚀性等级

卤水配方	卤水腐蚀性等级排序
$CaCl_2$（1.35 SG）+OS+CO_2+H_2S	1
$CaBr_2/CaCl_2$（1.76 SG）+OS	2
$CaBr_2/CaCl_2$+OS（1.76 SG）+CO_2+H_2S	3
$CaCl_2$（1.35 SG）+OS	4
$ZnBr_2/CaBr_2/CaCl_2$（2.0 SG）+OS+CI_2+CO_2+H_2S	5
$CaBr_2/CaCl_2$（1.76 SG）+OS+CI_1+CO_2+H_2S	6
$CaCl_2$（1.35 SG）+OS+CI_1+CO_2+H_2S	7
HCOOCs（1.95 SG）	8

注：SG 为相对密度。

高温高压石油和天然气开发通常要求完井液采用高密度的清洁盐水，用于井施工的最后阶段[341]。甲酸盐和溴化物盐水是常用的两种，然而，高密度完井盐水会造成腐蚀和开裂威胁，特别是在高压/高温条件下，会造成酸碱度降低或盐水降解。如果完井设计允许盐水长时间滞留在完井中，特别是如果盐水被地层处理化学品和地层流体进一步污染，那么后一种威胁可能是有问题的。进行了实验室测试，以探索这种威胁对两种候选完井盐水的可信度。在目前的工作中，缓冲混合甲酸盐和专有溴化物盐水在 4MPa 的 CO_2 和 140℃ 条件下进行试验是可行的。

三、性能指标

国外主要分析研究了酸液浓度、钢片类型、缓蚀剂等对加重酸腐蚀性能的影响[323]，研制出加重能力和耐温能力较好的两种加重酸液：密度为 1.74g/cm³ 的加重酸只能在 93℃ 以下进行短时间（约 50min）施工；密度为 1.29g/cm³ 的加重酸可以在 110℃ 内进行短时间（约 40min）施工（表 2-32）。

表 2-32 国外两类主要加重酸腐蚀性能指标

酸液浓度 %	加重后密度 g/cm³	温度 ℃	N80 钢片腐蚀速率 g/(m²·h)	Cr13 钢片腐蚀速率 g/(m²·h)
7.5	1.74	93	122	83
15	1.29	110	48.8	161.1

国内对加重酸没有明确的性能指标，西南油气田在川高 561 井上三叠统须家河组二段（T_3x_2）4921~4943.9m 砂岩气藏进行加重酸化试破作业，主要性能评价结果见表 2-33。

表 2-33 国内加重酸液主要性能评价结果

酸液配方	酸液浓度 %	加重剂	密度 g/cm³	腐蚀速率（130℃），g/(m²·h)				溶蚀率 %
				1h	2h	3h	4h	
配方 1	20	氯化钙	1.3	4.45	8.97	37.5	364	71.5
配方 2	20	溴化钠	1.4	—	4.65	—	25.9	95.5
配方 3	20	溴化钠	1.4	2.32	4.32	13.37	24.3	5.12

加重酸的最大密度是盐或高密度盐水在特定温度下可以加重酸的最高密度。这是由实验决定的。在最大密度下，加重酸可能接近饱和极限，当流体温度降至结晶温度以下时，有可能重新沉淀盐。盐沉淀会造成重大问题，如地面管线和泵会被多余的固体堵塞[342]，随着盐的沉淀，加重酸的密度下降，产生潜在的井压控制或密度相关问题。因此，还应考虑加重酸的真实结晶温度。为了设计一个兼容的加重酸系统，建议使用盐/盐水，它可以达到所需的密度，而且远低于饱和点或最大密度。系统越接近饱和，固体与酸反应后再沉淀的机会越大。当加重酸达到最大密度饱和极限时，酸在任何浓度下都不能再与盐或盐水相容。例如，当28%的浓盐酸与10.0lb/gal 氯化钠以 5:95 的体积比混合，氯化钠将沉淀。因此，在设计加重酸时，还应考虑盐沉淀。为确保其兼容性，加重酸的密度应始终低于其最大密度。各种盐类加重盐酸的最大密度见表2-34。

表 2-34　各种盐类加重盐酸的最大密度 (35.21%盐酸)

10.0lb/gal 氯化钠		11.6lb/gal 氯化钙		12.5lb/gal 溴化钠		14.2lb/gal 溴化钙		19.2lb/gal 溴化锌/溴化钙	
盐酸 %	密度 lb/gal	盐酸 %	密度 lb/gal	盐酸 %	密度 lb/gal	盐酸 %	密度 lb/gal	盐酸 %	密度 lb/gal
3	9.8	3	11.47	3	12.30	3	13.88	3	18.51
5	9.7	5	11.38	5	11.91	5	13.66	5	18.04
7.5	9.6	7.5	11.27	7.5	11.21	7.5	13.38	7.5	17.45
10	9.5	10	11.15	10	10.6	10	13.09	10	16.82
15	9.35	15	10.91	15	9.83	15	12.49	15	15.54
20	9.3	20	10.66	20	9.5	20	11.88	20	14.23

盐水可能会影响聚合物链形态，进而影响摩擦降低能力，良好的流变性是胶凝酸控制漏失和酸/岩快速反应的关键。用 RV-30 黏度计测试了高密度酸的流变性能，结果表明，高密度酸的耐温性和抗剪切性良好（表2-35）。

表 2-35　高密度酸的流变特性

温度,℃	30	90	130
黏度, mPa·s	29.3	21.4	10.2
流变特性	$K=0.4629$ mPa·s^n $n=0.4335$	$K=0.2215$ mPa·s^n $n=0.6309$	$K=0.1213$ mPa·s^n $n=0.7516$

注：K 为稠度系数，n 为流变指数。

对于常规酸，溶解能力为100%，当盐酸用氯化钠、溴化钠和溴化钾盐水加重时，它们在最大密度下的溶解能力略有降低，在所有酸强度测试中，溶解能力为95.0%~99.3%。由于溶解能力降低，加重酸的溶解能力一般不如普通酸。表2-36给出了加重盐酸的最大溶解能力数据。

表 2-36　加重盐酸的最大溶解能力

种类	溶解度，%					
	3%盐酸	5%盐酸	7.5%盐酸	10%盐酸	15%盐酸	20%盐酸
氯化钠	99.3	97	98.8	96.7	98	96.9
氯化钙	95.4	95.3	97	95	96	95.2
溴化钠	95.8	95	98.4	96.5	97	96.9
溴化钙	98.8	95.9	97	95.3	96.9	96.5
溴化锌/溴化钙	70.8	80.7	88.3	89.1	92.4	94.7

四、应用情况

塔里木油田和西南油气田都研制出密度达 1.4g/cm³ 的加重酸，塔里木油田在柯深 101 井、柯深 102 井和羊屋 2 井等 6 口碳酸盐岩储层井进行加重酸化（配方 1、配方 2）作业，其中 4 口井获高产油气。

在塔里木油田的初步现场试验[325]证明了 KKY 油田酸化的有效性。基于高密度酸的性能测试，用加重酸重新酸化柯深 101 井，以最大化油井产量。目标层段为 6354~6363m/6380~6389m，以 1.56m³/min 的泵送速度向地层中泵送 186m³ 的加重胶凝酸，而 1.335g/cm³ 酸的泵送压力可达 100.1MPa。高浓度酸是处理的关键，如果没有使用高密度酸，处理不能完全进行。酸化后，使用 6mm 节流器，油管压力 73.5MPa，获得 94.78t/d 凝析油和 22.4×10⁴m³/d 天然气，油气产能指数分别提高 20 倍和 10 倍，生产可长期持续。基于 101 井的成功，高密度酸被用于新完井的 KS102 井，借助高密度酸，实现了酸压，有效消除了深部伤害，均取得了显著的增产效果。

在川西坳陷中段高庙子构造须二段气藏的一口探井 CG561 井中，须二段气层 4921~4943.9m 射孔测试获 1.4241×10⁴m³/d 产能，后两度在限压 92MPa 用 0.4%GRJ-2%KCl+0.5%WD-5+0.5%WD-12 配方工作液试破未果，为了有效降低井口施工压力，强化增产效果，采用 20m³、1.40g/m³ 高密度酸液加重酸化，增产至 2.7581×10⁴m³/d 的 CG561 井的酸化后压力恢复试井测试结果证实增产 94%，达到安全、优质、快捷的增产效果[343]。

针对四川元坝地区储层埋深大、温度高、破裂压力高等特点，中国石化西南石油局[344]开展了加重酸液类型、主体酸浓度和加重剂、缓蚀剂等添加剂的实验优选及配方优化，获得了适合元坝地区深井/超深井高温、高破裂压力储层酸压改造的低腐蚀性加重酸液体系。优选获得的加重酸液密度达 1.8g/cm³ 以上，在 160℃ 高温条件下，其动态腐蚀速率小于 30g/(m²·h)，放置稳定性好（室温放置 8 天不分层、不沉淀）、溶蚀能力好，属典型低腐蚀性加重酸液体系。元坝 YB2-x 井须二段 4600~4640m 储层，此前采用 1.98g/cm³ 钻井液两次试挤，井底压力梯度超过 3.71MPa/100m，地层仍无破裂迹象，随后采用 40m³ 1.85g/cm³ 低腐蚀性加重酸进行试破，施工排量由 1.0m³/min 升至 2.4m³/min，地层具有明显压裂显示。采用加重酸化技术，对深井超高破裂压力储层进行预处理，取得较好的增产效果[345]。

五、小结

加重酸化是针对深井、超深井高破裂压力储层酸化压裂改造的降低地层破裂压力的预处理技术，具有操作简单、安全和对高破裂压力储层预处理能力强等优点，可有效解决深井、超深井异常高破裂压力储层增产改造中面临的难题。但是在处理高温井时，加重酸相对于普通酸的风险更高，所使用的盐/盐水类型会显著影响加重酸的腐蚀性。加重酸腐蚀实验显示，加重酸腐蚀性较高，因此，在设计加重酸化处理时，需进行实验室酸腐蚀测试，以确认缓蚀剂或缓蚀剂组合的有效性。出于经济考虑，加重酸通常使用的加重剂是溴化锌、溴化钙、氯化钙盐水，对于密度较大的含溴化钙或氯化钙的加重酸（大于14.2lb/gal）会对地层造成伤害，这主要是由酸溶性钙盐沉淀引起的。但是，对于含硫地层，长期使用溴化锌高密度盐水会导致硫化锌结垢，需要使用除垢剂。

第七节　缓　蚀　剂

美国材料与试验学会（ASTM）定义缓蚀剂为"以适当浓度和形式存在于环境（介质）中时，可以防止或减缓材料腐蚀的化学物质或复合物"，又可称为腐蚀抑制剂。缓蚀剂的范围极广，从定义可以看出，凡是加入少量能降低介质的腐蚀性或防止、减缓金属的腐蚀速率，同时还能维持金属的物理机械性能不发生改变的物质都属于这一范畴。缓蚀剂的投加量一般为千万分之几至千分之几，特殊环境下使用量会达到百分之几。

缓蚀剂用量少、性价比高、效果良好等特点，使它具有实用价值，广泛应用于防腐蚀技术。在化学清洗、工业用水、大气环境等产业中，尤其是石油的开采及加工，缓蚀剂越来越成为无法替代的防腐手段。

缓蚀剂的应用领域广泛，种类繁多，缓蚀机理复杂，所以到目前为止，没有制定统一的分类标准，根据化学成分、使用环境、成膜情况以及对电极的抑制特点等几个方面均可以对缓蚀剂进行分类[346]。根据缓蚀剂的化学组成对缓蚀剂进行分类，缓蚀剂分子中都含有活性基团或活性原子，由于这些活性原子或活性基团发挥的作用不一样，可将缓蚀剂分为无机缓蚀剂和有机缓蚀剂两大类。

一、无机缓蚀剂

无机缓蚀剂的种类相对于有机缓蚀剂少，而且要求比较高的浓度才能有效工作，无机盐类缓蚀剂的作用机理主要是依靠缓蚀剂分子与金属表面产生相互作用，在金属表面生成钝化膜或生成紧密的氧化膜，从而抑制金属腐蚀。无机缓蚀剂主要包括砷酸盐、硝酸盐、亚硝酸盐、铬酸盐、磷酸盐、重铬酸盐、钼酸盐、钨酸盐、多磷酸盐、硅酸盐等。

1932年，Smith等[347]利用砷酸缓蚀剂作为辅助添加剂进行油井酸化，并得到广泛认可，随后，大多数使用的缓蚀剂是无机盐或酸，如砷酸盐或砷酸。1960年以前，由于砷抑制剂的不溶性（酸浓度太高不易溶），选择了15%的标准酸浓度，它不会提供高温酸腐蚀抑制作用，但砷化合物在酸性条件下会产生有毒的砷化氢气体，过去有许多人因砷中毒而死亡，故砷化合物作为缓蚀剂在20世纪70年代中期，被有机分子逐渐取代。

铬酸盐由于对黑色金属突出的缓蚀效果而曾被广泛采用，铬酸盐与重铬酸盐（主要指钠盐、钾盐）是典型的氧化被膜（或称钝化被膜）型的阳极型缓蚀剂。它们可在金属表面形成 3~5nm 厚的三氧化二铁和三氧化二铬的氧化薄膜，抑制阳极反应的进行，效果比较好。但是随着对环境保护的要求越来越高，而使铬酸盐（Cr^{6+} 的排放标准为 0.05mg/L）等的应用受到限制，甚至在密闭系统也很少应用，而且铬酸盐还存在毒性，现已被逐渐取代。

磷酸盐类缓蚀剂主要是指聚磷酸盐（如三聚磷酸钠、六偏磷酸钠等），聚磷酸盐是传统磷系配方的主剂，其主要作用是通过电沉积在阴极上形成保护膜，它同时具有缓蚀和阻垢作用。聚磷酸盐的另一个特点是它的磷氧键可水解生成正磷酸根离子，正磷酸根离子又是一种阳极缓蚀剂。但必须注意的是，当正磷酸根离子量不足时，易产生局部腐蚀。还有更大的危害是钙离子与水解产生的正磷酸根离子易生成致密的磷酸钙沉淀，造成结垢。

钼酸盐类缓蚀剂常用的主要成分是钼酸钠，与铬酸盐相似，也是一种阳极型或钝化被膜型缓蚀剂，能在碳钢表面形成具有保护作用的铁—氧化铁—钼氧化物的络合钝化被膜。若单独使用，添加量要非常大才有较好的缓蚀效果，这是其一大缺点。当与有机磷酸盐、锌盐等复合使用时，不仅可以减少用量，而且大大提高了缓蚀效果，对抑制钢、铝的腐蚀也表现出了良好的缓蚀增效作用。我国钼资源丰富，钼盐毒性极低，适应性较强，是一种有一定发展前途的缓蚀剂。

硅酸盐作为缓蚀剂的种类很多，故硅酸盐是一种沉淀膜型缓蚀剂，对有色金属缓蚀作用更有效，但硅酸盐的缓蚀作用机理比较复杂，一种说法认为是带负电荷的胶体 SiO_2 和带正电荷的含水金属氧化物中和而引起凝聚和吸附，即硅酸盐与腐蚀产物形成一种吸附性混合物保护薄膜；另一种说法认为是带负电荷的 SiO_3^{2-} 和溶解的 Fe^{3+} 或金属腐蚀产物发生化学反应而生成保护薄腔，起到缓蚀作用。电化学试验结果表明，硅酸盐缓蚀剂是既能阻滞阳极过程，又能阻滞阴极过程的混合型缓蚀剂。硅酸盐缓蚀剂具有无毒性、易得、价格低廉、易于操作、无环境污染等优点。

稀土元素是指化学元素周期表中的 15 个镧（La）系元素以及性质与其相近的钪（Sc）和钇（Y）。20 世纪 80 年代中期，首次发现在氯化钠溶液中添加极低浓度含元素铈（Ce）的氯化物（$CeCl_3$）就可以大大降低浸泡的铝合金的腐蚀速率，这使人们意识到稀土作为缓蚀剂的可能性。1998 年，Bethencourt 从镧系化合物对合金的缓蚀作用、缓蚀机理、合金表面镧系化合物转化涂层等方面做了详尽的评述后认为，镧系化合物满足作为环境友好缓蚀剂的基本要求——低毒性和可接受的缓蚀能力，但是现阶段，对稀土缓蚀剂的缓蚀机理研究相对滞后，对许多问题尚存争议。稀土缓蚀剂目前存在的问题主要是成本较高，应用工艺复杂，处理时间长，距实际工程化应用有一定差距，但稀土元素无毒，对环境友好。

无机缓蚀剂在应用中被证明是有效的，而今有的仍被广泛应用，但是无机缓蚀剂的应用有很多缺点（表 2-37）。例如，无机缓蚀剂的用量一般较大，这就增加了应用的成本。多数无机缓蚀剂对环境不友好，其应用从而受到制约。目前，无机缓蚀剂的使用多数是与有机缓蚀剂复配，不但大大减少了其用量，而且由于两者之间的协同效应也提高了其缓蚀效果。

表 2-37 无机缓蚀剂优缺点

类型	代表类	优点	缺点
砷类	砷酸		产生的砷化氢有毒，应用条件苛刻
铬酸盐类	铬酸钾、铬酸钠	强氧化剂，缓蚀效果显著	有毒，影响环境

续表

类型	代表类	优点	缺点
磷酸盐类	三聚磷酸钠、六偏磷酸钠	具有缓蚀和阻垢作用	用量不足会局部腐蚀，Ca^{2+}多时易结垢
硅酸盐类	硅酸钠	易得，价格低廉，易于操作，无环境污染	用量较大
钼酸盐类	钼酸钠	钼资源丰富，钼盐毒性极低，适应性较强	用量较大
稀土类	氯化铈（$CeCl_3$）	无毒，对环境友好	成本较高，应用工艺复杂

二、有机缓蚀剂

缓蚀剂中极性原子含有孤电子对或极性的官能团，可与金属发生相互作用，吸附在金属表面，抑制了金属的腐蚀。这类缓蚀剂可能包含O、S、N、P等极性原子或含有共轭的极性基团，在金属表面相互作用，络合成键，紧紧地附着在金属表面，减缓腐蚀程度，通常把此类缓蚀剂称为有机缓蚀剂。有机缓蚀剂涉及的范围很广，常见的有机缓蚀剂包含醛类、胺类、羧酸、杂环化合物等有机物质，近年来松香类、咪唑啉类、曼尼希(Mannich)碱及其改性的季铵盐研究和应用发展很快。

从化学的角度来看，可以将有机缓蚀剂大致分为4类：(1)酰胺和咪唑啉类；(2)酮醛胺缩合物；(3)含氮化合物；(4)炔醇类。

1. 酰胺和咪唑啉类

咪唑啉类缓蚀剂因其制备过程简单，材料简单易得、环保，具有绿色、低毒、高效等优点，在石油天然气领域得以大量使用。咪唑啉又可以称作间二氮杂环戊烯，包括4,5-二氢咪唑、2,5-二氢咪唑与2,3-二氢咪唑三种异构体，为白色乳状液体或针状固体，性质较不稳定，在有水或室温条件下即会转化为酰胺。

咪唑啉及咪唑啉类缓蚀剂的分子结构如图2-60所示，咪唑啉类缓蚀剂是在咪唑啉结构基础上连接不同碳链长度的烷基疏水支链和亲水支链而形成的一类有机化合物，这类分子包括含氮五元环、含有活性基团的侧链R_1、碳氢长链R_2。侧链R_1为亲水支链，一般带有N、O、S等杂原子，能够在金属表面吸附，成为保护膜；R_2为疏水基团，能够将金属周围的溶液排斥疏离，使腐蚀介质不能直接与金属接触，达到缓蚀的效果。根据咪唑啉缓蚀剂自身结构的特殊性，通过改性R_1和R_2基团结构，优化得到不同种类的缓蚀剂，故而新型咪唑啉类缓蚀剂的开发主要是研究R_1和R_2基团的变化。咪唑啉类缓蚀剂合成通常是采用长链的脂肪酸(正己酸、癸酸、肉豆蔻酸、硬脂酸、油酸、月桂酸、环烷酸)与乙二胺(EDA)、二乙烯三胺(DETA)、三乙烯四胺(TETA)、四乙烯五胺(TEPA)等多乙烯多

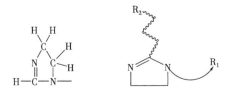

图2-60　咪唑啉、咪唑啉类缓蚀剂的结构

胺类为原料，在有机溶剂中通过酰胺化反应以及环化反应而制得[348-349]。通过酰胺化反应合成的咪唑啉缓蚀剂在水中的溶解度较低，因此通常采用季铵化等化学改性的方法来增加溶解性，季铵化反应温度为 90~110℃，将咪唑啉与氯化苄、硫酸二甲酯、氯乙酸钠等季铵化试剂进行季铵化反应 3h，生成棕黄色黏稠物，当咪唑啉环上的 N 变成五价时，就得到了咪唑啉季铵盐（图 2-61）。同时，咪唑啉也可以引入长链脂肪酸，如油酸、月桂酸、硬脂酸等增加疏水性，提高缓蚀性能。

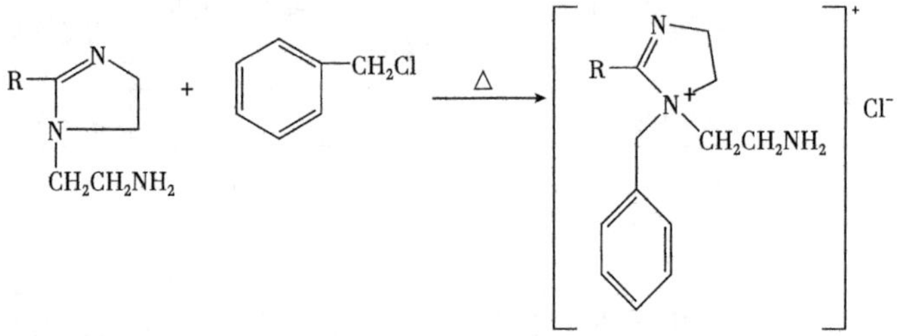

图 2-61 咪唑啉中间体季铵盐化反应

经过季铵化反应得到的阳离子型咪唑啉季铵盐缓蚀剂，不仅易溶于水，而且更容易吸附成膜，同时减少了杂氮化合物的臭味，是一种高性能的吸附膜型缓蚀剂。咪唑啉季铵盐也是一种性能优异的表面活性剂，具有优异的乳化、起泡、洗净去污能力。咪唑啉可以在适当条件下水解成相应的酰胺[350]。酰胺是一类含氮的羧酸衍生物，在构造上，酰胺可看作是羧酸分子中羧基的羟基被氨基或烃氨基（—NHR 或—NR$_2$）取代而成的化合物；也可看作是氨或胺分子中氮原子上的氢被酰基取代而成的化合物。同时，液体酰胺（如二甲基甲酰胺）是有机物和无机物的优良溶剂，酰胺的沸点比相应的羧酸高。常见酰胺结构式见表 2-38。

表 2-38 常见酰胺结构式

名称	结构式
乙酰胺	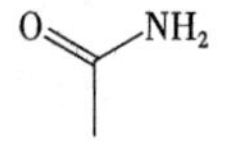
N-甲基甲酰胺	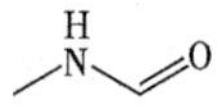
N,N-二甲基苯甲酰胺	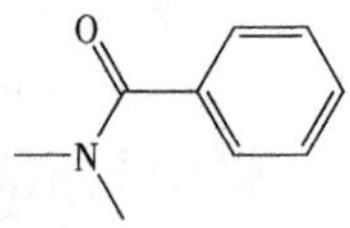
丁二酰亚胺	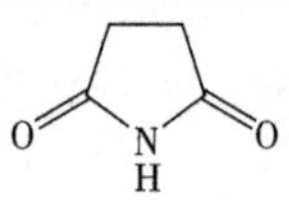
N-(2-醛基苯基)甲酰胺	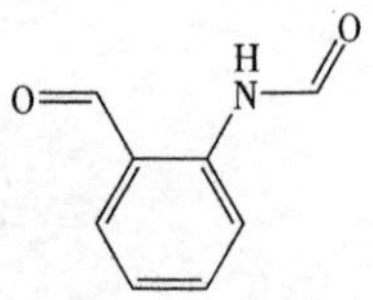

酰胺类缓蚀剂通常可用以下方法制备：通过牛脂三胺或牛脂四胺可将甲基丙烯酸甲酯转化为相应的酰胺；反应结束后，升高温度至200℃可引发聚合而得到缓蚀剂[351]，反应得到的聚合物可以实现含烃介质下的金属防腐。而对于富含CO_2、H_2S和单质硫的腐蚀性较强的环境，可使用烯琥珀酸半酰胺的铵盐作为缓释剂[352]。这种缓蚀剂的组分中还可能含有分散剂，如低分子量、低聚合度的阴离子型表面活性剂（如烷基磺酸、烷基芳基磺酸）。

通过脂肪酸或长链二元酸可将乙氧基烷基酚胺和丙氧基烷基酚胺转化为酰胺类物质，它可以有效地控制酸性腐蚀与无硫腐蚀[353]。常见脂肪酸的结构式及熔点见表2-39。

表2-39 常见脂肪酸结构式及熔点

名称	结构式	熔点,℃
月桂酸		44
肉豆蔻酸		59
棕榈酸		63
硬脂酸		70
油酸		16
亚油酸		-5
亚麻酸		-11

Chen等[354]通过对咪唑啉及其前体酰胺的高温缓蚀性能进行评价和比较，发现在70℃的中等温度下，这两种化学物质都具有出色、可比的缓蚀性能。在高温高压的环境下，咪唑啉和酰胺分别提供差到中等的抑制性能，而且酰胺提供更好的热稳定性。咪唑啉和酰胺的高温抑制性能可以通过提高抑制剂浓度来改善，如果抑制剂浓度非常高，这些化学物质在高温下可提供高达90%的有效性，但是抑制效率有限。

Chen通过以妥尔油脂肪酸和二乙烯三胺以1:1（物质的量比）的反应得到一种咪唑啉HJC I3238，其酰胺前体为HJC-A196。HJC 13238和HJC-A196在高温高压条件下的缓蚀测试结果见表2-40。

表 2-40　在高温高压（149℃和 3000psi）条件下的缓蚀测试结果

时间 h	用量 %	HJC I3238			HJC-A196		
		失重 mg	腐蚀速率 g/(m²·h)	缓释率 %	失重 mg	腐蚀速率 g/(m²·h)	缓释率 %
4	0	47.2	242		47.2	242.0	
	0.01	11.7	60.0	75.2	14.2	72.6	70.0
	0.04	5.6	28.9	88.1	6.4	32.6	86.5
	0.1	5.8	29.9	87.7	7.1	36.4	85.0
24	0	83.4	71.3		45.6	71.3	
	0.01	36.4	31.3	56.3	14.7	12.6	82.7
	0.04	9.8	8.1	8.8	18.6	15.9	78.1
	0.1	8.2	7.0	90.4	10.0	8.5	88.3
72	0	85.9	24.5		85.9	24.5	
	0.01	53.4	15.2	37.9	23.8	6.6	72.3
	0.04	35.2	10.0	59.0	46.0	13.1	46.4
	0.1	8.8	2.5	89.7	14.7	4.2	82.9

2016 年，Borghei 等[355]制备出了一种新型的咪唑啉衍生物，将其命名为 BMIBMBPA，采用失重法、电化学测定法和标度法对 BMIBMBPA 在冷却塔水中对碳钢的应用性能进行了评价，并与钨酸钠进行比较。测试结果表明：BMIBMBPA 的最佳适用浓度为 40mg/L，如果其浓度增加，则缓蚀效率有所下降。BMIBMBPA 是一种混合型缓蚀剂，表面分析的结果显示 BMIBMBPA 的吸附和阻垢性能通过破坏沉淀物生长实现。

Yan 等[356]研制了一种高温缓蚀剂 HZ-9，其主要成分是咪唑啉季铵盐，异抗坏血酸钠辅助耐高温氟碳咪唑啉，缓蚀效果好，缓蚀率达 80% 以上，成功解决了高温油井 CO_2/O_2 腐蚀问题。该缓蚀剂在 120℃ 时具有良好的耐高温性能，120℃ 时的腐蚀速率低于 0.076mm/a。为了提高缓蚀效果和耐温性，配方中加入了氟碳咪唑啉衍生物 FC-1、FC-2 和 FC-3。溶液中氟的螺旋排列可以保护化学键，提高配方的耐温性，同时各组分之间会有协同作用。Cassidy[357]测试了一种四胺咪唑啉基缓蚀剂，将其用于 171℃ 的气井中，该缓蚀剂在该系统中适用于各种浓度的盐酸。随后连续用于井底温度高于 176℃ 的 3 口井，对观察井的腐蚀速率监控表明了缓蚀剂在高温条件下处理油井的多功能性。Ding 等[358]研究了二乙烯三胺妥尔油脂肪酸咪唑啉型缓蚀剂（DETA/TOFA 咪唑啉）在 120℃ 和 150℃ 两个温度下对 AP5L X65 碳钢 CO_2 腐蚀的抑制性能。在 120℃ 和 150℃ 的 CO_2 环境中，使用咪唑啉型缓蚀剂［二乙烯三胺妥尔油脂肪酸咪唑啉（DETA/TOFA 咪唑啉）］进行低碳钢腐蚀抑制试验，证实了其具有较好的缓蚀效果。Palencsár 等[359]选择两种含有一种活性化合物和巯基乙酸的通用抑制剂进行测试［抑制剂 1（Inh1）为 20% 油酸咪唑啉+5% 巯基乙酸；抑制剂 2（Inh2）为 20% 椰油烷基季铵盐+5% 巯基乙酸］，评价了两种缓蚀剂在 120~150℃ 的缓蚀机理（图 2-62）。

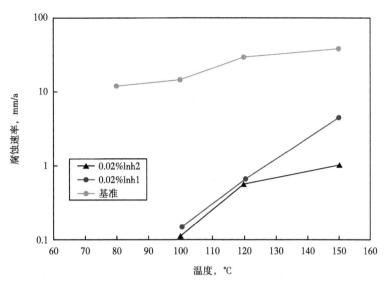

图 2-62　在有或没有抑制剂的低盐度盐水中腐蚀速率随温度的变化曲线

Clay[360]提供了一种新型的烷基磺酸组合物,其在高温下(180℃)具有更高的稳定性和更小的腐蚀性,从而减少了点蚀。该组合物包含甲磺酸(1%~50%)、金属碘化物或碘酸盐及炔醇或其衍生物。金属碘化物或碘酸盐是碘化亚铜、碘化钠和碘化锂,最佳的是碘化钾。虽然其价格昂贵,但效果非常好。酸性组合物中金属碘化物或碘酸盐的质量与体积比为0.1%~1.5%,最佳情况为金属碘化物的浓度为0.1%。醇或其衍生物是炔醇或其衍生物(甲基环氧乙烷络合的2-丙炔-1-醇)。炔醇或其衍生物的浓度为0.75%(质量分数)。

具体实验:将甲烷磺酸[(42%(质量分数)]与水[58%(质量分数)]结合,并充分混合几分钟。根据表2-41所示优选实施例,添加预先确定的缓蚀剂组合物,加入0.1%(质量分数)的碘化钾。保持循环,直到所有的产品都已溶解。表2-41列出了酸的组分及占该组分总质量的比例。

表 2-41　实施例的组合物中使用的缓蚀剂组合物

组　成	CI-D1 %(体积分数)	CI-D2 %(体积分数)
2-丙炔-1-醇与甲基环氧乙烷的化合物	45	45
β-丙氨酸,N-(2-羧乙基)-N-十二烷基-,钠盐(1:1:1)	11.6	11.6
椰油酰氨基甜菜碱(两性表面活性剂)	11.6	11.6
二甲基辛烷	7	0
异丙醇	0	7
戊二醛	24.8	24.8
总计	100	100

高温腐蚀测试结果见表 2-42。

表 2-42　在钢密度为 7.86g/cm³ 和 180℃下进行持续暴露 4h 的腐蚀测试

钢的类型	缓蚀剂类型	失重 g	表面积 cm²	腐蚀速率 mm/a	年腐蚀量 lb/ft²
L80	2.25% CI-DA2+2.0% CI-1A	0.2058	28.0774	20.4225	0.015
N80	2.25% CI-DA2+2.0% CI-1A	0.152	28.0774	15.0837	0.011
J55	2.25% CI-DA2+2.0% CI-1A	0.1871	28.992	17.9811	0.013

刘冬梅[361]采用油酸、二乙烯三胺和氯化苄为原料，通过季铵化反应合成有机咪唑啉季铵盐型缓蚀剂 IN6（2-氨乙基苯亚甲基-1-十七烯基咪唑啉季铵盐），腐蚀评价实验表明 IN6 具有良好的耐温性能，在高温 170℃和质量浓度为 100mg/L 时能够达到缓蚀率 83.5% 的良好缓蚀效果。在 IN6 的基础上，加入缓蚀增效剂碘化钾和甲基丁炔醇，可以进一步增强体系的缓蚀效果，当 IN6、碘化钾和甲基丁炔醇的质量比为 8:5:10 时获得的缓蚀剂 HTCI 表现出优异的耐温性能，200℃下 575mg/L HTCI 的缓蚀率可达到 85.5%，能够满足高温下不同钢材的防腐需求。侯雯雯等[362]以 N-烷氨基-2-全氟烷基咪唑啉季铵盐、碳氢咪唑啉季铵盐、钼酸钠、硫脲和溶剂为原料，合成含氟高温酸化缓蚀剂 SD-820，在 90~140℃条件下进行高温酸化腐蚀实验，可以有效抑制酸化过程中盐酸对 N80 钢的腐蚀，使 N80 钢的腐蚀速率远低于行业标准 SY/T 5405—1996 中对缓蚀剂评价的一级指标（表 2-43）。

表 2-43　含氟高温酸化缓蚀剂缓蚀效率的测定

实验温度 ℃	酸液浓度 %	缓蚀剂	酸化缓蚀剂 %（质量分数）	腐蚀速率 g/(m²·h)	标准指标（一级）g/(m²·h)
90	15	空白	0	16.09	3~4
		SD-820	1	1.26	
	20	空白	0	38.98	3~5
		SD-820	1	1.54	
100	15	空白	0	27.99	3~5
		SD-820	2	1.74	
	20	空白	0	40.58	5~10
		SD-820	2	2.42	
120	15	空白	0	55.12	10~20
		SD-820	2	3.97	
	20	空白	0	89.46	20~30
		SD-820	2	7.11	
140	15	空白	0	108.9	30~40
		SD-820	3	6.15	
	20	空白	0	247.5	40~50
		SD-820	3	15.62	

咪唑啉缓蚀剂具有绿色、环保、低毒、高效的特点，因此被广泛应用在石油行业中，国内外进行了大量咪唑啉缓蚀剂研究，并且取得了丰硕的成果、但目前公开报道的多数为缓蚀剂的应用、缓蚀剂的缓释效果以及少量的作用机理，关于咪唑啉缓蚀剂更加详尽的缓蚀机理报道较少，关于咪唑啉缓蚀剂在合成过程中的反应动力学研究更少。咪唑啉类缓蚀剂主要是通过酰胺化反应和环化反应得到，但酰胺化的咪唑啉溶解度较低，一般会采用季铵化处理得到阳离子型咪唑啉季铵盐缓蚀剂，更容易吸附成膜，从而增加缓蚀效率。咪唑啉可以水解成酰胺，酰胺可以当作增效剂，而且液体酰胺是有机物和无机物的优良溶剂，酰胺缓蚀剂的热稳定性比相应的咪唑啉缓蚀剂高，但酰胺比相应的咪唑啉分散性差。适用于高温井的缓蚀剂配方与性能见表2-44，相比较而言，高温井处理一般采用季铵化的咪唑啉缓蚀剂。

表2-44 耐高温缓蚀剂配方及性能

名称	配方	温度,℃	缓蚀效率	文献
HJC I3238	咪唑啉	149	72h 下 0.1% 89.7%	[354]
HJC-A196	酰胺	149	72h 下 0.1% 82.9%	[354]
HZ-9	咪唑啉季铵盐，异抗坏血酸钠辅助耐高温氟碳咪唑啉	120	100mg/L 82.3%	[354]
Inh1	20%油酸咪唑啉+5%巯基乙酸	120	0.02% 60%	[354]
Inh2	20%椰油烷基季铵盐+5%巯基乙酸	130	0.02% 67%	[354]
2-氨乙基苯亚甲基-1-十七烯基咪唑啉季铵盐	油酸、二乙烯三胺、氯化苄	170	100mg/L 83.5%	[354]
	油酸、二乙烯三胺、氯化苄+增效剂（碘化钾+甲基丁炔醇）(IN6、碘化钾、甲基丁炔醇的质量比为8:5:10)	200	575mg/L 85.5%	[354]
SD-820	N-烷氨基-2-全氟烷基咪唑啉季铵盐、碳氢咪唑啉季铵盐、钼酸钠、硫脲	140	15.62g/(m²·h)	[362]

2. 酮醛胺缩合物

曼尼希碱是指一个含有活泼氢原子的化合物和甲醛及胺（伯胺、仲胺或氨）发生缩合反应，活泼氢原子被胺甲基取代生成的酮醛胺缩合物。含有活泼氢原子的化合物可以是丙酮、苯乙酮、环己酮、乙酰乙酸、丙二酸、苯酚、炔类、吲哚、喹啉等；胺类可以是二甲胺、二乙胺、环己胺、乙二胺、苯胺、二乙烯三胺等；醛类包括含有1~16个或更多个碳原子的醛，可以是甲醛、苯甲醛、庚醛、己醛、辛醛、癸醛、十六醛、肉桂醛等，醛类还可以包括在反应条件下任何产生醛的物质，例如多聚甲醛、聚甲醛、缩醛、半缩醛、亚硫酸盐加成产物等[363]。曼尼希碱类缓蚀剂在油气田开采中应用广泛，曼尼希碱有机化合物分子量小，分子中含有多个带有孤对电子的N或O，其本身也是一种螯合配位体，易形成配位键，发生络合作用。由于曼尼希碱结构稳定，制备简单，具有较低毒性、酸溶性好、耐高温高酸等优点，因此在酸化工程中作为高温浓盐酸缓蚀剂具有良好的开发和应用价值[364]。

曼尼希反应也称胺甲基化反应，是由含有活泼氢原子的化合物与醛及二级胺或氨发生缩合反应，生成 β-氨基（羰基）化合物的有机化学反应，而反应产物 β-氨基（羰基）化合物被称为曼尼希碱，其反应原理如图 2-63 所示。

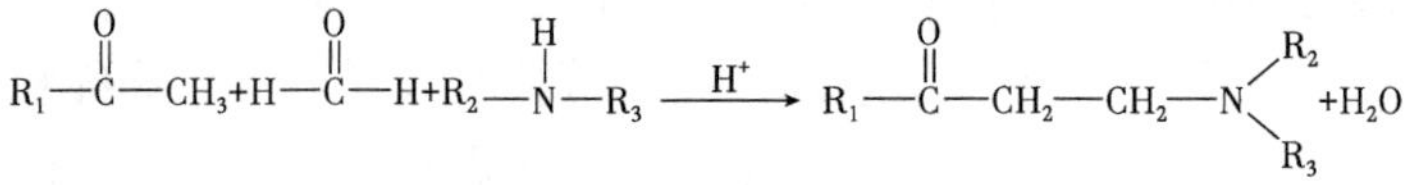

$$R_1-\overset{O}{\underset{}{C}}-CH_3+H-\overset{O}{\underset{}{C}}-H+R_2-\overset{H}{\underset{}{N}}-R_3 \xrightarrow{H^+} R_1-\overset{O}{\underset{}{C}}-CH_2-CH_2-N\overset{R_2}{\underset{R_3}{}} +H_2O$$

图 2-63 曼尼希碱反应式
R_1、R_2 和 R_3 为烷基或芳香基

曼尼希碱类缓蚀剂的研究与应用起步于 1950 年，Saukaitis 等[365]合成了松香胺衍生物，由于松香胺和酮的羰基邻位有一个反应 H，故在盐酸存在的环境中以脱氢松香胺和丙酮与甲醛发生曼尼希反应，并把反应产物用作油井酸化缓蚀剂。所得衍生物在室温或高于室温的条件下可推荐用作酸洗或油井酸化的缓蚀剂，其与增效剂 CuCl 复配后适用温度可高达 150℃。

1963 年，Monroe[366]发现，在盐酸催化剂和过量妥尔油脂肪酸条件下，羰基 α 位有一个活性的胺或酰胺、过量甲醛、酮（羰基 α 位有一个活性 H）的反应产物可作为缓蚀剂组分，再与表面活性剂和炔醇混合即可成为盐酸缓蚀剂产品，其缓蚀性能在 121℃ 下优于砷。这一发现至今一直用于油井酸化缓蚀剂产品的开发。1973 年，McDougall[367]研究发现，丙炔醇、胺/季铵盐、表面活性剂、甲酸衍生物可在高温下用于 15%盐酸和 28%盐酸体系，同年，Keeney[368]发现"碘化亚铜（CuI）"是很好的地层酸化用盐酸缓蚀剂的增效剂，对油井金属有很好的保护作用，这类混合物尤其适用于 65~232℃ 的温度，这类增效剂在高温和低压（低于 1000psi，但高于酸的蒸气压）条件下在酸中是有效的。1977 年，Daniel[369]研制了氯甲基萘季铵盐、丙炔醇、表面活性剂和甲酸衍生物酸化添加剂体系。1988 年，Frenier[370]报道了一种用于高温井的缓蚀剂组成：一种碘盐、一种甲酸化合物、一种胺和一种含氧化合物（如二苯酮、苯甲醛或炔醇）。20 世纪 80 年代末，Growcock[371]开发了一种油井酸化高温缓蚀剂——PPO（3-苯基-2-丙炔醇），在 1~9mol/L 盐酸中，高温井下对钢的缓蚀率高达 99%以上。1992 年，Jasinski 等[372]发布了一项研究成果：二苯酮、带有含氮杂环芳香族化合物的二苯酮季铵盐或含氮芳香族化合物的肉桂醛季铵盐和一种酸溶性的金属锑或铋盐、甲酸和甲酸衍生物、酸溶性的碘盐，作为铬（Cr）含量大于 9%的钢铁在无机酸中的缓蚀剂，尤其温度在 121℃ 以上时更有效。同年，Williams[373]介绍了一种具有优良腐蚀控制能力的缓蚀添加剂，用于酸化地层时可直接添加进酸溶液中，添加剂由金属锑或铋盐混合物、一种季铵化合物和一种表面活性剂组成。Cabello[374]开发了一种基于混合曼尼希碱（$C_{15}H_{15}NO$）和钨酸钠（Na_2WO_4）的新型缓蚀剂，用于 N80 钢在盐酸溶液中的防腐。通过电化学实验和微观分析，研究了曼尼希碱和钨酸钠在 15%盐酸溶液中对 N80 钢的缓蚀作用。曼尼希碱和钨酸钠的混合缓蚀剂具有优异的缓蚀性能，当两种组分的比例为 1:1 时，缓蚀效率最高，为 96.19%。Jasinski[375]提出了一种用于铬含量高于 9%的钢的缓蚀剂配方，该配方适用于 121~246℃ 的盐酸或盐酸和氢氟酸混合物。由苯基酮、含氮杂环芳香族化合物的季铵盐的苯基酮，或含氮杂环芳香族化合物的季铵盐的肉桂醛（肉桂醛可被取代或未被取代)和锑或铋盐的酸溶性金属组成。此外,羟基乙酸或其衍生物可以用于提高离子液体的性能,尤其是当存在锑离子时,优选三氧化二锑(Sb_2O_3)和三氯化锑($SbCl_3$)。苯基酮可以是C_9—C_{20} α-烯基苯或羟基烯基苯及其混合物,如2-苯甲酰基-3-羟基-1-丙烯、2-苯甲酰基-3-甲氧基-1-丙烯和苯基乙烯基酮。作为含氮杂环芳香族季铵盐,作者更喜欢萘基甲基喹啉鎓氯化物和十二烷基吡啶鎓溴化物。上述缓蚀剂组合与Cu_2Cl_2/KI的组合比与Cu_2Cl_2/HCOOH的组合更有效。Coffey等[376]描述了两种铯,认为它们对羟基乙酸、乙酸、丙酸、甲酸、盐酸、氢氟酸、硫酸和磷酸及其混合物中的含铁物质有效,特别是在硫化氢存在的情况下。第一种缓蚀剂组合包括甲醛或多聚甲醛(后者是优选的)、苯乙酮或其衍生物、环己胺或其衍生物(例如,2-甲基环己胺或2,4-二甲基环己胺)和任选的脂肪族羧酸(如辛酸、肉豆蔻酸、壬酸、月桂酸、油酸和妥尔油)。第二种缓蚀剂组合物包括炔醇或其混合物(例如,1-丙炔-3-醇、1-丁炔-3-醇、1-戊炔-3-醇、1-己炔-3-醇、1-庚炔-3-醇、1-辛烯-3-醇、1-丁炔-3-醇或1-辛烯-4-乙基-3-醇)、过量的甲醛、任选的表面活性剂(优选非离子型表面活性剂,例如乙氧基化链烷醇或乙氧基化烷基酚)和具有1~4个碳原子的醇(优选异丙醇)。Barnes[377]发明了一种杂环二胺缓蚀剂,通过烷基二胺组分和醛组分的环合反应制备,缓蚀剂包括由烷基二胺和醛反应制备的杂环二胺。杂环二胺质量分数范围的下限选自5%、10%和25%中的任何一个,上限选自25%、50%和75%中的任何一个,其中任何下限可与任何上限配对,在具体实施例中,可以0.00001%~1%剂量将杂环二胺腐蚀抑制剂添加到工艺流中。

杂环二胺是由二胺与甲醛反应生成具有图2-64所示通式结构的六氢嘧啶。R_1和R_2独立地选自氢和C_2—C_{30}的饱和或不饱和烃基,其中R_1和R_2中至少一个不是氢;R_3是氢或C_1—C_{30}的饱和或不饱和的芳香族或非芳香族烃基;n为1~4的整数。

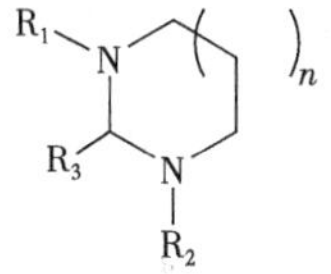

烷基二胺的通式为$R_4NH(CH_2)_nNHR_5$,其中n是3~6之间的整数,并且R_4和R_5是独立的H或C_2—C_{30}饱和或不饱和烃基,例如烷基、亚烷基、炔基等。醛组分可包括一种或多种醛,如甲醛和C_1—C_{30}饱和或不饱和的芳香族或非芳香族烃基等。

图2-64 六氢嘧啶结构通式

实例:非杂环二胺与各种杂环二胺一同检测。二胺和甲醛反应制备杂环二胺,以生成具有上述一般结构的烷基链的六氢嘧啶。E1是一种二胺,其中R_1是由烷基链组成的混合物,由含有26%棕榈酸、14%硬脂酸、3%肉豆蔻酸、47%油酸、3%亚油酸和1%亚麻酸的牛脂脂肪酸络合物衍生而来,R_2和R_3是氢。对于E2—E6链,R_1来源于牛脂脂肪酸,R_2各不相同。在两相系统中以两种不同的剂量率0.05和0.1%将测试温度升高至175℃,对缓蚀剂进行腐蚀测试。考虑到菱铁矿鳞片的溶解度往往随温度的升高而降低,记录了在30min和60min两个时间点暴露于克拉克溶液中的情况(表2-45)。

表2-45 175℃下杂环二胺E1的性能

缓蚀剂	时间,min	用量,%	缓蚀速率,mil/a
20%E1+1%巯基乙醇	30	0.05	3.13
20%E1+1%巯基乙醇	30	0.1	5.33
20%E1+1%巯基乙醇	60	0.05	12.46
20%E1+1%巯基乙醇	60	0.1	12.91

注:1mil=0.0254mm。

Juanita[378]发明的缓蚀剂在高达121~135℃的28%的盐酸浓度下有效。缓蚀剂的组分包含亚苄基苯胺化合物和(或)肉桂亚苯胺化合物，亚苄基苯胺可以通过包含苯甲醛和苯胺的反应生成。亚苄基苯胺可以通过将苯甲醛和苯胺以1:1的物质的量比搅拌在一起来制备。所得固体未经纯化即可使用。亚肉桂基苯胺可以由包含肉桂醛和苯胺的反应生成。缓蚀剂用量为酸液的0.1%~5%。

将缓蚀剂组合物与酸水溶液结合，该缓蚀剂组合物包括如图2-65所示的苄基苯胺化合物。

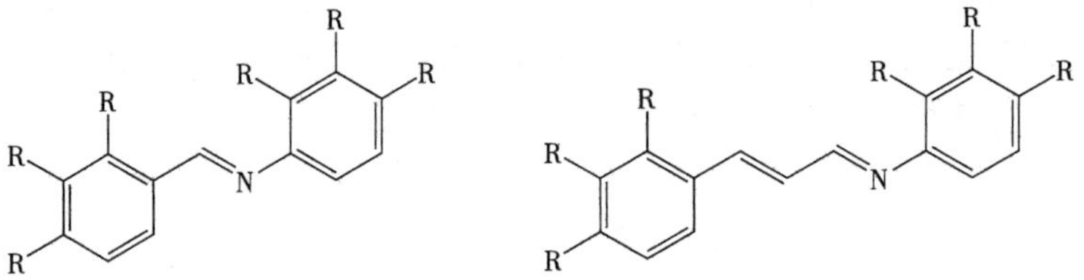

图2-65 缓蚀剂组合物通式
R—氢、甲基、乙基、羟基、甲氧基、乙氧基、溴、氯、氟、巯基、二甲氨基、二乙氨基

实验：通过将苯甲醛和苯胺以1:1的物质的量比搅拌在一起来制备亚苄基苯胺，在28%的盐酸溶液中进行腐蚀评价，结果见表2-46。

表2-46 亚苄基苯胺在28%盐酸溶液中的腐蚀速率

温度℃	时间h	添加物	腐蚀速率 lb/(ft²·h)	温度℃	时间h	添加物	腐蚀速率 lb/(ft²·h)	温度℃	时间h	添加物	腐蚀速率 lb/(ft²·h)
94	24	2.11%(质量分数)亚苄基苯胺	0.0474	94	24	2%HAI-303	0.0255	94	24	60lb/1000lb HII-124B	0.016
94	24	4.22%(质量分数)亚苄基苯胺	0.044	94	24	—	—	94	24	60lb/1000lb HII-124B	—
121	3	—	—	121	3	2%HAI-303	0.573	121	3	—	—
121	3	—	—	121	3	2%HAI-303	0.355	121	3	60lb/1000lb HII-124B	—
121	3	2.11%(质量分数)亚苄基苯胺	0.0439	121	3	—	0.0336	121	3	60lb/1000lb HII-124B	0.0044
121	3	3.16%(质量分数)亚苄基苯胺	0.0334	121	3	—	—	121	3	60lb/1000lb HII-124B	—
121	3	4.22%(质量分数)亚苄基苯胺	0.087	121	3	—	—	121	3	30lb/1000lb HII-124B	—
121	3	4.22%(质量分数)亚苄基苯胺	0.038	121	3	—	—	121	3	60lb/1000lb HII-124B	—

Wadekar[379]提供了一种使用环境友好的芳香酮或其盐抑制金属表面酸腐蚀的方法。将芳香酮配制成对环境无害的缓蚀剂组合物，其通过在金属表面上形成保护涂层或钝化金属

表面来起作用。该缓蚀剂在高达约150℃的温度下在15%的盐酸浓度下有效。芳香酮结构通式为 R_1COR_2，R_1 是在一个或两个中间位置被取代的芳香环，有1~12个碳的烷基，R_2 是环烷烃中或环烷烃上至少有一个氨基被取代的环烷烃。例如，缓蚀剂组合物中的芳香酮可以是乙基苯基酮环己基氨基盐酸盐，如图2-66所示。

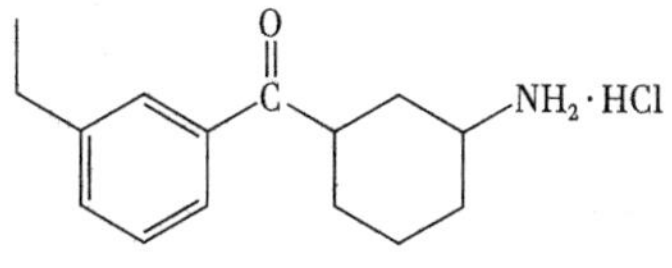

图2-66 乙基苯基酮环己基氨基盐酸盐

乙基苯基酮环己基氨基盐酸盐高温腐蚀实验结果见表2-47。

表2-47 乙基苯基酮环己基氨基盐酸盐高温腐蚀实验结果

序号	温度 ℃	时间 h	乙基苯基酮环己基氨基盐酸盐 gal/1000gal	增效剂(甲酸) gal/1000gal	腐蚀速率 $lb/(ft^2 \cdot h)$
1	94	3	—	—	0.27
2	94	3	2	—	0.0024
3	135	3	20	—	0.037
4	149	3	20	—	0.23
5	149	3	20	40	0.030

蒋建芳等[380]以环己酮、甲醛、苯胺为原料，经过两个核心过程：一是醛类和酮类发生缩合反应，生成水和不溶于水的酮醛缩合物；二是酮醛缩合物再与胺发生均相反应生成酮醛胺缩合物，然后与缓蚀增效剂(辛炔醇)、高温增效剂(氯化亚铜)、有机溶剂(无水乙醇)混合均匀，制得酮醛胺缩合物高温酸化缓蚀剂成品（图2-67、图2-68）。

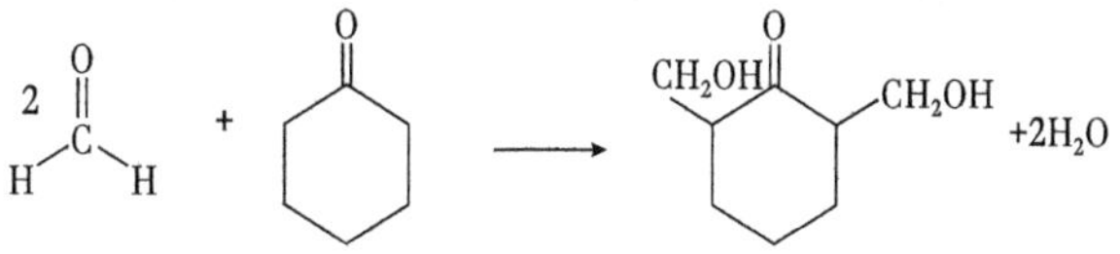

图2-67 酮醛缩合反应

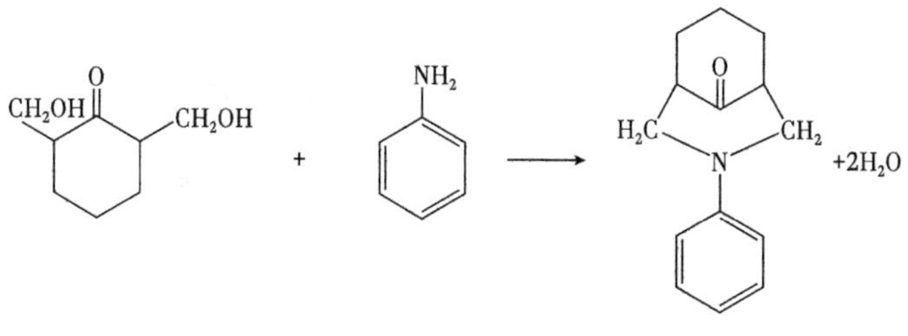

图2-68 酮醛缩合物与胺反应

缓蚀性能测试结果表明，该缓蚀剂在160℃、180℃，20%盐酸和12%盐酸+3%氢氟酸条件下的缓蚀性能优良，均达到行业标准SY/T 5405—1996中一级产品的标准（表2-48）。

表2-48 酮醛胺缩合物高温酸化缓蚀剂对试片腐蚀速率的影响

实验温度 ℃	缓蚀剂 %(质量分数)	酸液	不同缓蚀剂存在下试片的腐蚀速率,g/(m²·h)					
			A	B	C	D	E	F
160	4.0	20%盐酸	32.24	32.51	32.36	38.67	41.08	46.24
		12%盐酸+3%氢氟酸	21.73	21.63	21.53	30.50	33.62	36.41
180	4.5	20%盐酸	55.75	56.01	56.48	69.84	75.33	82.37
		12%盐酸+3%氢氟酸	35.72	37.20	38.17	42.09	46.57	51.38

张兴德[381]应用高分子合成方法得到了一种曼尼希碱季铵盐为主剂，炔醇衍生物、无机盐为增效剂，甲醇溶剂、分散剂为辅剂的新型复合酸。高温高压动态腐蚀评价实验结果表明，该缓蚀剂在200℃下具有较好的缓蚀效果，在加量5.5%缓蚀剂、1.5%增效剂、15%盐酸条件下腐蚀速率低于60g/(m²·h)，达到行业一级标准。并成功应用于四川盆地大塔场TT1井，该井是大塔场区域灯影组第一口超高温（施工段202.5℃）、超深井，施工过程未有腐蚀风险发生。

曼尼希碱起源很早，是一种高效、低毒、环保型的缓蚀剂，其结构稳定，酸溶性好，低毒、耐高温、耐浓酸性能好，在酸化作业中可有效抑制油气田采出水对设备的腐蚀，近年来备受重视，尤其是针对高温井的缓蚀，已大规模应用，常用缓蚀剂配方及性能见表2-49。曼尼希碱通过酮醛胺的缩合反应得到，通过不同的单体合成可以得到不同的曼尼希碱，其中环状胺类作为单体得到的缩合产物比非环状胺类得到的缩合产物的缓蚀性能要好。曼尼希碱的合成相对于咪唑啉类缓蚀剂更简便，但是应该注意的是，曼尼希碱单体之一甲醛具有毒性，是一种致癌物，现在大多数采用其他醛类代替，比如肉桂醛。曼尼希碱可以通过季铵化得到曼尼希碱季铵盐或者与其他缓蚀剂复配（最常见的是添加增效剂）提高缓蚀性。

表2-49 缓蚀剂配方及性能

名称	配方	温度,℃	盐酸浓度,%	用量	效果	参考文献
E1	二胺、甲醛、牛脂脂肪酸、油酸、棕榈酸、硬脂酸、肉豆蔻酸、巯基乙醇	175	20	0.05%(20% El+1%巯基乙醇)	0.5h 0.038 lb/ft²	[381]
HAI-303	苯甲醛、苯胺	121	28	4.22%	3h 0.038 lb/ft²	[381]
无	乙基苯基酮环己基氨基盐酸盐	149	15	4.0%	3h 0.23 lb/ft²	[381]
无	乙基苯基酮环己基氨基盐酸盐、甲酸			4.0%缓蚀剂+4.0%甲酸	3h 0.03 lb/ft²	[381]
无	苯乙酮、甲醛、苯胺、辛炔醇、氯化亚铁	160	20	4.0%	32.24g/(m²·h)	[381]
		180		4.5%	55.75g/(m²·h)	[381]
CT-200	曼尼希碱季铵盐、炔醇、甲醇	200	15	5.5%缓蚀剂+1.5%增效剂	4h 60g/(m²·h)	[381]

3. 有机含氮化合物

有机含氮化合物一般是指分子中含有碳氮键的有机化合物，包括胺类、氮杂环、腈、硝基化合物等。有时，分子中含有 C—O—N 的化合物，如硝酸酯、亚硝酸酯等也归入此类。其中，含氮杂环化合物是分子中含有杂环结构的有机化合物。构成环的原子除碳原子外，还至少含有一个氮原子。酸化时对钢铁防腐有效的抑制剂主要属于含氮化合物，如烷基和芳基胺、饱和和不饱和胺、胺与醛和酮的缩合产物以及羧酸胺、腈、醛肟、酮肟。有机含氮化合物（如吡啶、六亚甲基、季铵硫酸盐等）减少了腐蚀。

乌洛托品（$C_6H_{12}N_4$）也称六亚甲基四胺，为白色吸湿性结晶粉末或无色有光泽的菱形结晶体，其一般不单独作为缓蚀剂使用，常被用作增效剂与其他缓蚀剂复配，加入少量六亚甲基四胺，就可以有效地改善缓蚀剂的缓蚀效果，并因此缓蚀剂可以在更低的浓度或更高的温度下使用。六亚甲基四胺也可用作硫化物清除剂[382]，六亚甲基四胺与酸性水溶液中的硫化物离子结合，从而防止硫化物与铁离子反应形成游离硫或硫化铁沉淀，其存在量为酸水溶液质量的 0.1%~0.5%。

吡啶（C_5H_5N）是含有一个氮杂原子的六元杂环化合物，可以看作苯分子中的一个 (CH) 被氮取代的化合物，故又称氮苯。其衍生物作为缓蚀剂因为其优越的性能，从 20 世纪 30 年代以来已经被人们所研究利用。以氯化苄和吡啶为原料的合成物经与其他物料复配而生产出吡啶类缓蚀剂，使金属腐蚀速率可以降到 $2g/(m^2·h)$ 以下。

Santanna[383]等以烷基吡啶季铵盐、硫脲、异丙醇和氧化烷基酚复配得到缓蚀剂 CI-11，在酸性条件下（10%醋酸/1.5%氢氟酸），在 168~198℃对不锈钢合金（Fe-Cr13 和 Fe-Cr21.5）进行评估，结果表明，CI-11 具有很好的缓蚀性能，质量损失随着抑制剂浓度的增加而减少，在缓蚀剂浓度为 2%时达到恒定值。张朔等[384]以 3-甲基吡啶、氯化苄为原料，合成了一种适用于 160℃、16MPa、20%盐酸条件下的吡啶类季铵盐，在此基础上与增效剂、表面活性剂按照一定比例复配[BJ-1:炔醇:碘化钾:OP-10（质量比）为 1:0.3:0.3:0.02]，得到新型高温酸化缓蚀剂 HTCI-1，将 0.1mol 的 3-甲基吡啶和 0.13mol 的氯化苄加入装有搅拌器、温度计、冷凝器和滴液漏斗的 250mL 四口烧瓶中。缓慢滴加氢氧化钠水溶液将 pH 值调节到 8~9，然后加入 0.01mol 的平平加。升温到 90℃，转速调节为 60r/min，持续反应 6h 后得到 3-甲基吡啶的季铵盐产物。用石油醚萃取提纯得到的红棕色液体即为最终产物 BJ-1，其反应方程式如图 2-69 所示。

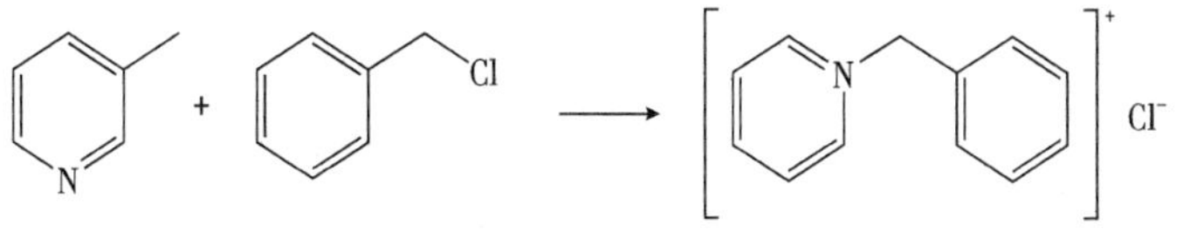

图 2-69 3-甲基吡啶季铵化反应方程式

李军等[385]以 2-氨基吡啶和氯化苄为原料合成一种吡啶季铵盐，与丙炔醇、无水乙醇、甲酸、肉桂醛等进行复配，得到吡啶季铵盐型系列中高温酸化缓蚀剂。其最佳合成条件：物料配比为 1:4，反应温度为 100℃，反应时间为 6h，反应 pH 值为 8.5。通过配方优化，得到不同温度下原料的配比：

耐温 120℃缓蚀剂 Hs-120 配方为：HS-1:O-15:有机酸:有机醛:有机醇（质量比）=20:7.5:55.5:15:2。在 20%盐酸介质中，120℃下 HS-120 缓蚀剂用量为 1.5%时，钢片腐蚀速率仅为20.156g/(m²·h);耐温140℃缓蚀剂HS-140配方为:HS-1:O-15:有机酸:有机醛:有机醇(质量比)= 20:7.5:57:5:10.5。在20%盐酸介质中,140℃下HS-140缓蚀剂用量为3%时,钢片腐蚀速率仅为33.658g/(m²·h)。耐温160℃缓蚀剂HS-160配方为:HS-1:O-15:水:氧化锑(质量比)= 2:1:1:1。在20%盐酸介质中,160℃下HS-160缓蚀剂用量为4%时,钢片腐蚀速率为63.332g/(m²·h)。

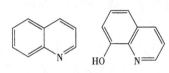

图2-70 喹啉和8-羟基喹啉结构式

喹啉(C_9H_7N)是一种含氮双杂环化合物,其中吡啶部分与苯环稠合[386]。喹啉为无色液体,能与醇、醚及二硫化碳混溶,易溶于热水,难溶于高冷水。喹啉衍生物因其与高电子密度的结合而显示出良好的抗金属腐蚀效果,被广泛用作防腐材料。含有羟基、甲氧基、氨基和硝基等极性取代基的喹啉衍生物,如8-羟基喹啉(8-HQ,图2-70)、8-甲氧基喹啉(8-MQ)、8-氨基喹啉(8-AQ)和8-硝基喹啉(8-NQ)等8位含极性官能团的喹啉衍生物被广泛研究,通过配位键与表面金属原子有效吸附并形成高度稳定的螯合配合物[387]。由于喹啉及其衍生物在水相中的溶解度高,可将其视为传统的其他杂环缓蚀剂的环境可持续替代品。

Frenier[388]观察到,烯基苯(图2-71)和氮取代的喹啉盐(图2-72)混合物在很宽的盐酸浓度范围内和在高达200℃的温度下对钢铁的腐蚀保护是有效的。优选由1-(间苯二甲酰甲基)-喹啉鎓氯化物组成的喹啉鎓盐。该缓蚀剂配方还可包含表面活性剂和增强剂。

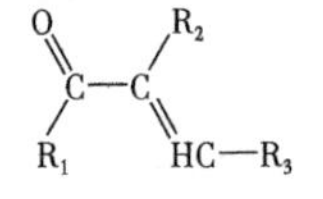

图2-71 烯基苯

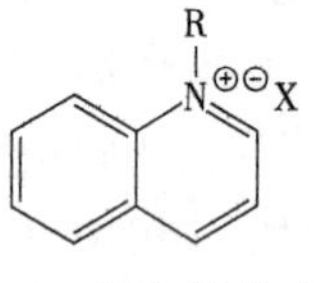

图2-72 氮取代的喹啉盐
R—4~16个碳原子的烷基,或7~20个碳原子的烷芳基;X—氯或溴

Vishwanatham等[389]在2007年研究了甲氧基苯酚(MPH)和壬基酚(NPH)在不同暴露时间(6~24h)和温度(30~110℃)下对N80钢在15%盐酸中腐蚀的抑制作用。在环境温度下暴露6h后,NPH和MPH在75mmol/L抑制剂浓度的酸中显示出83%和78%的最大抑制率。Kumar[390]在2008年研究了含有甲醛、苯酚或甲酚的抑制剂混合物(TVE-3A、TVE-3B和TVE-3C)对N80钢在15%盐酸溶液中腐蚀行为的影响。研究了在有无抑制剂的情况下,温度(30~115℃)和时间间隔(6~24h)对钢在酸中腐蚀的影响。TVE-3B在环境温度下的最大抑制率为68.6%,而TVE-3A和TVE-3C的最大抑制率分别为62.2%和65.7%。Frenier[388]提供了在150℃下15.28%盐酸中通过苯基烯基酮和烷基或烷基芳基喹啉盐的混合物添加碘化钾(1.2%)和甲酸来保护N80钢的数据,结果显示取得了很好的缓蚀效果。Jasinski[375]建议,为了保护在120~250℃、15%盐酸及其与氢氟酸的混合物中铬含量超过9%的钢,使用苯基烯基酮或取代肉桂醛与氮杂环衍生物的组合物(烷基吡啶盐和烷基喹啉盐)。同时,为了增加对这些混合物的保护,研究了酸溶性化合物铋和锑以及氯化亚铜的影响。此外,还发现加入碘化钾或羟基乙酸,混合物的保护作用也可以得到增强。Xue[391]以喹啉季铵化合物、曼尼希碱和增效剂为原料制备了一种新型缓蚀剂TG201。通过失重测量和电化学测试研究了缓蚀剂的性能,结果表明,该缓蚀剂能显著降低P110钢在酸化和高温条件下的腐蚀,缓蚀率可达98%。Yang[392]发现一种新的中氮茚衍生物,中氮茚衍生物很容易通过1,3-二聚体环加成反应由喹啉、吡啶和几种卤化物制备。中氮茚衍生物在比氯苄喹啉(BQC,目前酸化缓蚀剂中常用的化合物)低得多的浓度下显示出优异的防腐性

能，氯苄喹啉是中氮茚衍生物的前体，中氮茚衍生物的抑制作用优于炔丙醇的协同作用，其在高温（120℃）、高酸（20%盐酸）的条件下对N80钢具有优异的保护性能，其腐蚀速率为40g/（m²·h）。基于其显著的优点，以喹啉、氯化苄和氯乙酸为原料，在一定条件下制备了两种中氮茚衍生物——Di-BQC和MDi-BQC（图2-73），由常规抑制剂BQC通过简单的1，3-二聚体环加成反应制备，证实了Di-BQC和MDi-BQC对N80钢的高效缓蚀作用，没有炔丙醇的协同作用。

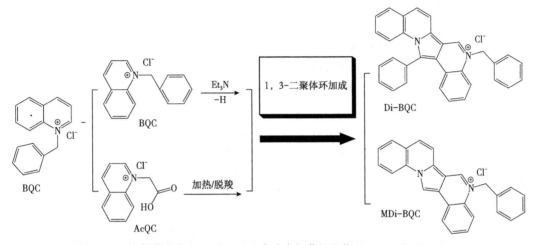

图2-73 由氯苄喹啉BQC和AcQC合成中氮茚衍生物Di-BQC和MDi-BQC

1989年，Frenier[393]及其同事以吡啶鎓、喹啉鎓化合物、芳香酮和脂肪酸为原料，合成了一种耐高温的杂环季铵化合物（图2-74），抑制剂配方仅含有有机成分，不使用任何重金属来增强抑制作用。然后，以N80钢的腐蚀速率为主要描述符，建立了定量构效关系，基于这些关系优化了季铵组分的结构。在温度高达204℃的条件下，在与碳钢和合金钢接触的各种酸化液中对这种高温酸抑制剂进行了测试，并给出了两种不同的方法合成杂环季铵化合物。

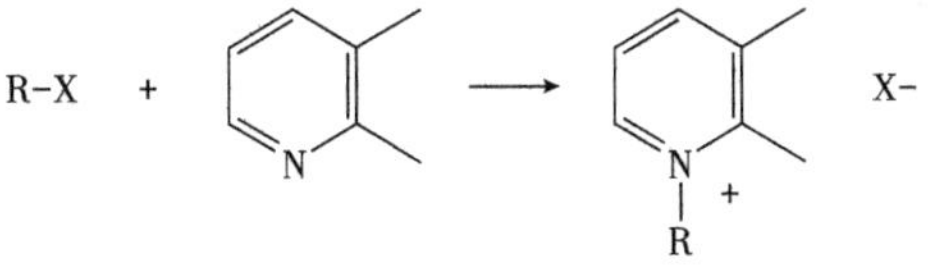

图2-74 杂环季铵化合物合成

嘧啶（$C_4H_4N_2$）也称作1，3-二氮杂苯，是一种杂环化合物。嘧啶由2个氮原子取代苯分子间位上的2个碳形成，是一种二嗪。与吡啶（图2-75）一样，嘧啶保留了芳香性。

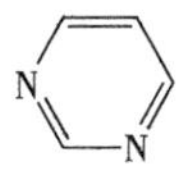

图2-75 吡啶结构式

Hoshowski[394]确定了一种通用化学物质——改性嘧啶衍生物，该物质在高达175℃的温度下具有多种现场应用所需的性能特征。该物质结合烷基吡啶季铵盐、妥尔油脂肪酸咪唑啉，在高温酸性条件下，中东和墨西哥湾的高盐度盐水试验条件下，为碳钢试样提供了足够的腐蚀保护。

三唑（$C_2H_3N_3$，图2-76）是一种由2个碳原子和3个氮原子组成的一个五元杂环有

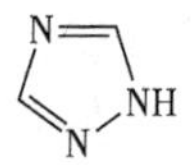

图 2-76 三唑结构式

机化合物,或指含3个氮原子的五元芳香杂环化合物。不饱和有机化合物大多数存在低热稳定性、在酸性介质中易焦油化和高毒性的特点,这限制了其应用,但这并不是三唑类缓蚀剂的特征,三唑类缓蚀剂具有很高的耐酸性和热稳定性,并且能够与腐蚀金属表面发生化学吸附作用,形成保护性缓蚀剂层[395]。

Quraishi 等在1997年研究了一些新的三唑衍生物,即4-氨基亚苄基-3-丙基-5-巯基-1,2,4-三唑、4-氨基水杨基-3-丙基-5-巯基-1,2,4-三唑(ASPMT)、4-氨基香草醛-3-丙基-5-巯基-1,2,4-三唑和4-氨基二甲氨基-亚苄基-3-丙基-5-巯基-1,2,4-三唑(ADPMT),除 ADPMT 外,所有测试的三唑衍生物均显示出98%的抑制率。ASPMT 的抑制率为99%,与炔丙醇相当。2001年,三种长链脂肪酸二唑,即2-十一烷-5-巯基-3,4-二唑(UMOD)、2-十七碳烯-5-巯基-3,4-二唑(HMOD)和2-癸烯-5-巯基-3,4-二唑(DMOD),由 Quraishi 等[396]合成,并通过失重法在105℃±2℃的15%盐酸中作为低碳钢的缓蚀剂进行评价。在含有0.5% UMOD 的15%盐酸中,在类似条件下对 N80 钢也进行了抑制试验。结果表明,噁二唑衍生物是很好的缓蚀剂,UMOD 被发现是最好的腐蚀抑制剂,对 N80 钢的有效抑制率能够达到94%。

Avdeev[397]证明,取代的三唑、IFKHAN-92 抑制剂和碘化钾(物质的量比为1∶1)的混合物可以在高达140℃的硫酸中保护钢。当六亚甲基四胺被用作该混合物的增效剂时,能够显著提高 IFKHAN-92 在温度高于100℃的盐酸溶液中的抑制作用。当三组分混合物 IFKHAN-92、碘化钾和六亚甲基四胺的质量量比为1∶1∶4时,它能有效抑制温度高达180℃时的腐蚀,保持保护至少8h。3-取代的1,2,4-三唑与在 IFKHAN-92 抑制剂的基础上开发的组合物能够在温度高达160℃的2~6mol/L 盐酸中保护20钢(低碳钢)。Keeney 等[368]指出,由炔醇、含氮化合物和碘化铜组成的混合物(0.025~25g/L)在温度不高于230℃时,在盐酸、硫酸、氢氟酸、乙酸及其混合物中是有效的钢腐蚀抑制剂。Walker[398]描述了组合物用于保护 N80 钢,在温度不高于260℃的盐酸、盐酸+氢氟酸、硫酸和盐酸溶液中。该组合物含有炔醇(5.35%)、季铵盐、芳香烃和可溶性锑化合物。建议使用由各种炔醇、苯基乙烯基酮、碘化钾和氢氟酸组成的组合物来保护 N80 和 J55 碳钢,基于肉桂醛和季铵盐的组合物适用于温度高达120℃的相同钢。

胺是含有碱性氮原子和特征电子对的有机化合物。它们由氨衍生而来,根据其性质和氮原子上取代基的数量,分为伯胺(如甲胺)、仲胺(如二甲胺)和叔胺(如三甲胺)。当取代基是环状基团时,胺被称为环状胺。取代基的电子性质和溶剂化程度对胺的碱性有深远的影响。在各种腐蚀环境中,它们是良好的金属缓蚀剂。油溶性胺型缓蚀剂在酸性环境中延缓碳钢腐蚀的有效性已经得到证实。

Papir 等[399]开发了一种油溶性成膜胺缓蚀剂,用于酸腐蚀。在实验室使用正交试验方法和在现场对产品进行了评估,将开发的胺型缓蚀剂与雪佛龙酸性商用抑制剂进行了比较。研究发现,在较低的浓度(0.05%~0.2%)、较长的时间(72h)和较高的温度(86~150℃)下,所开发的抑制剂比市售抑制剂表现更好。还有一些基于胺的研究,主要是关于胺与 α,β-烯键式不饱和醛、酮、脂肪酸、有机卤化物、环氧化物和过渡金属的反应产物。具体而言,大多数文献中的胺组分是乙二胺、三亚乙基四胺、苯二胺、三亚甲基二胺、N-氨基乙基乙醇胺、丙二胺、甲基亚氨基双丙胺、环己胺、2-甲基环己胺、四乙烯五胺、五乙烯六胺、聚氧丙烯胺、二甘醇胺、十二胺、椰油胺、十六胺、十八胺和非乙烯十胺[400]，在大多数情况下，反应机理主要是胺和羰基官能团的缩合反应。胺型缓蚀剂可以保护金属表面，防止在较浅的油井上部和较深的高温区域腐蚀。在适当的剂量下，它们可以在井底温度高达177℃时实现酸液缓蚀[401]，胺型缓蚀剂与大多数油田化学品兼容。

综上所述，含氮化合物类缓蚀剂的种类非常多，应用较多的有六亚甲基四胺、吡啶、喹啉、嘧啶、胺类（表2-50）。六亚甲基四胺一般不单独作为缓蚀剂使用，主要是作为增效剂与其他缓蚀剂一起使用；吡啶类化合物是吡啶及其衍生物，单一的吡啶在高温下缓蚀性能较差，主要是通过季铵化吡啶得到吡啶季铵盐，吡啶季铵盐阳离子具有很强的芳香性、碱性、离域性能/转移性能等活泼的化学性质，吡啶季铵盐对于盐酸、土酸和硫化氢的缓蚀性能较好，在有机合成中被广泛应用。胺型缓蚀剂与大多数油田化学品兼容，多作为单体与醛类发生缩合反应；喹啉能与多种有机溶剂混溶，溶于稀酸，喹啉衍生物因其与高电子密度的结合而显示出良好的抗金属腐蚀效果，被广泛用作防腐材料，与吡啶类似，通常对喹啉进行季铵化处理，增加其缓蚀性能。有机含氮化合物类缓蚀剂的应用非常广泛，但存在一定的毒性（吡啶、嘧啶等），其主要通过复配和添加增效剂的方式用于高温缓蚀剂。

表2-50 有机含氮化合物类缓蚀剂

名称	配方	温度 ℃	酸浓度	用量 %	效果	文献
CI-11	烷基吡啶季铵盐、硫脲、异丙醇和氧化烷基酚	188	10%乙酸+1.5%氢氟酸	2	失重1mg/cm²	[383]
HTC-1	3-甲基吡啶、氯化苄、炔醇、碘化钾、OP-10	160	20%盐酸	3.0	24.53g/(m²·h)	[383]
			12%盐酸+3%氢氟酸		23.72g/(m²·h)	
HS-120	吡啶季铵盐、丙炔醇、甲酸、肉桂醛、醇	120	20%盐酸	1.5	20.156g/(m²·h)	[383]
HS-140		140	20%盐酸	3	33.658g/(m²·h)	
HS-160		160	20%盐酸	4	63.332g/(m²·h)	
TG201	喹啉季铵化合物、曼尼希碱和增效剂	90	20%盐酸	—	缓释率98%	[383]
UMOD	2-十一烷-5-巯基-3,4-二唑	105±2	15%盐酸	0.5	缓释率94%	[396]
BQC	喹啉、吡啶、氯化苄、氯乙酸和碳酸钠	120	20%盐酸	0.2	腐蚀速率40g/(m²·h)	[396]

4. 炔醇类

炔醇是一种十分重要的缓蚀剂，有非常广泛的应用前景和价值，目前常用的炔醇类化合物有丙炔醇、甲基丁炔醇、甲基戊炔醇、己炔醇、3,6-二甲基-4-辛炔-3,6-二醇、2,5-二甲基-3-己炔-2,5-二醇、乙基辛炔醇、2,4,7,9-四甲基-5-癸炔-4,7-二醇等。这些炔醇的物理性能不同，但结构相似，除炔基外，都含有极性基团羟基和非极性基团烃基（表2-51）。这种结构决定了炔醇化合物具有很强的吸附能力，可成为吸附型有机缓蚀剂。另外，炔基的存在会使炔醇与金属原子形成配价键，使炔醇的吸附能力增强。

表 2-51 炔醇的物理性能

化学名称	代号	分子量	状态	熔点,℃
甲基丁炔醇	MB	84.12	透明液体	2.6
甲基戊炔醇	MP	98.15	透明液体	-30.6
2,5-二甲基-3-己炔-2,5-二醇	S62	142.2	结晶状固体	94~95
3,5-二甲基-1-己炔-3-醇		126.2	透明液体	-68
3,6-二甲基-4-辛炔-3,6-二醇	S82	170.26	结晶状固体	49~51
2,4,7,9-四甲基-5-癸炔-4,7-二醇	S104	226.36	白色至淡黄色石蜡状固体	37~38
丙炔醇	P	56.0	液体	-52

Jayaperumal[402]报道，在30℃和105℃的15%盐酸中，辛醇和丙炔醇是低碳钢优良的缓蚀剂，特别是在含有丙炔醇的溶液中，在105℃的15%盐酸中，腐蚀速率只有3mm/a。Beale等[403]在93.3℃的盐酸、硫酸、磺酸、磷酸和乙酸中测试了乙炔醇（图2-77）的不同组合作为低碳钢的缓蚀剂配方，结果显示，加入乙炔醇的这些组合允许使用更少量的抑制剂。混合两种以上的化合物具有优势，并且当炔醇以基本相等的量存在时，观察到最显著的效果。优选的组合包括含3~6个碳原子的低分子量化合物和含7~11个碳原子的高分子量化合物。

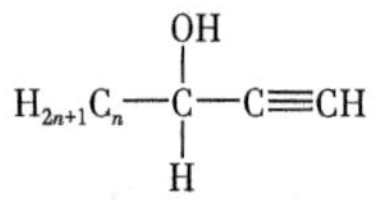

$$H_{2n+1}C_n-\underset{H}{\overset{OH}{\underset{|}{\overset{|}{C}}}}-C\equiv CH$$

图 2-77 乙炔醇的优先结构（n 是从 0~8 的整数）

Keeney等[368]报道，由含氮化合物或炔醇化合物或其混合物以及CUI（25~25000mg/L）组成的缓蚀剂配方在65.5~232.2℃的盐酸、硫酸、氢氟酸、乙酸及其混合物中对含铁材料的腐蚀防护非常有效。他们建议使用己炔醇、二甲基己炔醇、二甲基己炔二醇等，也可以使用炔属硫化物型分子来代替炔醇，例如二丙炔基硫化物、双(1-甲基-2-丙炔基)硫化物和双(2-乙炔基-2-丙基)硫化物，其一般结构如图2-78所示。

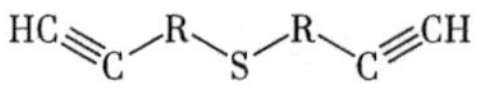

$$HC\equiv C-R-S-R-C\equiv CH$$

图 2-78 乙炔硫化物的结构

对于含氮化合物，他们建议使用胺，如每个烷基部分含2~6个碳原子的单烷基胺、二烷基胺和三烷基胺，如乙胺、二乙胺、三乙胺、丙胺、二丙胺、三丙胺、丁胺、二丁胺和三丁胺、戊胺、二戊胺和三戊胺、己胺、二己胺和三己胺及其异构体，如异丙胺和三叔丁胺。他们还提出了六元氮杂环胺，例如烷基吡啶，每个吡啶部分具有1~5个烷基取代基，烷基取代基具有1~12个碳原子，优选每个吡啶部分平均具有6个碳原子。

Gao等表明，用炔丙醇配制的不同的α,β-不饱和羰基化合物（肉桂醛、亚苄基丙酮、苯基乙烯基酮），适用于90℃下20%的盐酸。他们认为，高温下高缓蚀效率的主要原因是这些化合物在钢表面的聚合和吸附。此外，Sastri指出，由于丙炔醇对铁络合物催化形成保护性聚合物膜，这在高温下是有利的，故在高温下使用的缓蚀剂配方不可避免地含有炔醇。

Walker[398]描述了在温度为65.5~260℃的含铁金属井眼中酸化地层的酸性溶液的缓蚀剂配方，可用的酸性溶液有盐酸，或盐酸与氢氟酸、乙酸、甲酸的混合物，或氢氟酸、硫酸、甲酸、乙酸及其混合物。该配方基于一种或多种炔醇（占配方量的5%~35%）、一种季铵化合物、一种具有高油润湿特性的芳香烃，以及能够提高缓蚀剂性能的锑化合物。所用的炔醇具有图2-79所示的通式，其中R_1、R_2和R_3是氢、烷基、苯基、取代苯基或羟基烷基。Walker建议R_1优选包含氢，R_2包含氢、甲基、乙基或丙基，并且R_3包含具有通式C_nH_{2n}的烷基（n是1~10的整数），优选己醇、炔丙醇、甲基丁炔醇和乙基辛醇。在季铵化合物中，可以使用喹诺酮-N-(氯苄基氯)季铵和氯甲基萘喹啉季铵等。所用碳氢化合物，Walker建议优选二甲苯、饱和联苯二甲苯混合物、HAN（重芳香烃溶剂）、四烯、四氢喹啉和四氢萘。锑化合物，优选浓度为0.7~40mmol/L，可由三氧化二锑、五氧化二锑、三氯化锑、硫化锑、五氯化锑、酒石酸锑钾、酒石酸锑、三氟化锑、焦锑酸钾、乙二醇锑加合物、含有乙二醇的溶液、过氧化氢的氧化产物以及三氧化二锑或任何其他三价锑化合物组成。Walker还建议，这种缓蚀剂可以溶解在烷醇溶剂中，如甲醇、乙醇、丙醇、异丙醇、丁醇、戊醇、己醇、庚醇或辛醇。该缓蚀剂还可以包含非离子表面活性剂，其有助于在酸性溶液中分散，例如乙氧基化油酸酯、妥尔油或乙氧基化脂肪酸，优选体积分数高达20%。同时，Walker建议在加入锑化合物之前将所有成分混合，可以添加稳定剂，防止溶解的含锑化合物从水溶液中析出，减轻65.5~260℃的钢腐蚀。

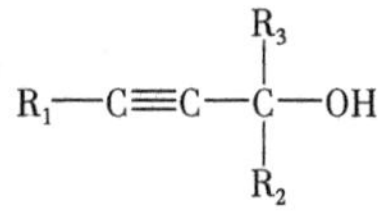

$$R_1-C\equiv C-\underset{R_2}{\overset{R_3}{C}}-OH$$

图2-79　Walker提出的乙炔醇的结构

Barmatov等[404]认为，一些炔醇与α-烯基苯和α，β-不饱和醛结合可能引发表面聚合，对此，许多学者认为，目前没有替代方法在酸增产期间保护油井设备。此外，Barmatov还通过研究油溶性1-辛基-3-醇、4-乙基-1-辛基-3-醇和水溶性炔丙醇，发现缓蚀效率随着可聚合炔醇链长的增加而增加。他们还指出，炔醇与喹诺酮类季铵化合物、表面活性剂和甲酸结合，可在104~177℃提供可接受的腐蚀控制。炔丙醇或4-乙基-1-辛基-3-醇与氯化十二烷基吡啶（DDPC）结合显示出很强的协同作用。Singh[405]研究了在18%硫酸和33~102℃条件下炔丙醇与不同无机阳离子和有机化合物对煤储层的缓蚀协同效应。他们认为，炔丙醇与Cr^{6+}、Cu^{2+}、Hg^{2+}和Sn^{2+}的协同作用取决于炔丙醇和阳离子浓度。另外，当丙炔醇与苯酚、甲醛和次磷酸钠一起配制时，也发现了协同效应，但是当与邻氨基苯甲酸一起配制时，协同效应较小。他们表明，所有的混合物都是有效的混合型抑制剂，主要是通过降低阳极反应的速率。此外，差示扫描量热法分析表明，含甲酚溶液的热稳定性可达200℃。

综上所述，炔醇分子的特异性决定了炔醇类缓蚀剂具有优异的缓蚀性能，它能有效地用于高温环境，不但是一种很好的缓蚀剂，而且常被用作增效剂，但是炔醇缓蚀剂主要的缺点是毒性大、价格昂贵，这限制了炔醇类缓蚀剂的发展，建议使用己醇、二甲基己醇、二甲基己炔二醇等，也可以使用炔丙醇乙氧基化物、炔丙醇丙氧基化物及其混合物，例如甲基环氧乙烷络合的2-丙炔-1-醇，环氧基化后炔醇毒性较低。

三、绿色缓蚀剂

已经开发了各种缓蚀剂和增效剂来最小化腐蚀，例如，季铵盐、丙炔醇、曼尼希碱、六亚甲基四胺、硫醇基等，它们是非常有效的缓蚀剂，但不被认为是环境可接受的。随着人们的环境保护意识日益增强，对缓蚀剂无害化的要求也越来越高，本质上无毒的绿色抑制剂，如植物提取物，相比于传统的商业抑制剂有更高的需求[406-407]，这主要是因为植物提取物被认为是绿色和可持续的材料，因为它们具有天然和生物特性，其提取物通过影响阳极或阴极反应动力学，增加金属表面的电阻来建立一层膜，在非常低的浓度下使用时，能够抑制金属和合金表面受到腐蚀性介质的腐蚀。在植物的所有部分中，叶子最喜欢通过合成产生丰富的植物化学物质（活性成分），其作用类似于商业抑制剂。同样重要的是，要承认植物其他部分的提取物，如根、树皮、花、果实、木材、种子和果皮，对抑制效率有贡献[408]，近年来，许多基于植物的环境可接受的腐蚀抑制剂正在被开发和研究。

2014年，Belakshe等[409]研究了一种新的环境可接受的缓蚀剂在无机酸和有机酸存在下对不同合金的缓蚀性能。该抑制剂组合物具有几个含氮、氧和硫原子的生物碱结构，这有助于增强化学物质的吸附能力并赋予其缓蚀性能。该抑制剂可以来源于植物根的固体粉末的形式使用，也可以提取的液体形式使用。在66~135℃的温度范围内对N80合金进行了测试，固体提取物SCI能够抑制氮N80合金上高达94℃的15%盐酸以及高达135℃的13%乙酸和9%甲酸的有机酸混合物，而液体提取物LCI成功地抑制了N80和QT-800合金中温度高达121℃的15%盐酸腐蚀，表明该抑制剂作为在有效作用温度范围内能较好地抑制合金腐蚀，具有较大的研究潜力。Choudhary等[410]研究了一种新型无害绿色缓蚀剂——菊苣，在高温缓蚀实验中，菊苣可以在121℃、在无机酸或有机酸存在的条件下（如15%盐酸），为N80、Cr13-L80和1010钢提供腐蚀保护，同时，在温度达93.3℃时可用于28%盐酸中进行腐蚀保护，但需要添加增强剂，以提高缓蚀剂的有效性，并避免点蚀或局部腐蚀。在121℃下菊苣通过和增效剂（碘化钾和六亚甲基四胺）复配，能够为N80提供很好的保护。考虑到菊苣良好的性能、低廉的价格和无毒的问题，菊苣是环境可接受的，并且作为植物来源，在自然界中被广泛认为是可生物降解的，菊苣具有显著的抑制酸腐蚀的应用潜力。菊苣是一种食品级材料，无毒性且成本低廉，是很有吸引力的油田应用材料。

Sitz[350]配制了一种仅含有环境可接受成分的新型全氧基缓蚀剂，该缓蚀剂可生物降解、非生物累积和低毒性，符合120℃以下油田油管保护行业标准。Zhao等[411]在2010年使用烟蒂作为N80钢在90℃盐酸中的缓蚀剂，烟蒂是世界上最普遍的垃圾形式之一，需要回收利用，因为它们的毒性可以杀死咸水鱼和淡水鱼。结果表明，在10%和15%的盐酸溶液中，加入5%（质量分数）的缓蚀剂，缓蚀率分别达到94.6%和91.7%。在20%的盐酸溶液中，加入10%（质量分数）的缓蚀剂，缓蚀率为88.4%。随后，Juantao Zhang等对烟蒂作缓蚀剂进行了更深入的研究，他们研究了氯化亚铜作为N80钢在90℃、15%盐酸中的缓蚀剂对回收烟蒂的影响。结果表明，有氯化亚铜存在时，烟蒂水提取物的抑制率高于无氯化亚铜存在时的抑制率，添加铜的9%烟蒂水提取物的抑制率可达95.3%。

综上所述，基于天然存在的植物产品研制缓蚀剂近年来十分火热，绿色缓蚀剂主要的优点是对环境生态友好、无污染、低毒，而且容易获得、可生物降解，是一种十分经济环保的缓蚀剂。但当前所研制的绿色缓蚀剂耐温性不高，在高温、高酸的环境下易降解，达不到预定的缓蚀效果。目前，绿色缓蚀剂仍处于实验探究阶段，实际应用中不够完善和成熟，还需要在提高缓蚀效果、缓蚀机理等方面做更深入的研究。

四、增效剂

缓蚀增效剂是指可以增强缓蚀剂性能的化合物，由于单一组分的缓蚀剂受腐蚀环境因素的影响较大，通常不足以有效降低腐蚀，因此用于高温高浓度酸液中时往往添加增效剂。常用的增效剂包括甲酸、甲酸甲酯、碘化钾、碘化亚铜、氯化亚铜和金属离子。

Williams 等[412]发现不溶性三氧化二锑（Sb_2O_3）和三氧化二铋（Bi_2O_3）与盐酸反应生成可溶性的三氯化锑（$SbCl_3$）和三氯化铋（$BiCl_3$），然后可用作增强剂。Jasinski 发现三氧化二铋与碘化钾联合使用是一种特别有效的增强剂。1992 年，Frenier[388]报道丙酸、丙炔酸、乙酸和氯乙酸、氢碘酸和碘化钠可用作增强剂。2000 年，Hill 等[413]强调在温度高于 93℃ 时需要甲酸作为增强剂；然而，2010 年，Ali 等[414]建议缓蚀剂配方设计中避免使用甲酸，因为使用甲酸会导致腐蚀问题。随后，S. Ali 等提出碘化亚铜和氯化亚铜以 50:50 的比例混合比单独使用组分作为增强剂要有效得多。Williams 等[412,415]声称，金属化合物的功能是产生金属离子，该金属离子与季铵化合物形成络合物（金属配位或结合），并在金属管和设备上形成保护性沉积物。他们还认为锑化合物有毒，而铋化合物毒性较低。出于经济考虑，Williams 等[412]认为，作为增强剂的金属离子的浓度优选在总酸溶液的 1%~1.5% 的范围内（酸中含有增效剂）。同样，Hill 和 Jones 在 163℃ 时使用的保护钢的缓蚀剂（1.2%）比增强剂（5%）少，甲酸、锑盐和碘化钾是在北海使用的可接受的增强剂。受限于温度、时间和环境因素，大多数增效剂并不适用于所有的缓蚀剂。比如，甲酸作为缓蚀增效剂使用时，可以降低溶液的表面张力，但仅限于在 15% 盐酸溶液中，温度为 120~160℃[416]。Alhamad[417]发现，甲酸用作增效剂可以降低高温操作中盐酸的腐蚀速率。Al-Katheeri[418]发现，以甲酸和乙酸作为增效剂，回流样品中的甲酸浓度随着注井时间的增加逐渐增加，因此甲酸作为增效剂应避免长时间关井，但乙酸没有明显的变化，虽然如此，但甲酸依然是一种常用的增效剂，大多数商用有机缓蚀剂添加剂含有甲酸。

锑类增效剂可用于 15% 盐酸，但不可用于更强的酸，如 28% 盐酸。为了使缓蚀剂的适用范围更广，Cizek[419]建议使用碘盐和氯盐作为强化剂，有时甚至可使用汞的金属盐。尽管碘化亚铜可以在 160℃ 高温下使用，但是铜在酸溶液中的溶解度有限，同时出于环境因素的考虑，一些地区禁止使用铜，因而并不可取[416]。Cassidy[420]提出，三苯基膦（TPP）、三乙基膦和三甲基膦用作增效剂（同时还可用作稳泡剂）。TPP 可提供与其他腐蚀抑制剂不同的聚合机理，认为聚合机理是过渡金属聚合，其中 TPP 充当配体，以聚合可能存在于地层中的金属表面上的酸腐蚀抑制剂。仅当与具有可聚合组分的缓蚀剂一起使用时，此机理才有意义。TPP 本身也可以发挥作用，可能是直接作为金属表面的配体，也可能是通过质子化形式吸引到金属表面。研究人员[421]对各种用作内嵌强化剂的有机铵、碘化物进行了测试，包括苯基三甲基碘化铵、三苯基乙基碘化铵等，这些碘盐都可以配制成缓蚀剂组分。结果显示，作为非内嵌强化剂，在不同温度和几种不同的金属中，碘化四甲基铵都能够很好地处理甲酸引起的腐蚀问题。

表 2-52 列出了三苯基膦与 HAI-303 缓蚀剂联合作用于 N80 钢的实验数据。可接受的腐蚀损失限值为 $0.05 lb/ft^2$。在 15% 盐酸和 28% 盐酸中，缓蚀作用增强明显。其他亚磷酸或磷化合物也可作为增强剂，但它们不如三苯基膦有效。

表 2-52 三苯基膦与 HAI-303 缓蚀剂联合作用于 N80 钢的实验数据

温度 ℃	酸液 %	时间 h	HAI-303 %(体积分数)	添加剂	腐蚀速率 lb/(ft²·h)
149	15	3	2		0.195
				25gal/1000gal TPP	0.098
				50gal/1000gal TPP	0.065
				1%(体积分数)P(OMe)$_3$	0.235
				25gal/1000gal Pph$_4$Cl	0.131
				50gal/1000gal Pph$_4$Cl	0.096
	7	8	3	25gal/1000gal TPP+0.1%(体积分数)HII-600	0.057
			2	25gal/1000gal TPP+0.1%(体积分数)HII-600	0.077
				25gal/1000gal TPP+0.1/1000gal HII-600/KI	0.038
				25gal/1000gal TPP+0.5%(体积分数)HII-600	0.050
107	28	3	2		0.204
				25gal/1000gal 乌洛托品	0.176
				25gal/1000gal TPP	0.015
				4%(体积分数)88%甲酸	0.051
				30gal/1000gal KI	0.136
				30gal/1000gal KI	0.252
				50gal/1000gal TPP+4%(体积分数)88%甲酸	0.037

Cassidy[422]提出缓蚀增效剂组合物包括化合物 $R_1R_2XCCOOH$，其中 X 为卤素，R_1 包括至少一个从 C_1—C_{20} 烷基、C_3—C_{20} 环烷基、C_1—C_{20} 氧烷基和 C_6—C_{20} 芳基组成的基团中选出的基团，R_2 包括至少一个从 C_1—C_{20} 烷基、C_3—C_{20} 环烷基、C_1—C_{20} 氧烷基和 C_1—C_{20} 芳基组成的基团中选出的基团。例如，2-卤-2,2-二烷基酯酸、2-卤-2,2-二苯乙酸、2-卤-2,2-二丁基乳酸菌酸、2-溴-异丁基酸、2-氯-2,2-二苯乙酸、2-氯-2,2-二甲基乙酸、2-氯-2,2-二乙基乙酸及其组合物。这些缓蚀增效剂组合物可能比其他增强剂更有效。

实验：增效剂组成为 2-氯-2,2-二苯基乙酸(CDACOOH)和 2-溴异丁酸；缓蚀剂为肉桂醛(CMA)、2-氯-2,2-二苯乙酰氯(CDAC)和 2-溴-异丁基溴等。

缓蚀剂组合物对 N80 的高温腐蚀测试结果见表 2-53。

表 2-53 缓蚀剂组合物对 N80 的高温腐蚀测试结果

温度 ℃	盐酸浓度 %	时间 h	缓蚀剂	添加剂	腐蚀速率 lb/(ft²·h)
121	15	3	2.0%(体积分数)HAI-GE	—	0.33
121	15	3	2.0%(体积分数)HAI-GE	1.0g CDACOOH	0.030
121	15	3	2.0%(体积分数)HAI-GE	0.8g 二苯乙酸	0.260
121	7.5	3	2.0%(体积分数)CMA	—	0.252
121	7.5	3	2.0%(体积分数)CMA	0.34g CDACOOH	0.190

续表

温度 ℃	盐酸浓度 %	时间 h	缓蚀剂	添加剂	腐蚀速率 lb/(ft²·h)
121	15	3	2.0%(体积分数)CMA	—	0.664
121	15	3	2.0%(体积分数)CMA	1.0g CDACOOH	0.132
94	28	3	2.0%(体积分数)CMA	—	0.165
94	28	3	—	1.0g CDACOOH	0.550
94	28	3	2.0%(体积分数)CMA	1.0g CDACOOH	0.050
94	28	3	2.0%(体积分数)CMA	1.08g CDAC	0.276
94	28	3	2.0%(体积分数)CMA	0.5mL 二溴异丁酸	0.044
94	28	3	2.0%(体积分数)CMA	0.5mL 二溴异丁酸	0.228

Barnes[377]提出，增效剂可以包括：巯基乙醇、巯基丙醇、1-巯基-2-丙醇、2-巯基丁醇等；二巯基或多巯基有机化合物，例如噻吩、吡咯、呋喃、唑等的二巯基衍生物；吡啶、二嗪、三嗪苯并咪唑、苯并噻唑、巯基乙酸等的二巯基和三巯基衍生物。

单种类的缓蚀剂能够满足在低温下对于金属的缓蚀，但是在高温下，单种类的缓蚀剂通常需要添加增效剂来提高耐温性能。增效剂最大的优点在于只需要很少的量就能大幅提高缓蚀剂的缓蚀效果，一般增效剂可以按处理流体的质量计0.1%~2%范围内的量存在。当前，增效剂的种类很多，常用的有六亚甲基四胺、乌洛托品、甲酸、碘化钾等。使用时需注意，甲酸和锑类增效剂不适于高浓度酸液，铜在酸溶液中溶解有限，同时，需要考虑到环境问题，发展高效、经济、环保的增效剂。实验或施工中，增效剂可能会出现与有机缓蚀剂不配伍的问题，因此增效剂必须单独配制，与有机缓蚀剂结合使用。

五、小结

近年来，缓蚀剂的研究有了长足的发展，但是也出现了一些问题，比如缓蚀剂有效时间短、高温高酸性下缓蚀效果不理想以及对环境会造成一定伤害等，常用缓蚀剂结构式见表2-54，大多数目前的酸性缓蚀剂或其配方不再符合欧盟REACH标准和OSPAR公约的要求，因为它们的主要活性成分如果排放到环境中可能是有害的。目前的研究目标是开发替代缓蚀剂。符合REACH和OSPAR要求的化合物中值得注意的种类包括氨基酸、聚合物和天然聚合物，特别是植物提取物和离子液体，作为酸性缓蚀剂这些化合物正在被探索或尚未被探索。氨基酸除了无毒、可生物降解和无生物积累外，还可溶于水介质，相对便宜。因此，开发新型的缓蚀剂应有以下特征：

(1)低毒环保型缓蚀剂。随着人们环境保护意识的增强，一些毒性较大的缓蚀剂逐渐被替代。以往经常被使用的无机缓蚀剂，在酸化施工过程中会产生易于阻塞地层的氧化物，而且铬酸盐和砷化物会对环境和人体造成伤害，已经被禁止使用。炔醇化物虽然有着良好的缓蚀性能，但是其价格昂贵且存在毒性。因此，寻找低毒高效缓蚀剂是将来缓蚀剂发展的一个方向。

(2)耐高温且长效缓蚀剂。高温下，大多数缓蚀剂在使用一段时间后会出现缓蚀效率下降的现象，这会大大影响缓蚀剂的缓蚀效果，还会造成安全隐患。因此，开发可以较长时间作用的高温缓蚀剂有利于缓蚀剂的安全使用。

（3）植物型缓蚀剂。将植物提取物作为缓蚀剂有着悠久的历史，但是由于种种原因，很长一段时间内都被合成缓蚀剂所取代。随着环境条件的日益恶化，环境保护越来越受到重视，植物型缓蚀剂重新成为一个新的缓蚀剂研究方向。

表 2-54 常用缓蚀剂结构式

类型	名称	结构式
含氮化合物	烷基胺	RNH_2
	松香胺	
	吡啶	
	六亚甲基四胺	
	甲基氯化吡啶	
	烷基三甲基氯化铵	$[R-N(CH_3)_3]Cl$，$R=C_{12}-C_{18}$
	苄基氯化吡啶	
	喹啉	
	异喹啉	

续表

类型	名称	结构式
含氮化合物	苯并喹啉	(结构式图)
	苄基氯化喹啉	(结构式图)
	苯并三氮唑	(结构式图)
含硫化合物	硫醇	RSH
含氮含硫化合物	若丁	(结构式图)
	硫脲	(结构式图)
含氧化合物	肉桂醛	(结构式图)
	甲醛	CH_2O
含氮含氧化合物	酮醛胺缩合物	(结构式图)
	尿素	(结构式图)
含氧含硫化合物	二甲亚砜	(结构式图)
炔醇类	丙炔醇	(结构式图)

第八节 铁离子稳定剂

在酸化过程中,金属腐蚀和氧化铁、硫化亚铁及含铁矿物在酸中的溶解,都可产生铁盐。随着酸化的进行,酸浓度越来越低,而铁盐含量也越来越高,当酸液的 pH 值和溶于其中的铁盐浓度达到一定值时铁盐可发生水解,重新生成堵塞地层的沉淀(称二次沉淀):

$$FeCl_2 + 2H_2O = Fe(OH)_2 \downarrow + 2HCl$$

$$FeCl_3 + 3H_2O = Fe(OH)_3 \downarrow + 3HCl$$

由表 2-55 可以看出,当 $FeCl_2$ 和 $FeCl_3$ 的质量分数都为 0.6% 时,前者开始水解析出浓淀时的 pH 值为 7,而后者为 2。可见,当酸的浓度逐渐减少,即 pH 值逐渐增加时,$FeCl_3$ 将比 $FeCl_2$ 先水解而析出沉淀。

表 2-55 $FeCl_2$、$FeCl_3$ 质量分数与可水解析出沉淀时的 pH 值

	质量分数,%	析出沉淀时的 pH 值		质量分数,%	析出沉淀时的 pH 值
$FeCl_2$	6.0×10^{-1}	7	$FeCl_3$	6.0×10^{-1}	2
	6.0×10^{-3}	8		6.0×10^{-3}	3
	6.0×10^{-5}	9		6.0×10^{-5}	4
	6.0×10^{-7}	10		6.0×10^{-7}	5

为防止这种二次沉淀的发生,在酸化液中通常要加入一定量的稳定剂。稳定剂都是络合剂,它们能与铁离子生成在较高 pH 值下也不产生沉淀的稳定络离子,从而有效地抑制铁离子沉淀。

随着酸岩反应的进行,酸液活性会逐渐降低,pH 值升高,游离铁离子以 $Fe(OH)_3$ 形式沉淀,造成二次污染。铁络合剂可与 Fe^{3+}、Fe^{2+} 络合或螯合,使它在酸中不易水解,铁还原剂可将 Fe^{3+} 还原至 Fe^{2+},在残酸 pH 值下可达到稳定铁的目的,防止 $Fe(OH)_2$ 凝胶沉淀,从而随残酸排出。

Fe^{3+} 在 pH 值为 2 时开始沉淀,在 pH 值为 3.2 左右就会完全沉淀,而 Fe^{2+} 在接近中性条件下才会沉淀,所以加入还原剂把酸液中的三价铁离子还原为二价铁离子也能起到酸液稳铁的作用。

常用的铁离子稳定剂有醋酸、草酸、乳酸、柠檬酸、次氮基三乙酸(NTA)、乙二胺四乙酸等。

一、pH 值控制剂

pH 值控制剂通常为弱酸,因为弱酸反应速率慢以至于主体酸反应后,残酸仍能维持较低的 pH 值,如选用有机酸(如乙酸)等。

作为稳定剂的醋酸在调控 pH 值的同时,与砂岩和黏土不发生反应,而与氧化铁、硫化亚铁及碳酸盐反应很慢。因此,若在酸液中加入足够量(1%~5%)的醋酸,则可使残酸保持在较低的 pH 值(2.4~2.8),抑制铁盐水解[423]。

醋酸、草酸、柠檬酸等铁离子稳定剂除稳定 pH 值外,其羧基还能与 Fe^{3+} 形成配位键,

也有一定的络合能力,单相比 Na_2EDTA 等螯合剂,其形成的螯合物稳定性远远不够,因为乙酸只有1个可与 Fe^{3+} 形成配位键的羧基,草酸有2个,柠檬酸有3个,而 Na_2EDTA 有6个[424]。

最常用的 pH 值控制剂仍然是醋酸,但 pH 值控制剂作为铁离子稳定剂一般不单独使用,需搭配螯合剂或还原剂复配使用。

二、螯合剂

螯合剂含有不同的官能团(羧基、羟基、醚、伯胺、叔胺、硫醇、硝基、亚硝基和亚砜等),它们具有抓住多价阳离子(Fe^{3+}、Ca^{2+}、Mg^{2+} 等)的能力。

应用最多的是能与 Fe^{3+} 形成稳定五元环、六元环和七元环螯合物的螯合剂,以羟基羧酸和氨基羧酸为主。常用的络合剂有柠檬酸、EDTA、次氮基三乙酸、二羟基马来酸、葡萄糖酸内酯及其复配物。

148.8℃条件下,(次氮基三乙酸)在28%盐酸中会完全降解,研究表明次氮基三乙酸的最佳适用温度应小于 121.1℃[425]。

Blauch 等[426]研究了柠檬酸的多功能性,其中柠檬酸的酸性使碳酸盐质子化,而形成的柠檬酸盐能够螯合 Ca^{2+} 并防止溶解的铁沉淀。柠檬酸也易于生物降解,并且腐蚀电位低,但是其缺点是在某些条件下柠檬酸钙的溶解度有限[427]。

如图 2-80 所示,螯合剂中带负电的基团(图中螯合剂为氧离子)与带正电的金属离子 M,由于较强的静电吸附作用而形成稳定的猪笼状络合物。

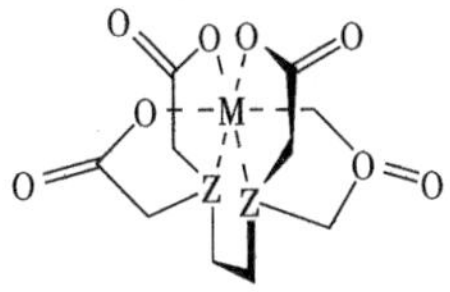

传统酸化作业中,HEDTA 比 EDTA 能更好地防止 Fe^{3+} 沉淀,因为它在盐酸中的溶解度比 EDTA 高,同时 HEDTA 的生物降解性也更高[428]。

图 2-80 螯合剂的螯合作用

LePage 等[189]研究发现,GLDA(谷氨酸-N,N-二乙酸)与 HEDTA 一样有效,可防止废酸中的 Fe^{3+} 沉淀。在高 Fe^{3+} 浓度下,按物质的量计算,GLDA 的效力略低于 HEDTA。但是,为了处理高含量的 Fe^{3+},GLDA 可能会更好,因为在各种酸中它的溶解度可能更高。在28%盐酸中,HEDTA 的溶解度有限,而 GLDA 的溶解度超过40%。图 2-81 给出了各种

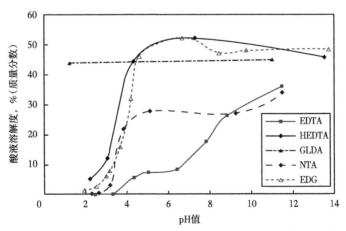

图 2-81 各种螯合剂在20℃时的溶解度随 pH 值的变化曲线

螯合剂溶解度随 pH 值的变化曲线。

HEDTA 和 EDG 在 15% 盐酸中均具有相当大的溶解度，但在 28% 盐酸中却显著抑制了它们的溶解度。NTA 也可适度溶解，而 EDTA 在这样的酸化液中的用途有限。GLDA 是一个显著的例外，在所有检查的酸中均显示出显著的溶解性。重要的是，GLDA 在硫酸、磷酸和硝酸中也发现了类似的高溶解度。GLDA 在极端 pH 值下具有高溶解度、高离子强度和低游离水含量，在各种油田应用（增产、除垢和钻井液滤饼的清洁）中提供了极大的灵活性。

从环境角度来看，GLDA 易于生物降解，并由可再生原料谷氨酸钠制成。GLDA 具有低毒性和水生毒性的特征。作为盐酸的替代品，GLDA 更安全，腐蚀性更强。

Sayed 等 (2013) 使用初始浓度为 38%（质量分数）的 GLDA（pH 值为 3.8）与阳离子型乳化剂以及柴油配制了一种新型乳化螯合剂 EGLDA（即乳化的 GLDA）。实验表明，在 177℃ 条件下岩心溢流样品中的钙离子浓度达到了 19300mg/L，有良好的螯合能力，但未研究其对铁离子的螯合能力[429]。

GLDA 无论是在性能方面还是在环保方面都能满足现在高温井酸化控铁需求，但 GLDA 与作为某些酸液的添加剂可能会影响酸液性能，比如 GLDA 与转向酸共同使用，在较高 GLDA 浓度下，VES 酸液的峰值黏度会较低，但在高铁离子浓度下不会[430]。同时，HEDTA 也表现出类似性质。在使用土酸酸化时，氢氟酸与黏土矿物发生反应生成氟化铝。由于氟与铝的配合物比氟和铁的配合物更稳定，因此使用土酸酸化很难防止 $Fe(OH)_3$ 沉淀[431]。因此，针对土酸可能需要使用针对性的铁离子稳定剂。

Mahmoud 等[432]研究了高温下碳酸盐岩和砂岩地层中使用不同螯合剂作为独立的增产剂，以替代传统酸（例如盐酸和有机酸）的方法。引入螯合剂作为增产剂，可以消除与盐酸相关的问题，例如表面溶解和井管腐蚀，特别是在高温条件下。其将螯合剂 EDTA、HEDTA 和 DTPA 用作独立的 EOR 液，进行岩心驱油实验并研究了其稳定性常数[433]。

杨海燕等 (2014) 以过硫酸铵作引发剂，采用自由基聚合法，以丙烯酸、丙烯酰胺和烯丙基磺酸钠为单体合成具有络合铁离子能力的共聚物 (AAA)。取一定量的蒸馏水加入带回流装置三口瓶中，在低温下加入丙烯酸、丙烯酰胺和烯丙基磺酸钠（质量比为 4.5:4.5:1），单体总质量分数为 35%，然后加入引发剂 0.025g，升温到 70℃，恒温 5h。所得产物为淡黄色液体。稳定剂 AAA 的合成过程如图 2-82 所示。

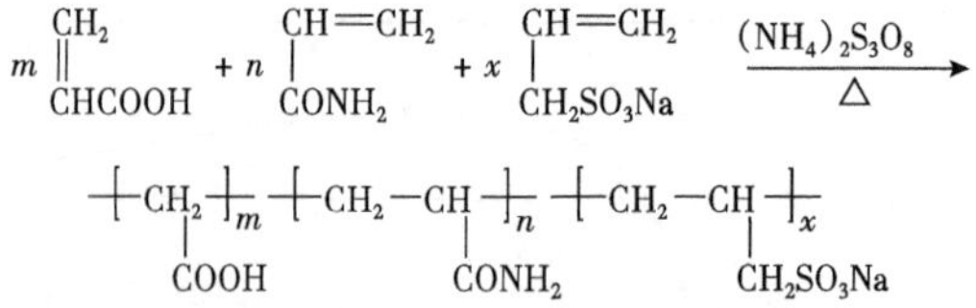

$$m\begin{array}{c}CH_2\\\|\\CHCOOH\end{array} + n\begin{array}{c}CH=CH_2\\|\\CONH_2\end{array} + x\begin{array}{c}CH=CH_2\\|\\CH_2SO_3Na\end{array} \xrightarrow[\triangle]{(NH_4)_2S_3O_8}$$

$$+CH_2\frac{}{\big|}_m + CH_2-CH\frac{}{\big|}_n + CH_2-CH\frac{}{\big|}_x$$
$$\quad COOH \qquad CONH_2 \qquad CH_2SO_3Na$$

图 2-82 稳定剂 AAA 的合成过程

稳定剂 AAA 聚合物分子中有大量带负电荷的氧和氮提供孤对电子，与 Fe^{3+} 通过配位键形成络合物，防止 Fe^{3+} 与 OH^- 结合形成沉淀。由于线性的共聚物分子链具有一定的柔韧性，在溶液中相互交织，形成各种空间网络结构，有助于更多的氧原子、氮原子与同一个 Fe^{3+} 形成配位键。稳定剂 AAA 稳定铁离子 (Fe^{3+}) 能力为 1436.25mg/g，有较好的稳定铁离子能力。稳定剂 AAA 是一种水溶性聚合物，具有较好的溶解分散性，其含有的磺酸基团具有抗温性和热稳定性。其在清水、盐酸和土酸中，在 100℃ 下仍能较长时间地稳定铁离子[434-435]。

Adam Wilson 使用葡萄糖酸及其钠盐充当螯合剂来稳定铁离子,研究显示葡萄糖酸钠在高温高压环境下有良好的铁离子稳定能力[436]。葡萄糖酸及其盐类的化学结构如图 2-83 所示。

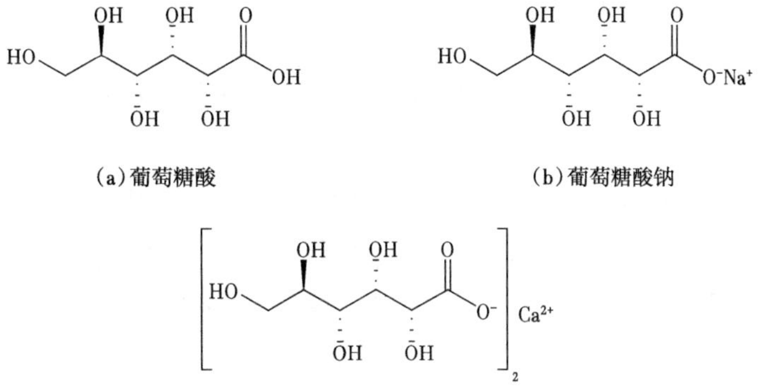

(a) 葡萄糖酸

(b) 葡萄糖酸钠

(c) 葡萄糖酸钙

图 2-83 葡萄糖酸及其盐类的化学结构

研究表明,在 10% 盐酸,1% Fe^{3+} 浓度的溶液中,加入葡萄糖酸钠后,调节 pH 值范围 (0~13),葡萄糖酸钠能够保持 Fe^{3+} 浓度维持在 0.8%,性能优异。

传统的螯合剂如乙二胺四乙酸(EDTA)、羟乙基乙二胺三乙酸(HEDTA)和次氮基三乙酸(NTA)都有在强盐酸中的溶解度有限、生物降解能力较慢、不环保等缺点。为了更好地满足监管机构和行业对健康、安全和环境的更严格要求,引入了易于生物降解的氨基多羧酸型环保螯合剂,包括谷氨酸 N,N-二乙酸(GLDA)、天冬氨酸 N,N-二乙酸(ASDA)、甲基甘氨酸二乙酸(MGDA)和乙醇二甘氨酸(EDG)等。尽管这类螯合物的结构相似性很高,但结果证明,即使化学结构发生最细微的变化也可能对性能产生重大影响。总的来说,GLDA 是最通用的环保螯合剂。

表 2-56 显示了常用螯合剂在残酸中对 Fe^{3+} 的稳定能力,展示了各种螯合剂的相对效率[437]。

表 2-56 常用螯合剂在残酸中对 Fe^{3+} 的稳定能力

螯合剂	酸用量,g/L	温度,℃	稳定 Fe^{3+} 能力,mg/L	时间
柠檬酸	4.19	93	1000	>48h
柠檬酸与醋酸混合物	5.99	66	10000	24h
	40.42	93	10000	15min
乳酸	7.79	24	1700	24h
		66	1700	2h
		93	1700	10min
醋酸	20.85	24	10000	24h
葡萄糖	12.34	93	1000	20min
EDTA	26.96	所有温度	4300	>48h
次氮基三乙酸钠盐	5.99	<93	1000	>48h

三、还原剂

当 pH 值大于 2.0 时，Fe^{3+} 开始沉淀，当 pH 值达到 3.2 左右时，Fe^{3+} 会完全沉淀，而 Fe^{2+} 在 pH 值达到 7.0 左右时才开始沉淀，所以利用还原剂使铁离子保持低价态也是稳定铁离子的一种方法。

铁离子稳定剂中最常用的还原剂是亚硫酸和异抗坏血酸。用亚硫酸作还原剂的化学反应为：

$$H_2SO_3 + 2FeCl_3 + H_2O \longrightarrow H_2SO_4 + 2FeCl_2 + 2HCl$$

反应产物有硫酸，酸液浓度降低后，硫酸会产生 $CaSO_4$ 细微颗粒的沉淀，施工中还会有 SO_2 气体逸出，因此用亚硫酸作还原剂不是一种合适的选择。异抗坏血酸是一种高效的铁还原剂，它已用作铁离子稳定剂。室内实验表明，1mol 异抗坏血酸能还原 8mol Fe^{3+}，比其他常用的铁离子稳定剂效率高得多，而且不受温度的限制，在 204℃ 下仍能作为优良的铁离子稳定剂。一些络合剂除具有络合作用外，也有一定还原作用。柠檬酸和 EDTA 作为铁离子稳定剂在高于 93℃ 使用时，与其他络合剂相反，随温度升高，稳铁效率也升高。有学者认为，产生这种现象是因为柠檬酸和 EDTA 被 Fe^{3+} 氧化，即 Fe^{3+} 被还原成 Fe^{2+}，从而防止了 $Fe(OH)_3$ 沉淀。实验结果也证明，当温度低于 93℃ 时，柠檬酸和 EDTA 以络合作用稳定 Fe^{3+}，当温度高于 93℃ 时以还原作用稳定铁离子。总的来说，能作为酸化液铁离子稳定剂的还原剂不多，其中异抗坏血酸是最有效的还原剂，其稳定铁量是柠檬酸的 9 倍。异抗坏血酸还原铁离子的反应过程如图 2-84 所示。

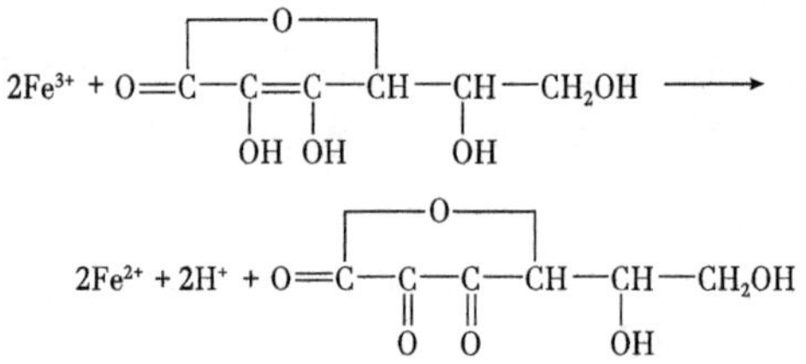

图 2-84 异抗坏血酸还原铁离子的反应式

杜素珍等（2015）合成了一种同时具备还原能力和 pH 值稳定能力的八乙酸两性咪唑啉铁离子稳定剂，在酸化过程中铁离子稳定能力能达到 126mg/mL，但未介绍其使用温度[438]。

四、多元复配体系

由于经还原型铁离子稳定剂还原得到的二价铁离子不稳定，在有强氧化剂存在情况下会重新氧化成二价铁离子，在较高温度下二价铁离子的稳定性也比较差，螯合剂型铁离子稳定剂与铁离子形成的螯合物一般都很稳定，即使在高温下也不会分解或转变成其他化合物，但螯合剂的种类有限[439]。同时，在实际生产过程中，还应考虑铁离子稳定剂要有良好的热稳定性和酸稳定性、酸液体系的配伍性、能否产生钙盐沉淀等，因此近年来的高效铁离子稳定剂多由螯合剂和还原剂共同组成，同时视情况还会搭配弱酸作 pH 值控制剂[440]。

许惠林等[441]把 EDTA 二钠作为螯合剂(2.5%)、抗坏血酸(1.5%)作为还原剂通过与醋酸(1.5%)进行复配,三者之间能产生更好的协同效应,大大提高了酸化用铁离子稳定剂稳定铁离子的能力。张文等[442]制备了一种酸化用铁离子稳定剂,采用异抗坏血酸钠5%~16%、NTA 1%~3%、柠檬酸2%~5%、EDTA 二钠盐2%~5%、余量为水的复配方案。该铁离子稳定剂既有螯合能力,又有还原能力。在 pH 值为 5、80℃、3%(质量分数)加量条件下,稳定能力为32mg/mL。钱程等[443]制备了一种耐温型铁离子稳定剂,利用36%~46%的 D-异抗坏血酸(或32%~38%的 D-异抗坏血酸钠)、48%~57%的柠檬酸、3%~8%的盐酸羟胺进行复配,在 155℃、15MPa 压力下仍有良好的稳铁作用。王满学[444]制备了一种多功能型酸化用铁离子稳定剂。将盐酸置于带有回流冷凝器的反应容器中,在 10~20℃下搅拌,向盐酸中滴加水合肼,搅拌反应 20~60min 后加入水(盐酸中 HCl 的质量为工业水合肼中水合肼质量的 2~5 倍,水的质量为工业水合肼中水合肼质量的 10~20 倍),搅拌均匀得到溶液 A;将柠檬酸[5%~10%(质量分数)]、乳化剂 OP-10[10%~20%(质量分数)]和异丙醇[15%~25%(质量分数)]溶解于水中,得到溶液 B。室温下,溶液 A 和溶液 B 按照 1:1~1:1.5 的质量比混合均匀,得到多功能酸化用铁离子稳定剂。该铁离子稳定剂不但有高效的稳铁作用,还兼有助排剂的作用,稳定 pH 值在 4.5~5.5 之间,稳定能力 80~130mg/mL[用量 2.5%~3.0%(质量分数)],但适用温度不高。李泽锋等[445],把铁离子稳定剂 CA-1、TWJ-10 用于不返排绿色可降解酸中,结果表明,复合酸液中加入 1%铁离子稳定剂 CA-1 后,对 Fe(OH)$_3$ 的抑制率为 84.67%。

五、小结

铁离子稳定剂通常为螯合剂或还原剂单独使用,常用的螯合剂主要是冰醋酸、柠檬酸、次氮基三乙酸、乙二胺四乙酸及其钠盐、或 GLDA 等氨基酸类有机物。还原剂主要是异抗坏血酸钠、葡萄糖等。这些铁离子稳定剂的稳铁能力一般,并且在实际生产和现场酸化应用过程中存在诸多问题,例如,冰醋酸和柠檬酸本身螯合金属离子的能力比较小,为提高螯合能力,就需要加大冰醋酸和柠檬酸的用量。由于冰醋酸价格较贵,使用浓度通常不超过 6%,而柠檬酸在高浓度条件下溶解困难,因此,单纯增加其用量既不经济也不科学。乙酸等弱酸同时还起到调节 pH 值的作用,但乙酸在井温低于 66℃时才有效。对于高温井,乙酸不可能有效地解决 Fe^{3+} 沉淀问题。此外,如果自来水的水质矿化度较高,直接用于配制酸化铁离子稳定剂将严重影响稳铁性能。常用铁离子稳定剂性能参数见表 2-57。

表 2-57 常用的铁离子稳定剂性能比较[446]

名称	使用温度,℃	参考用量,kg/m³	特点
柠檬酸	<204	<15	低温效果较差,93℃以上时效果明显,过量会有钙盐沉淀
柠檬酸+醋酸	<171	醋酸:柠檬酸=11:6	65℃以上时效果下降,酸中 Fe^{3+} 浓度小于 2kg/m³ 时会有钙盐沉淀产生
乳酸	37.7	2.3	温度超过 37.7℃时效果不明显
醋酸	<66	0.001	过量使用不会有沉淀产生
葡萄糖	65.5	4.2	几乎不会引起葡萄糖钙沉淀,但价格较高
EDTA	<204	2	过量使用也不会出现钙盐沉淀,但价格较高

续表

名称	使用温度,℃	参考用量,kg/m³	特点
氨三乙酸三钠	<204	<12	少许过量不会出现钙盐沉淀,价格比柠檬酸高
异抗坏血酸及其钠盐	<204	0.6~2.4	过量使用不会有沉淀
L41、U42	<149	L41:9.6~2.4 U42:21~52	美国 DOWELL 公司产品,93℃效果很好,149℃以上效果减半
CT-7	<204	2~10	兼具还原和螯合两种功能,无毒无异味,流动性好

对于高含硫储层,H_2S 是较强的还原剂,其会与三价铁离子反应生成硫单质。因此,应用于高含硫储层的铁离子稳定剂建议至少包含还原剂和螯合剂,还原剂取代 H_2S 的作用,将三价铁离子还原成二价铁离子以防止单质硫沉淀,螯合剂以防止 FeS 沉淀。

第九节 酸岩反应动力学参数

一、计算方法

现阶段酸化过程中的酸岩反应动力学参数由以下方法计算。

1. 氢离子传质系数

酸液在注入地层后流体中的 H^+ 传递有两种方式:

(1) 液体中的 H^+ 在浓度差的作用下做定向运动,使离子由高浓度区向低浓度区运动,这一过程称为扩散,浓度差越大,扩散传质越快。

(2) 酸液流动速度越大,H^+ 传质越快,这一过程称为对流效应。在酸岩反应过程中,H^+ 的运动既有扩散传质,也有对流传质,且以对流传质为主。

旋转岩盘实验中,岩盘做旋转运动将带动反应釜内的酸液以一定的角速度旋转,紧靠岩面的酸液几乎和盘面一起旋转,远离盘面的液体不和盘面一起运动,产生对流,使 H^+ 发生对流传质,同时,由于岩盘表面反应降低了 H^+ 的浓度,使岩盘表面与酸液本体产生了浓度差,H^+ 在浓度梯度作用下,不断向岩盘表面传递。由于石灰岩与盐酸的表面反应非常快,可假设岩盘表面的 H^+ 浓度为 0 这一边界条件,求出酸液中 H^+ 的有效传质系数:

$$D_e = (1.6129 v^{1/6} \cdot \omega^{-1/2} \cdot C_t^{-1} \cdot J)^{3/2} \quad (2-1)$$

式中 D_e——H^+ 有效传质系数,cm^2/s;

v——酸液平均运动黏度,cm^2/s;

ω——旋转角速度,s^{-1};

C_t——时间为 t 时酸液内部浓度,mol/L。

由式(2-1)可知,H^+ 有效传质系数与旋转角速度 ω 有关,即与酸液流态有关,因此常作不同温度下的 D_e—Re 关系曲线进行研究。

$$Re = \omega R^2 / v \quad (2-2)$$

式中 Re——旋转雷诺数;

R——岩盘半径，cm。

由于三种酸液体系运动黏度差异较大，在相同转速下 Re 在不同的区间，因此绘制 D_e—Re 的关系曲线便于分析研究。

2. 反应动力学方程

利用旋转岩盘实验仪可测得一系列的 C 和 J 值，绘制关系曲线，采用微分法确定酸岩反应速率：

$$J = kC^m \tag{2-3}$$

对式(2-3)两边同时取对数，即

$$\lg J = \lg k + m\lg C \tag{2-4}$$

式中 J——反应速率，表示单位时间流到单位岩石面积上的物流量，$mol/(s \cdot cm^2)$；

k——反应速率常数，$(mol/L)^{-m} \cdot mol/(s \cdot cm^2)$；

C——t 时刻的酸液内部酸浓度，mol/L；

m——反应级数。

用 $\lg J$ 和 $\lg C$ 作图得一直线，此直线的斜率为 m，截距为 $\lg K$，从而确定酸岩反应动力学参数反应速率常数 k、反应级数 m，以及酸岩反应动力学方程。

二、不同酸液的高温反应动力学比较

张建利等[447]研究了塔河石灰岩油藏（120~130℃）与胶凝酸的酸岩反应动力学参数，塔河石灰岩油藏采用前置液酸压，裂缝降温后平均温度为90℃。李沁[448]全面研究了几种酸液在白云岩中的酸岩反应行为，详细综述了酸岩反应机理的研究现状，建立了酸液黏度与酸岩反应参数之间的经验公式，但其实验研究的温度未超过110℃。童智燕[449]对自转向酸与碳酸盐岩的酸岩反应动力学参数进行了研究，得到了其反应动力学方程和反应活化能，但是实验温度仍然较低，未超过80℃，也未说明使用的碳酸盐岩岩性。王荣等[450]对常规盐酸、胶凝酸、转向酸与石灰岩反应速率做了总结，120℃下常规盐酸（20%盐酸）、胶凝酸（20%盐酸）、转向酸（20%盐酸）与石灰岩反应速率分别为 $6.66 \times 10^{-5} mol/(s \cdot cm^2)$、$1.58 \times 10^{-5} mol/(s \cdot cm^2)$ 和 $2.21 \times 10^{-5} mol/(s \cdot cm^2)$。刘伟等[451]对云质岩的酸岩反应动力学参数进行了研究，云质岩储层是白云岩与碎屑岩过渡储层，属于致密油储层，110℃下常规盐酸（20%盐酸）、胶凝酸（20%盐酸）、转向酸（20%盐酸）与云质岩的反应速率分别为 $5.54 \times 10^{-5} mol/(s \cdot cm^2)$、$1.61 \times 10^{-5} mol/(s \cdot cm^2)$ 和 $1.10 \times 10^{-5} mol/(s \cdot cm^2)$。王贵等[452]对伊拉克米桑油田的碎屑灰岩进行了高温反应动力学参数测试，在140℃、15%盐酸浓度下，碎屑灰岩的反应速率为 $1.27 \times 10^{-4} mol/(s \cdot cm^2)$。

Sayed 等[453]进行了150℃下乳化酸与石灰岩的反应行为研究，但只得到了乳化酸与石灰岩低反应速率和低 H^+ 扩散速率的结论，并未计算得到其反应动力学方程和扩散系数。Sayed 等[454]研究了乳化酸与白云岩的反应动力学参数，采用15%盐酸，按照0.7的酸体积分数配制的阳离子型乳化酸，在110℃条件下，得到乳化剂含量为0.5%、1.0%和2.0%的乳化酸与白云岩反应时的扩散系数分别为 $1.413 \times 10^{-8} m^2/s$、$6.751 \times 10^{-9} m^2/s$ 和 $8.367 \times 10^{-10} m^2/s$。乳化剂含量由0.5%升高到2.0%，但扩散系数却降低了两个数量级，证明黏度严重影响了乳化酸扩散系数。同时，发现白云石与乳化酸在110℃下的反应是传质控制的。与方解石相比，白云石在乳化酸中的溶解速率降低了一个数量级，而酸的扩散系数降低了两个数量级。Rabie 等[455]通过实验计算了 120℃、500r/min 条件下乳酸与方解石的反应动力学参数，得到其反应速率为 3.21×10^{-6}mol/(s·cm^2)，120℃、1500r/min 条件下乳酸与白云岩的反应速率为 1.30×10^{-6}mol/(s·cm^2)。其中，乳酸与方解石的反应活化能为 26.1kJ/mol，与醋酸与方解石的反应活化能[456]（21.1kJ/mol）相近。研究还发现，低温条件下乳酸与方解石的反应速率比乳酸与白云石的反应速率高一个数量级，但随着温度升高到 120℃，差异会减小。120℃下，乳酸与方解石的反应速率仅为与白云石反应速率的两倍。Aldakkan 等[457]开发了一种乳化酸的替代品（LVAS），该酸由强无机酸与可溶性有机化合物复配而成，研究了其与白云岩的反应速率，并与乳化酸等做了详细对比。在 150℃、500r/min 条件下，LVAS 对石灰岩的溶解速率为 2.21×10^{-5}mol/(s·cm^2)，与 120℃下含 20%盐酸的胶凝酸、转向酸相当。尤其在 150℃条件下，LVAS 能够将方解石/岩石反应控制在相当于 20%（质量分数）GLDA 的水平，同时扩散系数与 15%盐酸的乳化酸为同一个数量级[458]。Rabie 等[459]测定，在 150℃、1000r/min、pH 值为 3.8 的条件下，GLDA 与 Pink Desert 石灰岩的总反应速率为 1.37×10^{-5}mol/(s·cm^2)，螯合反应速率为 6.06×10^{-6}mol/(s·cm^2)，氢离子反应速率为 7.67×10^{-6}mol/(s·cm^2)。该研究详细对比了螯合速率与氢离子反应速率的区别，并探究了温度对两者的影响。Al-Douri 等[178]测定了以磷基酸[10%（质量分数）]为代表的有机酸与方解石的反应动力学参数，在 500r/min、120℃条件下，磷基酸与方解石的反应速率为 1.575×10^{-6}mol/(s·cm^2)。该酸在 120℃的反应速率反而小于 90℃时的反应速率，且在高温（大于 90℃）条件下，其反应式通过传质控制。同时进行了 150℃的岩心驱替实验，但未测定 150℃条件下的反应动力学参数。

甲磺酸（MSA）早期被用作除垢剂，现被用作碳酸盐岩酸化过程中独立的增产工作液，Reyath 等[192]测定了甲磺酸与方解石的反应动力学参数，120℃条件下，5%（质量分数）的甲磺酸溶液与方解石反应的扩散系数为 3.03×10^{-4}m^2/s，活化能为 33960J/mol，且随温度升高而增加。Abdelgawad 等[460]测定了低 pH 值（3.8）条件下螯合剂 GLDA 的高温高压反应动力学，其在 120℃下的扩散系数为 1.073×10^{-5}m^{-2}/s（淡水），同时发现使用海水配制的螯合酸相比使用淡水配制的螯合酸，扩散系数会低一个数量级，这是由于海水中高浓度盐的影响。

在某些沉淀或垢的去除过程也可以由酸与矿物间的反应动力学表征，Ahmed 等[461]通过实验描述了高温（150℃）条件下 GLDA 与黄铁矿的反应动力学参数，得到 20%（质量分数）GLDA（pH 值 3.8）的反应速率为 5.378×10^{-8}mol/(s·cm^2)，扩散系数为 1.338×10^{-7}cm^2/s，此研究虽然针对除垢，但对高温、高黏土矿物含量的碳酸盐岩储层酸化的反应动力学参数求解有一定指导意义。

有机酸等弱酸反应的动力学研究较少，其与方解石反应的过程是一个可逆过程，总反应速率由正反应速率决定，并且由于反应产物的存在而在热力学上受到限制，也就是，反应是由传质控制的。由于，有机酸比盐酸贵，它们不能在高酸浓度下使用。Al-Khaldi 等[462]进行了柠檬酸与方解石反应的动力学研究，建立了一种针对弱酸的反应动力学方程，平均反应级数为 0.833，活化能为 63100J/mol，但实验温度较低，对于有机酸的高温动力学研究主要集中在 GLDA 等螯合酸，螯合反应机理与弱酸的可逆反应又存在区别。

$$R = k_{\mathrm{f}}\{[K_{\mathrm{al}} \cdot C_{\mathrm{B}}]^{n/2}\} \tag{2-5}$$

式中　R——反应速率；

k_f——正向反应的反应速率常数；

K_{a1}——柠檬酸的离解常数；

C_B——本体溶液中的反应流体浓度；

n——反应级数。

Rabie 等[160]研究了交联酸的反应动力学参数，使用 Pink Desert 石灰岩，120℃条件下 5%盐酸的交联酸与其反应的反应速率为 $2.8 \times 10^{-5} \text{mol}/(\text{s} \cdot \text{cm}^2)$，同时温度从 65℃升高到 120℃的过程中，交联酸与石灰岩反应速率都维持在 10^{-5} 数量级，从动力学角度证明了交联酸的缓速作用。Taylor 等[463]研究了沙特阿拉伯白云岩气藏储层（135℃、52MPa）的高温酸岩反应行为，但该研究主要关注了岩石的溶出速率与矿物的关系，并未建立该储层的酸岩反应动力学方程，且实验温度只有 85℃。该文献另一个值得注意的发现是，岩石中普遍存在的矿物杂质会严重影响反应速率，因为通常认为，酸化过程中酸与石灰岩储层的反应比与白云岩储层的酸反应要快得多，但实验发现，这些黏土矿物杂质可将酸与石灰岩的反应速率减小为原来的 1/25。

三、酸岩反应参数总结

文献中各种酸液在不同温度、酸浓度条件下与不同岩性碳酸盐岩反应的酸岩反应动力学参数见表 2-58。

表 2-58 酸岩反应动力学参数

酸液种类	岩性	温度 ℃	动力学方程	反应级数 m	反应速率常数 $(\text{mol/L})^{-m} \cdot \text{mol}/(\text{s} \cdot \text{cm}^2)$	H^+传质系数 (500r/min), cm^2/s	反应活化能 J/mol
胶凝酸[447]（20%盐酸）	塔河石灰岩	90	$J=7.82\times10^{-6} C^{0.4863}$	0.4863	7.82×10^{-6}	1.387×10^{-5}	11398
交联酸[448]	白云岩		$J=2.72\times10^{-6} C^{0.4505}$	0.4505	2.72×10^{-6}		
清洁酸[448]	石灰岩		$J=1.94\times10^{-6} C^{1.1038}$	1.1038	1.94×10^{-6}		
普通酸[448]（15%盐酸）	白云岩	90	$J=6.26\times10^{-6} C^{1.1045}$	1.0545	6.26×10^{-6}	3.43×10^{-5}	24915
稠化酸（15%盐酸）	白云岩	110	$J=3.52\times10^{-6} C^{0.8422}$	0.8422	3.52×10^{-6}	3.25×10^{-6}	16023
自转向酸[449]（20%盐酸）		80	$J=4.34\times10^{-7} C^{1.144}$	1.1440	4.34×10^{-7}	1.19×10^{-5}	34991
常规盐酸[450]（20%盐酸）	Kaji 石灰岩	120	$J=3.98\times10^{-6} C^{1.3191}$	1.3191	3.98×10^{-6}	4.52×10^{-8}	23160
胶凝酸[450]（20%盐酸）	Kaji 石灰岩	120	$J=1.70\times10^{-6} C^{0.7384}$	0.7384	1.70×10^{-6}	1.56×10^{-8}	29804

续表

酸液种类	岩性	温度 ℃	动力学方程	反应级数 m	反应速率常数 $(mol/L)^{-m} \cdot mol/(s \cdot cm^2)$	H^+传质系数 (500r/min), cm^2/s	反应活化能 J/mol
转向酸[450] (20%HCl)	Kaji 石灰岩	120	$J=2.39\times10^{-6} C^{0.8695}$	0.8695	2.39×10^{-6}	3.19×10^{-8}	23986
常规盐酸[451] (20%盐酸)	云质岩	110	$J=7.05\times10^{-7} C^{1.9713}$	1.9713	7.05×10^{-7}	1.30×10^{-5}	37566
胶凝酸[451] (20%盐酸)	云质岩	110	$J=3.50\times10^{-7} C^{1.7506}$	1.7506	3.50×10^{-7}	3.99×10^{-6}	38120
转向酸[451] (20%盐酸)	云质岩	110	$J=3.25\times10^{-7} C^{1.4452}$	1.4452	3.25×10^{-7}	2.15×10^{-6}	37834
常规盐酸[452] (15%盐酸)	米桑油田碎屑灰岩	140	$J=1.92\times10^{-5} C^{1.1810}$	1.1810	1.92×10^{-5}	2.68×10^{-9}	4361
LVAS[457]	方解石	150			3.3×10^{-6}	6.8×10^{-7}	204000
乳化酸[454] (15%盐酸, 0.5%乳化剂)	白云岩	110				1.413×10^{-8}	
乳化酸[454] (15%盐酸, 0.5%乳化剂)	白云岩	110				6.751×10^{-9}	
乳化酸[454] (15%盐酸, 0.5%乳化剂)	白云岩	110				8.367×10^{-10}	
交联酸[160] (5%盐酸)	Pink Desert 石灰岩	120	$J=2.23\times10^{-4} C^{0.319}$	0.319	2.23×10^{-4}	2.16×10^{-5}	13598
GLDA[459] (pH值3.8)	Pink Desert 石灰岩	150				3.97×10^{-5}	20133
乳酸[455] [5%(质量分数)]	方解石	120				1.47×10^{-5}	261000
甲磺酸[192] [5%(质量分数)]	方解石	120				3.03×10^{-4}	33960
磷基酸[178] [10%(质量分数)]	方解石	120				1.575×10^{-6} (反应速率)	
GLDA[461] [20%(质量分数), pH值3.8]	黄铁矿	150				1.338×10^{-7}	443085 (络合能)

注：盐酸浓度对应的是求取 H^+ 传质系数时使用的盐酸浓度，对应温度为求解活化能的4个温度梯度中最高的实验温度。

四、温度对传质系数的影响

1. Levich 和 Newman 方程

扩散系数(D_e)是酸化作业设计中的重要参数。使用鲜酸测量的 D_e 不能代表在酸处理过程中碳酸盐岩和注入的盐酸之间的真实反应动力学。Qiu 等[464]通过实验发现,由于废酸中存在各种离子和 CO_2,鲜酸的扩散系数远高于相同酸浓度的废酸。同时发现,在相同条件(酸浓度、温度)下,盐酸/方解石的传质系数比盐酸/白云石的传质系数高两个数量级。为了正确设计酸化作业程序,应使用与不同施工阶段对应的废酸,并在高压条件下获得酸液的传质系数传质系数。

Levich 研究了如何计算不同条件下(包括薄片和旋转盘)的反应动力学,开发了旋转圆盘方程。计算方程式为:

$$\frac{i}{NF} = \frac{D_e}{1-t_r}\frac{dc}{dy} = \frac{\dfrac{D_e(C_b - C_s)}{1-t_r}}{\int_0^\infty \exp\left\{\int_0^y \frac{V_y}{D_e}dy\right\}dy} \tag{2-6}$$

其中:

$$V_y = \sqrt{\omega\nu}\left[-0.51023\frac{\omega}{\nu}y^2 + \frac{1}{3}\left(\frac{\omega}{\nu}\right)^{1.5}y^3 - 0.10265\left(\frac{\omega}{\nu}\right)^2 y^4 + \cdots\right] \tag{2-7}$$

式中 i——电流密度,A/m^2;

t_r——转移数;

D_e——扩散系数,m^2/s;

c——反应物的浓度,mol/L;

C_b——反应物的浓度,mol/L;

C_s——圆盘上的反应物浓度,mol/L;

y——距圆盘的距离,cm;

ω——旋转速度,rad/s;

ν——流体的运动黏度,cm^2/s;

F——法拉第常数;

N——当一种反应离子或分子发生反应时产生的电子数。

Levich 方程由 Newman 进行数值求解,并由 Gregory 和 Roddiford 简化。Newman 将方程的精确解与数值解以及由 Gregory 和 Riddifored 开发的简化解进行了比较,发现只要施密特数大于 100,两种方法的相对误差均小于 5%。施密特数定义为运动黏度与扩散系数之间的比率。

此后已使用由 Newman 开发的方程式。用于分析旋转圆盘的方程式中存在一些假设,总结如下:

(1)在整个反应过程中,圆盘的表面积保持不变。

(2)在整个反应过程中,酸的浓度保持不变。

(3)在传质受限反应的情况下,假定表面上的反应是瞬时的。

(4)在整个反应过程中,流体密度和黏度保持不变。

(5) 流动是单相的。

(6) 酸不受容器边界的影响，因为假定容器的半径是无限的。

(7) 假设层流的雷诺数小于 2000。

为牛顿流体开发的最终方程为：

$$J_{mt}=\frac{0.62048Sc^{-\frac{2}{3}}(\nu\omega)^{0.5}}{1+0.298Sc^{-\frac{1}{3}}+0.1451Sc^{-\frac{2}{3}}}(C_b-C_s) \quad (2-8)$$

式中 J_{mt}——盐酸向旋转盘的质量转移速率，$mol/(s \cdot cm^2)$；

Sc——施密特数。

2. 传质系数的温度依赖性

实际情况下，Newman 方程式中的大多数假设没有得到满足。在测量了酸的运动黏度后，方程式中唯一未知的是扩散系数，在估算扩散系数时，必须获得准确的比反应速率。然后，使用 Arrhenius 方程将反应速率常数与温度相关，计算结果用于活化能计算，Arrhenius 方程证明了扩散系数的温度依赖性。

$$K=K_0\exp(-E_a/RT) \quad (2-9)$$

式中 K——某温度下的 H^+ 有效传质系数，cm^2/s；

E_a——活化能，J/mol；

R——反应速率。

由此 Arrhenius 方程建立了 H^+ 有效传质系数（J_{mt}—盐酸向旋转盘的质量转移速率）与温度 T 的关系，由此方程可以看出，温度是 H^+ 有效传质系数（扩散系数）的最主要影响因素。现在的酸岩反应动力学研究也都在突出传质系数这一重点。但总的来说，现阶段对酸岩反应动力学的研究还很有限，极其缺乏高温（大于 150℃）条件下的酸岩反应动力学研究；又由于传统酸液（如转向酸、胶凝酸、交联酸等）在高温下酸岩反应速率极快，对其高温反应速率研究意义不大，因此现阶段大于 150℃ 的高温酸岩反应动力学研究主要是针对有机螯合酸液、新型耐温乳化酸等有明显缓速作用的酸液，且重要研究参数为传质系数（扩散系数），即 D_e。

3. 一种高温传质系数估算的经验公式

既然扩散系数体现出对温度的高度依耐性，那么对于高温储层，如果实验室条件无法达到储层温度条件，也可以建立扩散系数与温度的函数关系，从而预测某一高温条件下的 H^+ 扩散系数。Rabie[160] 在研究交联酸高温反应动力学时引用 Conway 等[465] 提出的一种相关性经验公式，以预测在不同温度和酸浓度下，普通酸、胶凝酸和乳化酸中 H^+ 的扩散率。该公式建立起了温度 T、H^+ 浓度和产物离子浓度（Ca^{2+}、Mg^{2+}）与扩散系数的函数关系：

$$D_{(H^+)}=\exp\left(-\frac{A}{T}+B\sqrt{\frac{[Ca^{2+}]}{[H^+]}}+C\sqrt{\frac{[Mg^{2+}]}{[H^+]}}+D[H]+E\right) \quad (2-10)$$

其中：$A=-2918.54$；$B=-0.589$；$C=-0.789$；$D=0.0452$；$E=-4.995$，-5.47，-7.99（分别为普通盐酸、胶凝酸和乳化酸的 E 值）。

该相关性预测 H^+ 在 65℃、5% 盐酸的胶凝酸中的扩散系数分别为 $5.81×10^{-5} cm^2/s$ 和 $3.63×10^{-5} cm^2/s$。与 Ahmed 在相同条件下实验测得的数据相比，这些估计值分别要低 63%

和40%。预测公式与实际实验的差异性，说明了从特定岩心得到的数据或经验公式往往只能用来规范和预测特定的储层，针对长期开发的油田，可以参考Conway经验公式的推导过程，建立起适用于该油田储层的H+扩散系数与温度关系函数。

五、小结

酸液体系反应速率常数和反应级数均随黏度升高而降低，酸液体系黏度升高引起反应速率降低，并且使得酸浓度对反应速率的影响程度降低。石灰岩储层的酸岩反应速率普遍高于白云岩储层，但也有例外，因为岩石中普遍存在的矿物杂质会严重影响反应速率，如果是黏土矿物含量高的石灰岩储层，其酸岩反应的H^+传质过程会被严重影响，研究发现这些黏土矿物杂质可将酸与石灰岩的反应速率减小为原来的1/25；换句话说，对于矿物杂质含量高的储层，鲜酸的处理效果可能等同于残酸。因此，参考不同区块储层反应动力学参数时，矿物的种类和含量是相当值得考量的影响因素。

值得注意的是，旋转圆盘的直径严重影响酸液反应过程的氢离子传质系数D_e。酸液流速应与常规旋转圆盘实验中酸液流动最大线速度相对应，比如直径为50.88mm的旋转圆盘，以500r/min的角速度工作时对应的线速度为1.33m/s，以此类推，100r/min对应0.27m/s，300r/min对应0.80m/s。现阶段的酸岩反应动力学研究都为关注圆盘的大小，也为将不同直径、不同角速度旋转的圆盘量化为线速度的比较。

即使是同一岩性、同一井段的岩心，应用同样的酸液，所得的实验结果往往也相差很大。以塔里木石灰岩储层为例，不同学者均应用20%盐酸的胶凝酸对其石灰岩储层进行了反应动力学研究，张建利等[447]得到的反应动力学方程为$J = 7.82 \times 10^{-6} C^{0.4863}$，活化能为11398J/mol；孙连环[466]得到的反应动力学方程为$J = 5.014 \times 10^{-6} C^{0.9562}$，活化能为26128J/mol；邝聃等[467]得到的反应动力学方程为$J = 9.217 \times 10^{-6} C^{0.9528}$，活化能为31832J/mol。因此，动力学方程的参考意义主要还是在于各参数的数量级是否差别明显，或是横向对比不同种类酸液的酸岩反应动力学参数，比如反应速率上的明显区别（普通盐酸>转向酸>交联酸>乳化酸>有机酸螯合酸），如果参考不同学者的同酸液与同种岩性的酸岩反应动力学参数，差别会很大，而且配制酸液的盐酸浓度是关键的参考因素。

总的来说，根据待开发储层的储层特征、岩性、矿物种类、压力等参数，建立起适合该储层的高温反应动力学方程，开发出建立在该储层基础上的传质系数估算公式，并以酸液种类为界限区别开，是最合理的选择，但也需要大量的实验做支撑。

第三章 高温高压超深储层增产改造液其他配套添加剂

高温高压超深储层其他配套添加剂的研发重点主要是转向剂/暂堵剂、除氧剂以及除硫剂等,通过添加剂从不同的角度提高增产效果。研发适用温度范围广、易降解、低残渣甚至无残渣、易返排、安全环保无毒、封堵强度高、低成本、施工工艺简单可靠、适用于多种改造工艺的转向剂是当下的热点。除氧剂和除硫剂的研究虽然较少,但已是大势所趋。下面将从转向剂/暂堵剂、除氧剂以及除硫剂等方面分别进行介绍。

第一节 转向剂/暂堵剂

压裂酸化是非常规油气资源开发、中后期油田挖潜以及低渗透油气藏商业化开发的关键技术支撑。针对前期压裂酸化失效需重复压裂问题和扩大改造体积及均匀布酸等需求,暂堵剂备受国内外各大油田青睐。暂堵剂可有效封堵高渗透层和裂缝,迫使压裂液或酸液转向,实现体积或缝网压裂和均匀酸化改造的目的。暂堵剂可以人工降解或在储层条件下自行降解,对储层伤害较小,甚至无伤害。依据暂堵剂暂堵机理的不同,将暂堵剂分为化学微粒、纤维、胶塞类、表面活性剂、复合类和新型暂堵剂[468-470]。深层油气藏暂堵转向高效改造增产技术及应用如图3-1和图3-2所示。

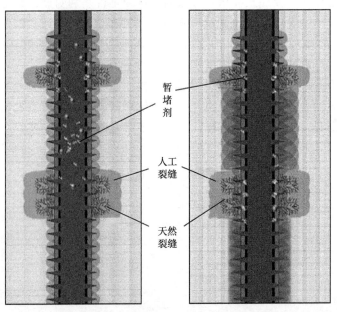

图3-1 纵向暂堵实现分层分段

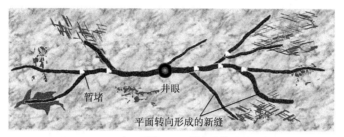

图 3-2 平面暂堵转向形成裂缝网络

一、化学微粒暂堵技术

这里指的化学微粒暂堵技术是在施工混合液体注入前，化合物便在地面形成颗粒状固体，然后随混合液注入预定位置进行暂堵的技术手段。

1. 暂堵机理

Andreasen[471]是经典的连续颗粒堆积理论倡导者，将颗粒粒径(d)分布用统计模型表征，而后发展出 Gaudin-Schuhmann 粒度分布模型。Kaeuffer[472]基于钻井液中暂堵颗粒服从 Gaudin-Schuhmann 粒度分布模型的假设，首次提出"理想充填理论"，又称 $d^{1/2}$ 理论，通过物理实验和数值模拟得出 $n=0.5$ 时，屏蔽暂堵最稳定。Smith[473]指出，储层渗透率主要由较大的孔喉贡献，较小的孔喉对渗透率的贡献很小甚至没有，从而为暂堵颗粒粒径与储层孔喉直径匹配关系指引了新的方向。Hands[474]依据 $d^{1/2}$ 理论，提出了便于现场应用的 d_{90} 原则，暂堵颗粒粒径累计分布曲线的 d_{90} 与储层最大孔喉直径或最大裂缝宽度相等时，可实现最优暂堵效果。Abrams[475]首次提出 1/3 匹配原则，即暂堵颗粒粒径为储层孔隙孔径的 1/3 时，可形成有效暂堵，如图 3-3 所示。Dick[476]指出，1/3 匹配原则适用于确定桥架粒子粒径，而理想充填理论适用于确定暂堵所有粒子粒径。为了在较浅的地层形成有效封堵，且在正压差作用下，暂堵层不发生微粒运移，罗向东等[477]提出 2/3 匹配原则，桥堵刚性颗粒粒径为储层孔隙平均孔径的 2/3 时暂堵层最稳定，填充颗粒浓度应大于 2%，桥堵颗粒浓度应大于 3%，暂堵层厚度为 2~3cm。填充可变形颗粒将有利于形成稳定且致密的暂堵层，正压差作用下，不会发生微粒运移。有足够的能与地层孔喉尺寸相匹配的桥堵颗粒时，正压差适当增加，有利于快速并稳定形成暂堵层；有受温度影响的可变形软颗粒时，温度升高，但不超过颗粒软化点，暂堵层将更加致密；过高的剪切速率不利于颗粒

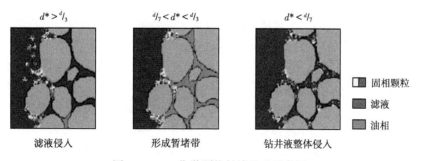

图 3-3 1/3 化学颗粒封堵机理示意图
d^*—颗粒平均直径；d—平均孔径

形成桥堵。熊英等[478]指出，对于软化颗粒，2/3 匹配原则并不完全适用。蒲晓林等、许成元等[479-480]指出，对于渗透率级差较大的储层，颗粒粒径为储层孔隙平均孔径的 1/3~2/3 时，可显著提高暂堵强度，如图 3-4 所示。

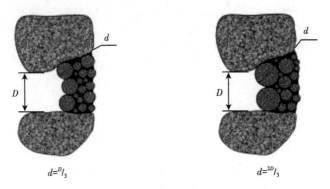

图 3-4　1/3~2/3 化学颗粒封堵机理示意图（右边 2/3 粒径的更好）
d—颗粒粒径；D—孔隙平均孔径

崔迎春等[481]引入分形理论，对裂缝性储层屏蔽暂堵技术进行定量化研究，具体步骤为：首先利用微结构图像分析仪分析出储层裂缝张开度平均直径和张开度分布曲线，计算出裂缝张开度空间分布分维数 D_1，其次测定暂堵剂粒径分布分维数 D_2，选取与 D_1 最接近的 D_2。蒋海军等[482]和 Hands 等[474]指出，架桥粒子粒径为裂缝开裂度均值的 80%~100% 时，可以实现稳定暂堵。刘宇凡等[483]指出，对于开度较大的裂缝，颗粒很难形成架桥或被捕获，主要通过颗粒在裂缝中沉降堆积形成暂堵，但暂堵强度较低，如图 3-5 所示。

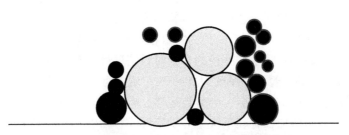

图 3-5　颗粒在裂缝中沉降堆积形成暂堵示意图

针对单一粒径颗粒所形成的暂堵层滤失量较大、暂堵效果差的问题，有学者提出采用不同粒径组合减小暂堵层空隙，降低流体滤失量，提高暂堵效果[484-486]，如图 3-6 所示。Stovall 认为多组颗粒粒径体系中至少有一组颗粒紧密架桥，并推导出连续粒径分布的干粉体系堆积密度公式。Ajay[487]提出固相颗粒多组分滤失模型，用于预测固相颗粒侵入深度和地层伤害程度，筛选最优的暂堵颗粒粒径。另有学者提出，充填颗粒为可变形颗粒，受温度、水、油或酸作用发生膨胀，消除暂堵层空隙，暂堵层变得致密，如图 3-7 所示。由于现有材料的耐温性有限和体系突破压力较小，不太适合用于超高温储层和强封堵转向。

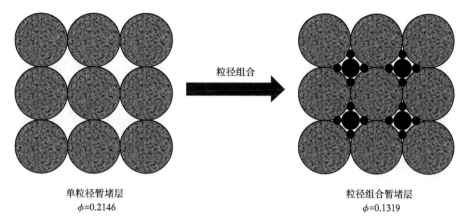

图 3-6 不同粒径组合减小暂堵层空隙示意图

2. 技术特点

化学微粒类暂堵剂主要依靠颗粒在孔喉、裂缝内架桥堆积形成暂堵封隔，具有如下几点优势[488-489]：

(1) 封堵强度大。颗粒类暂堵剂一般由抗压强度较大的无机盐颗粒制得，破碎率低，封堵强度大。

(2) 适用储层渗透率范围广。颗粒类暂堵剂粒径分布在微米级到厘米级之间，适合于不同孔喉尺寸和裂缝的暂堵，通过调整注入粒径的组合方式，可以显著提高暂堵层的稳定性。

(3) 使用温度窗口较宽。虽然可变形颗粒使用温度受限，但刚性颗粒使用温度范围广，可用于不同地层温度下的暂堵转向作业。

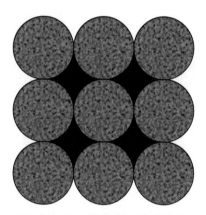

图 3-7 变形颗粒无缝充填示意图

(4) 溶解完全，易返排，对地层伤害低。暂堵剂材料在水(油或酸)中具有很好的溶解性，短时间内即可完全溶解，有利于施工结束后返排，同时降低了暂堵剂对地层的伤害。

(5) 材料来源广泛，制备工艺简单，施工成本较低，有利于在油田现场大规模推广应用。

3. 发展现状

依据暂堵剂在不同流体介质中的溶解性分为酸溶性暂堵剂、油溶性暂堵剂和水溶性暂堵剂。常用化学暂堵剂材料及性能见表 3-1。

表 3-1 常用化学暂堵剂材料及性能

研究者	暂堵剂材料	性能	应用
闫治涛[490]	碳酸钙暂堵剂	暂堵强度 3~7MPa	中浅层气藏
Larsen[491]	刀豆促进碳酸钙颗粒生成	生成碳酸钙速度快，含量达 200g/L	应用于孔隙度 25%~35%、渗透率 0.5~2mD、82℃ 的 Halfdan 油田
张军[492]	碳酸钙+植物纤维+氧化沥青		应用于川孝井 565 井和川江 566 井
Zhang[493]	3%(质量分数)JG-1 或 JG-2 结垢剂+2%DT-X 改性纤维材料+1%(质量分数)架桥颗粒	暂堵强度 6MPa，溶解率 95%	

续表

研究者	暂堵剂材料	性能	应用
Savari 等[494]	ECS	溶解率98%	天然裂缝发育的地层
向洪等[495]	树脂类低温暂堵剂	暂堵强度3.7MPa	牛圈湖油田
Zhao 等[496]	ZX-1	溶解率95%	华北油田
王盛鹏等[497]	ZD-150	适用温度不超过120℃，溶解率95%	致密油储层X1043m水平段的水平井
赵众从等[498]	树脂类暂堵剂	突破压力可达50MPa/m以上，最高可用于160℃	
姜必武等[499]	蜡球暂堵剂	暂堵强度4.5MPa	低渗透、低压油层
Li 等[500]	OPPTA	岩心渗透率恢复率为90.1%	
赖南君等[502]	水溶性压裂暂堵剂	溶解率96%~98%，最大压力梯度47.1MPa/m，岩心渗透率恢复率高达97.6%，适用温度不超过80℃	高渗透层的选择性封堵率大于83.2%
Zhao 等[503]	弱凝胶	暂堵强度4.3MPa，岩心渗透率恢复率为94%	高—中渗透储层
	BL-D		高孔隙度、高渗透储层
	颗粒状水溶性暂堵剂		低—中渗透储层
赵强[504]	颗粒水溶性暂堵剂	暂堵强度7.9MPa	
汪小宇[505]	WSA	适用温度不超过90℃，溶解率40%	长庆油田A区块注水井X133

1) 酸溶性暂堵剂

酸溶性暂堵剂主要为碳酸钙、陶粒等。

闫治涛[490]研制了具备良好的悬浮、沉降与分散特性的碳酸钙暂堵剂。其暂堵机理为在粒径分级的碳酸钙悬浮液注入气井过程中，由于压差作用较大，粒径颗粒在孔喉处先形成桥堵，部分次小颗粒沉降在孔隙内，更小的颗粒在桥堵处进一步填充桥堵缝隙，如此反复后形成渗透性能极差的暂堵带，最终导致其周围应力场的改变。Larsen[491]针对丹麦北海的Halfdan油田存在的渗透率低(0.5~2mD)、孔隙度高(25%~35%)、油藏温度高(82℃)的储层特点，使用酶诱导产生碳酸钙的方法来使天然裂缝与人工裂缝形成暂堵的暂堵剂。他们针对之前实际应用中存在的碳酸钙量低、需要酶浓度高、成本高的问题，改进了液体配方，使用刀豆代替高浓度的酶，缩短了反应时间，提高碳酸钙的颗粒大小，将之前的20g/L提升到200g/L。在Halfdan油田的应用表明，这项技术具有巨大的潜在价值。张军[492]制备的复合材料暂堵剂，超细碳酸钙作为架桥粒子，植物纤维形成空间网络结构包裹架桥粒子，氧化沥青则作为高温可软化的填充粒子，达到封堵作用，强度更高，渗透性降低更加明显。Zhang[493]提出采用结垢并吸附于纤维实现暂堵的方法，具体材料为3%(质量分数)JG-1或JG-2结垢剂+2%DT-X改性纤维材料+1%(质量分数)桥接颗粒，暂堵材料可在酸液中溶解。Savari等[494]将酸溶性颗粒ECS应用于天然裂缝发育的地层，该颗粒在10%盐酸和10%甲酸中均可降解。

2) 油溶性暂堵剂

由于油溶性树脂为高分子化合物，黏性、热塑性良好，且受力易变形，又不会渗入地层而堵塞岩石孔隙,因此常作为油溶性暂堵剂的主要原料。

向洪等[495]将油溶性强、软化点适中的 TX 树脂与硬脂酸以相应的比例混合调配,研制出了低温暂堵剂。在牛圈湖油田进行的先导试验结果显示该暂堵剂暂堵转向作用显著,取得了较好的增产效果。选用单一的坚硬固体颗粒材料作为暂堵剂封堵效果并不显著,其间会形成一定空隙。Zhao 等[496]利用不同类型的石油树脂(PR)和烃类树脂(PA)研制暂堵剂 ZX-1,比例为 1:3 的 PR 和 PA,减小其颗粒尺寸和改善颗粒分级,在华北油田的超过 20 次现场试验都取得了明显效果。王盛鹏等[497]选用硬度不同的油溶树脂 A 及较软的石蜡类物质 B 按一定比例混配,制成粒径分布不同的颗粒状物质,将产品的抗温性从 80℃ 提高到了 120℃。在致密油储层 X 水平井的现场应用表明,该类暂堵剂可降低压裂液稠化剂用量,可用于非常规储层体积压裂中提高裂缝复杂程度,用于高温井、复杂井及加砂难度大的井中降低施工风险,提高转向效果。赵众从等[498]选用松香改性季戊四醇树脂、松香改性酚醛树脂等,研制的暂堵剂突破压力可达 50MPa/m 以上,软化点可调,适用于不同温度的低渗透储层油井。姜必武等[499]以松香、全炼石蜡、沥青、氯化钾、粉陶、EVA 及石英砂等合成了蜡球压裂暂堵剂。此类暂堵剂适用于地层微裂缝发育较好的低渗透、低压、低产油层。该暂堵剂颗粒可以压裂完工后溶解在原油中返排,抗压强度为 4.5MPa,抗压能力较弱,还有待提高。Li 等[500]研制出油溶性 OPPTA 暂堵剂,研制步骤:向烧瓶中加入一定量的乳化剂和 38g 聚乙烯蜡(PEW-95),并加热至聚乙烯蜡完全熔化并凝固;向烧杯中加入一定量的稳定剂、0.6g 分散剂 T-20 和 58.8g 注入水,搅拌至完全溶解,然后将混合液加热至聚乙烯蜡熔点;以一定的搅拌速度将 10g 混合液滴入熔化的聚乙烯蜡中,搅拌 2min;将混合物溶液的其余部分加入熔化的聚乙烯蜡中,搅拌 20min。暂堵剂封堵率为 99.9%,OPPTA 解堵后岩心渗透率恢复率为 90.1%。张凤英等[501]针对雅克拉—大涝坝凝析气田存在的修井液漏失问题,研制出了油溶暂堵型无固相修井液体系。该修井液性能良好,耐高温,流变性可控,滤失量低,保护储层效果显著。

3) 水溶性暂堵剂

赖南君等[502]采用淀粉、丙烯酸和丙烯酰胺为原料,过硫酸铵与亚硫酸氢钠为引发剂,带不饱和双键的有机物 DJ-1 为交联剂合成了一种水溶性压裂用暂堵剂。该暂堵剂在地层水中的溶解率随着地层温度升高、反应时间增加而增大,封堵强度随岩心渗透率的增大而减小。在压裂施工作业中,该堵剂能实现对地层老裂缝进行封堵,使新裂缝偏离地层最大主应力方向,从而实现裂缝转向。

Zhao 等[503]针对储层渗透率差异,提出三种水溶性暂堵剂,有弱凝胶、BL-D 和颗粒状水溶性暂堵剂。针对高—中渗透储层,采用弱凝胶堵剂,其主要由钠基膨润土和 HPAM 组成,含有少量聚合物,具有较好的耐热性和二价离子抗性。针对高孔隙度高渗透储层,采用 BL-D 强力堵漏剂,其由粉煤灰颗粒、改性树脂、油井水泥、聚丙烯酰胺(PAM)、分散剂等组成,聚丙烯酰胺对酸有屏蔽作用,具有水润湿性的分散剂有助于其他组分在水中轻松分散,以助于堵剂进入孔隙,颗粒粉煤灰能增强堵漏剂的耐酸性和封堵强度。针对低—中渗透储层,采用颗粒状水溶性暂堵剂,90℃ 下降解 24~36h,100~120℃ 下降解约 16h。赵强[504]用纳米复合技术研制出新型的颗粒水溶性暂堵剂,通过室内实验对其水不溶物含量、强度、配伍性等进行了研究。该暂堵剂吸水倍率较大,突破压力达到 7.9MPa,破碎强度不高,只有 15.9MPa,其在 60℃ 下可以达到 100% 水溶,对地层无伤害。汪小宇[505]研制出一种转向压裂用水溶性暂堵剂 WSA。采用该暂堵剂进行了 6 口井的现场应用,结果表明水溶性暂堵剂 WSA 不会影响压裂液的性能,且具有很好的暂堵作用,能够实现缝内转向压裂。

4)小结

(1)酸溶性暂堵剂。

虽然酸溶性暂堵剂材料成本低廉,不易变形,抗温性很好,强度较高,适用高温高压地层。但悬浮性的暂堵剂不易形成高强度滤饼,难以形成较大的压差阻力,且常规压裂液呈碱性,所以该类暂堵剂难以靠自身的溶解或降解返排出地层,需要进行经济成本较高的酸化解堵,解堵过程较为复杂,难以完全解堵而留下较多残渣,对地层伤害大。

(2)油溶性暂堵剂。

油溶性暂堵剂适用的温度范围较广,地层伤害小,解堵方便,树脂强度大,具有良好的封堵性,然而其成本较高,制约了现场应用。

(3)水溶性暂堵剂。

残渣较多,对地层渗透率、裂缝的导流能力有不同程度的伤害。例如,交联过程易产生大量水不溶物,且交联剂易与地层中钙、镁离子发生沉淀作用产生残渣;某些交联剂具有毒性,易污染环境,如铬交联剂,还需考虑其余体系中其他助剂(如稳定剂、助排剂等)的兼容性。交联剂、破胶剂、pH 值、温度等因素对交联的影响较大,破胶时间掌握不好、破胶不完全都会留下大量残渣。

4. 现场应用

从哈利伯顿公司提出化学微粒暂堵剂至今,化学微粒暂堵剂一直被广泛应用于各大油田[489,506]。

1)长庆油田

对于低渗透、非均质性强、微裂缝发育、整体动用程度低等问题,采用暂堵转向压裂技术在现场累计施工井次达 2000 余口。压裂施工时,微地震监测数据表明,暂堵剂的加入成功实现了裂缝转向,且压裂后平均单井日产油大于 1t,平均有效期长达 200 天,改造效果显著[507]。

2)华北油田

针对致密、长水平段、低渗透等问题,采用暂堵转向压裂技术在现场累计施工井次达 20 余口。微地震监测数据表明,体积压裂中使用的暂堵剂对裂缝导流有很大作用,新压裂缝长度为原裂缝长度的 1.5 倍,达到了最佳储层改造体积。该技术节省了水平井 3~4 个压裂阶段,降低了 30% 的成本,原油产量比原来增加了 2.6 倍[496]。

二、纤维暂堵技术

1. 暂堵机理

纤维类暂堵剂主要通过三个过程实现对裂缝的封堵[508-512](图 3-8)。刚进入储层时,纤维被粗糙的裂缝壁面捕获,并通过架桥的方式形成网状结构,降低了工作液的流速,使得后续纤维更易被网状纤维层捕获。随着纤维注入量不断增加,裂缝内外压差逐渐增大,纤维层因压实而失水,形成了一层致密暂堵层,迫使压裂液分流低渗透层,实现了储层转向压裂的目的。压裂结束后,纤维类暂堵剂可在水或残酸中完全溶解,很好地保护了储层不受伤害。

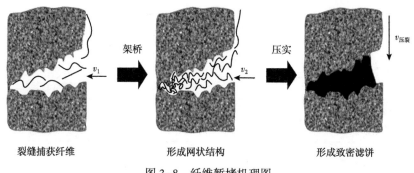

图 3-8 纤维暂堵机理图

2. 技术特点

与颗粒类暂堵剂相比,以柔性纤维为主要成分的纤维类暂堵剂具有更好的封堵优势[510-511, 513-514]:

(1)柔韧性好,防漏堵漏性能显著。纤维易弯曲变形,可进入裂缝的微孔道或填充在纤维层的小空隙中,提高暂堵层的致密程度,从而大大减少压裂液的漏失。

(2)可用于封堵大尺寸裂缝。纤维密度小,长径比大,进入地下后易被粗糙的裂缝壁面捕获形成暂堵层。相对于颗粒类暂堵剂,纤维形成的滤饼空隙更小,其稳定性和防漏性能更好。

(3)防止支撑剂回流。在压裂施工的排液阶段,纤维与支撑剂产生协同作用,形成稳定的复合网状结构,有效阻止了支撑剂的回流,避免了支撑剂掩埋射孔、堵塞油嘴等事故的发生。

(4)施工时可采取"暂堵阶段定排量、压裂阶段大排量"的工艺。前期定排量注入暂堵剂,使得纤维有足够的时间在缝内捕获堆积,提高暂堵层的填充效果。压裂前采取定排量注入暂堵剂的方式,可有效防止因地层升压过快导致暂堵层未形成而原裂缝已重启的情况出现[515]。

3. 发展现状

天然纤维耐温性差,需改性才能使用,且材料较为单一。常用纤维暂堵剂材料及性能见表3-2。

表 3-2 常用纤维暂堵剂材料及性能

研究者	暂堵剂名称	具体合成材料	性能
罗学刚[516]	改性秸秆纤维(YQKD)	膨化秸秆粉+高分子改性纤维素+碳酸氢钙	岩心渗透率恢复率大于75%,封堵强度0.4MPa
杜娟[517]	醋酸纤维暂堵剂	醋酸+纤维素$(C_6H_{10}O_5)_n$	在高浓度盐酸(30%)中完全降解
Quevedo[518]	可降解纤维	—	耐温性为135℃,溶解率为100%
冯长根[519] 徐克彬[520]	聚乙烯醇纤维	1%~5%水溶性聚乙烯醇+1%~3%二甲基二烯丙基氯化铵+0.005%~0.02%N' N-亚甲基双丙烯酰胺+0.005%~0.2%偶氮类引发剂+0.1%~0.5%有机硼交联剂+0.5%~5%过硫酸铵胶囊+水	—

续表

研究者	暂堵剂名称	具体合成材料	性能
周成裕[521]	聚酯纤维类暂堵剂	丙交酯+甲苯+颗粒状淀粉接枝共聚物+胶凝状共聚物	玻璃化转变温度为60~65℃，酸溶率达95%，暂堵率大于99%，暂堵材料的平均粒径为4.6μm
赵觅[522]	超细纤维封堵剂（CZZL-10）	$M(SiO_2)_n$，M为金属离子	具有酸溶性和抗碱性，暂堵率为66.7%，封堵强度为0.5MPa
薛敏敏[523] 杨乾龙[524]	聚乳酸纤维	聚乳酸+二氯甲烷	耐温性为100℃，酸溶率为96.1%，暂堵率为98.8%，封堵强度为5MPa
蒋卫东[525]	DF新型纤维	—	可在清洁转向酸和VEG中完全溶解，岩心渗透率恢复率最高为95.7%，封堵强度为2MPa
张雄[526]	聚丙烯腈纤维	—	耐温性为120℃，酸溶率为100%，1.0%纤维+0.5%颗粒组合暂堵压力为9MPa
马海洋[508]	J-1	—	耐温性超过90℃，仅在酸液中溶解，封堵强度小于0.8MPa
	J-2	—	耐温性约为70℃，在清水、酸、碱中溶解率超过90%，封堵强度为3.58MPa
	J-3	—	耐温性约为70℃，在清水、酸、碱中溶解率超过90%，封堵强度为5.2MPa

Schlumberger公司和Aramco公司[527]最早把纤维应用于酸化压裂改造中，该体系可以对裂缝形成临时性的封堵，迫使酸液流向渗透率较低的地层。杜娟等[517]提出了非均质储层酸化用醋酸纤维暂堵剂，针对增产改造中的均匀酸化和提高单井产量问题，通过实验室评价，优选适用于非均质碳酸盐岩储层的醋酸纤维，其可以在酸化过程中达到均匀布酸的效果，施工完成后的纤维也可以用盐酸溶解。Mukhliss[528]提出了可降解纤维与转向酸复合应用于沙特阿拉伯碳酸盐岩储层，纤维形成滤饼，沟通裂缝和溶洞，从而减少了酸液的滤失。施工作业结束后，随着地层温度的升高，纤维降解生成有机酸，可以从地层中返排，不会对储层造成伤害。蒋卫东[525]研制出了DF新型纤维材料，其是以有机聚合物为主要原料，并对表面进行特殊工艺处理的高强度有机聚合物可降解的单丝短纤维。DF暂堵纤维转向酸压已现场应用16口井，施工成功率达100%，其中有效增产井13口，有效率为81.2%，平均有效期超过193天，增产效果显著。周成裕等[521]研究了一种新型酸溶性聚酯纤维，通过测定其玻璃化转变温度，为现场施工时温度提供了参考，暂堵颗粒包裹效果理想，暂堵率、酸溶率均超过90%，对储层伤害较小，符合现场应用的要求。

4. 现场应用

1）苏里格气田

为解决苏里格气田特低渗透气藏常规压裂后单井产量低的问题，采用了纤维暂堵转向压裂技术，通过堵老缝、开新缝的方式成功构筑了新的储层缝网体系。现场试验表明（表3-3），加入暂堵纤维的施工使泵压上升10MPa，满足新裂缝开启的要求，同时压裂后单井产量最高为邻井产量的3倍，酸压改造效果显著[529]（图3-9）。

表 3-3 纤维暂堵压裂施工效果统计

井号	层位	加砂量 m³	加纤维量 kg	纤维比例	转向压力 MPa	井分类	产气量,10⁴m³/d	
							测试产量	无阻流量
SD	山1段	34	180	13~18	10	Ⅱ类	4.5	12.9
SD-1	山1段	30	—	—	—	Ⅱ类	1.6	3.0
SN	山1段	30	160	15	10	Ⅲ类	3.2	6.5
SX	盒8段	22	85	15	不明显	Ⅲ类	1.1	1.6
SX-1	山1段	21	—	—	—	Ⅱ类	3.8	6.3

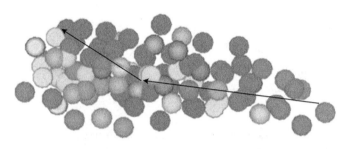

图 3-9 SD井第一段微地震事件延展情况(沿箭头方向)

2) 哈萨克斯坦某油田

在哈萨克斯坦某油田使用了一种DF纤维暂堵剂先后对16口老井实施暂堵转向酸压作业,增产有效率超过80%,增产有效期接近200天,累计增油2.4×10⁴t,成功实现了暂堵纤维分流酸液的功能[525]。

3) 川东地区气田

川东地区气田以水平井和大斜度井为主,传统机械分段暂堵酸压或笼统酸化的增产效果差,使用纤维暂堵转向压裂技术后,暂堵有效率高于85%,天然气单井日增产53.8×10⁴m³。同时,该暂堵剂可在地层环境下遇水分解,水解后的清液随地层流体返排出地层,大大降低了纤维暂堵剂对储层的伤害[530]。川东地区气田采用纤维技术井统计情况见表3-4。

表 3-4 川东地区气田采用纤维技术井统计情况

井号	测试产量,10⁴m³/d	每米储层产能,m³/d
W002-H4	45.79	1433
Y012-6	81.09	7088
D002-8	69.89	8496
W002-H5	60.23	1480
L001-X1	气7.56,水23.70	1107
T021-X6	21.11	2176
Y012-X7	91.03	9175
合计/平均	376.70	4422

三、胶塞暂堵技术

这里的聚合物暂堵是指在地层中交联形成冻胶(胶塞)。

1. 暂堵机理

胶塞类暂堵剂进入地层的方式有两种:一种是在地面制出成胶液,将其注入地下后,成胶液发生交联反应,形成暂堵层,封堵裂缝;另一种是在地面交联造粒,用压裂液将其携带入地层封堵处,暂堵颗粒在高温条件下再次交联,形成致密暂堵层。施工结束后,人工注入或暂堵颗粒内置破胶剂与冻胶发生反应,使其降解为黏度较低的清液,随地层流体一同返排,不会对储层造成二次伤害[531]。

2. 技术特点

胶塞类暂堵剂在裂缝中形成黏弹性的固体段塞,因此其作用机理与聚集状态相对分散的颗粒类暂堵剂和纤维类暂堵剂不同,具有如下特点[532]:

(1)封堵效果好。胶塞类暂堵剂进入地层后,在高温环境下交联形成具有一定强度的暂堵层。该暂堵层是由"果冻状"的胶体段塞组成,因此结构更致密稳定,暂堵转向效果更好。

(2)较好的选择封堵性。暂堵剂注入地下后,依据最小流动阻力原理,优先进入高渗透层,随后高温下交联形成致密滤饼,迫使后续工作液转向压裂低渗透层,提高了储层均匀改造程度。高低渗透层的渗透率级差越大,胶塞类暂堵剂的选择封堵效果越好。

(3)耐温耐盐能力差。常规聚合物冻胶主要成分大多为部分水解聚丙烯酰胺,该聚合物在高温高盐环境下易发生热降解或盐降解,导致成胶困难。若提高交联剂加量,又会导致体系过度交联,稳定性较差。因此,耐温抗盐型冻胶体系的研制成为该领域的研究热点。

(4)破胶可控性差。目前,胶塞类暂堵剂破胶方式主要是在暂堵剂内置破胶剂,破胶过程发生在地下,破胶时间很难控制。

3. 发展现状

常用胶塞类暂堵剂材料及性能见表3-5。

表3-5 常用胶塞类暂堵剂材料及性能

研究者	暂堵剂名称	具体合成材料	性能
Vega[533]	酰胺-5-苯基-1,3-噁唑体系(APOC)	PAM颗粒+2-溴苯乙酮+水+丙酮	耐温220℃;溶于NaOH和极性非质子溶剂(DMF和DMSO);温度93℃,剪切速率170s^{-1},时间280min,APCO-凝胶黏度变为2672mPa·s
周法元[534]	ZFJ	2.5%~3%聚合物A+聚交比为70:1的预胶联+0.8%~1.2%第二交联剂+0.2%~0.35%破胶剂X	耐碱、抗盐、耐酸;突破压力梯度达12.45MPa/m;暂堵率达98.7%;岩心渗透率恢复率为90.3%
Hu[535]	低毒性PEI/PHPAM凝胶体系	1.5%PHPAM+0.3%~0.8%PEI	耐温40℃;最大凝胶强度可达到Ⅰ级;凝胶化时间15h至9天;适用于低温储层
李丹[536]	聚合物PAM1200	0.4%~0.55%聚丙烯酰胺+0.1%交联剂G+0.2%交联剂YG107	耐温120℃;封堵率达92%以上;突破压力梯度达12.85MPa/m;岩心渗透率恢复率在83%以上

续表

研究者	暂堵剂名称	具体合成材料	性能
Ren[537]	酚醛基凝胶体系	0.2%~0.4%聚合物+0.5%~1.0%甲醛或苯酚-甲醛+0.1%~0.6%铵盐+0.02%~0.03%间苯二酚	耐温90℃；最大凝胶强度可达到G级；凝胶化时间2h至2天
车航[538]	聚合物凝胶体系	8000mg/L As-1+0.7% Z-Y+1.2%助剂C	在温度为75℃、剪切速率为170s^{-1}条件下，黏度稳定在285mPa·s，黏度保留率为95.3%；突破压力梯度为5.1~6.3MPa
丁宇[539]	冻胶型暂堵剂	20%~50%HPAM+10%~40%单体P+单体M+1%单体K	耐温120~180℃；在酸液或清水中破胶率达到95%以上；体系在酸液中膨胀9~13倍，在清水中膨胀30~60倍；常温下承压可高达12MPa；岩心渗透率恢复率达90%
Vernáez[540]	油基自降解凝胶体系	ISP冷乳液聚合丁苯橡胶+过氧化二异丙苯+过氧化二叔丁基+过氧化二月桂基	耐温149℃；岩心渗透率恢复率大于90%；封堵强度为54MPa/m
Wang[541]	可动凝胶体系	NaOH+Ba(OH)$_2$·8H$_2$O+水溶性酚醛树脂+聚丙烯酰胺	耐温76℃；聚合物浓度为1500~2000mg/L时，体系黏度可达1500mPa·s以上
熊颖[542]	直链型聚合物体系	30%~45%ZJ人工聚合物+5%~12%FJ水膨体+15~30mPa·s矿物油	耐温140℃；封堵率达99%；封堵后正向突破压力为60MPa；氧化性破胶剂与暂堵剂混注后，溶解率达95%

聚合物凝胶可分为无机交联凝胶和有机交联凝胶[543]，无机交联凝胶体系主要是聚丙烯酰胺或丙烯酰氨基共聚物与Cr^{3+}、Al^{3+}或Zr^{4+}交联，通过负电荷的羧酸基团和多价阳离子之间的离子键形成，常用于低温储层[535]；有机交联凝胶体系主要是聚合物与有机交联剂苯酚-甲醛、乙酸铬或PEI之间交联[544]，通过共价键形成，与无机交联凝胶体系相比，具有更高的热稳定性。

Vernáez等[540]以Akzo Nobel公司的冷乳液聚合丁苯橡胶(SBR-8113)为主体，交联剂使用过氧化二异丙苯、过氧化二叔丁基和过氧化二月桂基，降解剂使用过氧化异丙苯。60℃条件下，冷乳液聚合丁苯橡胶(SBR-8113)在平稳的机械搅拌下溶解，然后在室温下冷却，再将交联剂和降解剂添加到溶液中。该体系在地层中先交联形成凝胶暂堵，而后凝胶降解为油溶性物质随着生产排出。Vega[533]将PAM颗粒(10g)加入正在搅拌装有400mL水的烧瓶中，再加入14g 2-溴苯乙酮，整个系统在机械搅拌下加热回流，将样品倒入丙酮中，即合成了酰胺-5-苯基-1,3-噁唑(APOC)（图3-10）。

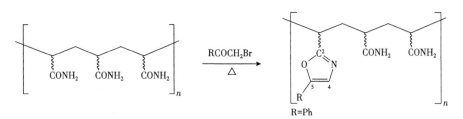

图3-10 改性后APOC分子结构示意图

Hu[535]调节PHPAM浓度、分子量、PEI浓度和总溶解固体,用1.5%PHPAM和0.3%~0.8%PEI组合制备聚合物凝胶,胶凝时间从15h到9天,凝胶强度最大可达I级。Ren[537]研究了苯酚—甲醛基凝胶体系在25℃低温下的凝胶性能,通过调节聚合物浓度、分子量、交联剂浓度、铵盐浓度和组成,可以完全控制凝胶体系的凝胶化时间和强度。聚合物凝胶由0.2%~0.4%聚合物、0.5%~1.0%甲醛或苯酚—甲醛和0.1%~0.6%铵盐组成,通过控制0.02%~0.03%间苯二酚加量来控制凝胶时间(2h至2天)。Wang[541]以NaOH和$Ba(OH)_2 \cdot 8H_2O$为复合催化剂,采用两步碱法催化合成了水溶性酚醛树脂,并阐述了水溶性酚醛树脂交联剂(聚羟基甲基酚醛)的制备工艺,包括原料配比和合成工艺。用该交联剂和聚丙烯酰胺制备的可移动凝胶具有良好的稳定性和较长的使用寿命。车航等[538]制备的聚合物As-1交联暂堵剂具有高强度堵水、稳定耐盐的优点,在华北油田重复压裂控水增油方面取得了良好的效果。其耐盐性可解释为:这类聚合物的疏水基团趋于形成分子内和分子间缔合,使溶液中形成可逆的空间网络结构,加入盐会使疏水缔合作用增强,因此溶液黏度保持稳定甚至增高。

4. 现场应用

胶塞类暂堵剂大多用于微米级裂缝储层的暂堵转向作业[545]。

1)大牛地气田

针对传统机械封隔器转向压裂技术很难实现特低渗透层改造的难题,大牛地气田对某水平井进行了暂堵转向压裂作业[546]。现场施工数据表明,注入暂堵剂后,地面泵压有明显上升,压裂层段出现多条新裂缝,且该井压裂后无阻流量超过$11.1×10^4 m^3/d$,成功完成了气田水平井多簇分段暂堵转向压裂作业。

2)彩南油田

为改善储层高注低产的生产特征,彩南油田进行了暂堵转向压裂技术先导性试验[547]。微地震监测结果表明,此次压裂作业形成了较明显的转向裂缝。随后,陆续对该油田48口井进行了转向压裂作业(表3-6),累计增油约$3.3×10^4 t$,实现了低渗透油藏挖潜增产稳产的开发需求。

表3-6 暂堵转向压裂裂缝监测结果统计

井号		新老裂缝面夹角,(°)		倾角(°)	倾向	备注
		初始	平均			
C2226	1	45.0	5.2	0	—	转向明显
	2			4	北	
C2237	1	29.4	21.7	4	北	转向明显
	2			1	西北	
C2025	1	33.0	19.7	2	北	转向明显
	2			1	北	
C2090	1	36.7	29.2	3	北	转向明显
	2			3	北	
C2847	1	44.7	10.1	2	北	转向明显,正式压裂的人工裂缝有明显的左旋转趋势
	2			3	北	

续表

井号		新老裂缝面夹角，(°)		倾角 (°)	倾向	备 注
		初始	平均			
C2806	1	30.8	17.7	2	北	转向明显，正式压裂的人工裂缝有明显的左旋转趋势
	2			2	北	
C1286	1	10.0	8.8	0	—	转向不明显，初始转向角度10°
	2			0	—	
C2015	1	35.0	0.2	3	西南	转向明显，右翼裂缝压裂转向明显，裂缝面左旋，有明显的扩展；左翼裂缝转向不明显
	2			2	西南	
C2045	1	20.0	7.0	5	西南	人工裂缝形态接近，正式压裂的近井裂缝约东西向，50m后转回原来的方向
	2			0	—	

注：表中1代表测试压裂，2代表正式压裂。

四、表面活性剂转向技术

表面活性剂转向通过气泡或变黏实现暂堵分流转向，据此分为泡沫转向和黏弹性表面活性剂自转向。

1. 泡沫转向

20世纪60年代，泡沫被发现也可以用于转向剂，有学者发现某些泡沫溶于油而不溶于水，因此可以在油井作业中使用[548-549]。泡沫转向类似于用泡沫来提高采收率，泡沫注入地层后，根据最小阻力流动的规则，泡沫会优先进入渗透率高的地层，随着泡沫的聚集，注入压力随之上升，酸液开始流向低渗透层，这样就完成了对低渗透层的改造，适用于砾石充填完井和具有水层的油井。当然，泡沫用于转向酸化也有很多的缺点，强度低和存在时间短是泡沫转向最主要的缺点，当温度比较高时，泡沫不稳定，在高渗透储层中，泡沫漏失比较严重。常用起泡、稳泡剂产品见表3-7。

表3-7 常用起泡、稳泡剂产品

类型	主 要 产 品
松油类	松醇油、松针油
醇类	甲基戊醇、甲基异丁基醇
醚醇类	二聚乙二醇甲醚、二聚乙二醇丁醚、三聚丙二醇甲醚、三聚丙二醇丁醚
酯类	邻苯二酸二乙酯、混合低碳脂肪酸乙酯、Ⅱ-3起泡剂

2. 黏弹性表面活性剂

1) 暂堵机理及特点

对于大井段，多层系储层改造，VES自转向酸分流酸化技术是近年来提出的一种新方法[550]。转向酸依靠其自身的"变黏、缓速、降滤、无伤害"特点，以此来实现储层的纵向改造（图3-11）。1997年，黏弹性表面活性剂开始应用于油田增产，但最早在文献中的报道却是在2000年。黏弹性表面活性剂转向酸技术原理[551-554]：VES转向酸属于表面活性剂，多数是双子季铵盐类，这种表面活性剂在pH值小时，Ca^{2+}浓度小，自身黏度很小，在pH值大时，Ca^{2+}浓度大，自身黏度会自动增大，其黏度大于其在井筒中的黏度。酸液进入地层后,根据渗透率的不同,变黏后的残酸优先进入渗透率较大的地层,对大孔道和裂缝进行堵塞。反应前,转向酸的黏度很小,鲜酸优先进入渗透率较低的地层,实现酸化作用。此外,残酸对大孔道和裂缝进行暂堵后,储层压力升高,后进入的酸液迫使进入渗透率较低的储层,再与碳酸盐岩反应,鲜酸变残酸,黏度升高,储层压力进一步上升,当压力上升直至冲破其对高渗透层进行的暂堵,酸液得以继续向前流动[97]。这样,转向酸对高、低渗透层都实现了酸化作用。

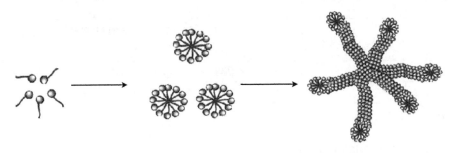

图 3-11 VES 自转向酸变黏过程

2)发展现状

常用复合类暂堵剂材料及性能见表 3-8。

表 3-8 常用复合类暂堵剂材料及性能

研究者	暂堵剂名称	具体合成材料或配方	性 能
李丹等[536]	VES-SDA		在 75℃、剪切速率 $100s^{-1}$ 条件下,体系黏度为 600~1000mPa·s;升温至 131℃,体系黏度约 20mPa·s。典型配方:7.5%~10%VES+15%盐酸
Ren 等[537]	SAPBET		耐温性达 120℃;pH 值小于 0.5,体系黏度很低;pH 值大于 1.3,体系黏度迅速增加至高黏
车航等[538]	阳离子 VESJX		25%~28%盐酸鲜酸黏度约 20mPa·s;盐酸质量分数降至 20%,黏度开始增大;盐酸质量分数为 13%,黏度最大约 350mPa·s,而后体系黏度随盐酸质量分数降低而逐步下降,盐酸质量分数为 3%,黏度低于 10mPa·s。常用体系配方:20%~26%盐酸+5%~6%JXVEST+2%~3%ACP(缓蚀剂)+2%~3%CA(铁离子稳定剂)+1%~1.5%防膨剂
丁宇[539]	双子阳离子表面活性剂	NH_4Cl + NACE 盐水 + 4.07g/L $CaCl_2 \cdot 2H_2O$ + 1.86g/L $MgCl_2 \cdot 6H_2O$ + 94g/L NaCl	90℃下,在 NACE 盐水或烃类中黏度降为 5~6mPa·s;在 120℃、剪切速率 $100s^{-1}$ 条件下,黏度保持在 40mPa·s 以上
Vernáez 等[540] Wang 等[541]	温度控制自转向酸体系(TCA)	梳状多阳离子聚合物	温度低于 50℃时,TCA 黏度小于 30mPa·s;温度达到 60℃时,TCA 黏度开始增加;温度超过 80℃时,TCA 黏度迅速增加;温度为 100~130℃时,TCA 黏度达 220mPa·s;130℃下,1~2h 黏度降低至 10mPa·s 以下。常用体系配方:15%~28%盐酸+0.8%TCA 胶凝剂+2%缓蚀剂+1%助洗剂+1%乳剂防渣剂+1%铁离子稳定剂+活化剂

续表

研究者	暂堵剂名称	具体合成材料或配方	性能
Vernáez 等[540] Wang 等[541]	pH 值控制自转向酸体系（DCA）		pH 值较低时，DCA 黏度约 10mPa·s；pH 值、Ca^{2+} 和 Mg^{2+} 浓度增加，DCA 黏度迅速增大；DCA 与碳氢化合物接触，胶束凝胶自动分解，体系黏度降到 3~5mPa·s。常用体系配方：20%盐酸+10%DCA-1（分散剂）+2%DCA-6（缓蚀剂）
熊颖 等[542]	芥酸酰胺丙基甜菜碱	芥酸+N,N-二甲基丙二胺经酰胺化+季铵盐	残酸体系在高剪切速率下可自行破胶，在不剪切条件下很难破胶，需加入破胶剂（烃类）；芥酸酰胺丙基甜菜碱浓度大于 5%，60℃时黏度达到最大；芥酸酰胺丙基甜菜碱浓度小于 5%，20℃时黏度达到最大
Jia 等[543]	阳离子酰胺丙基季铵盐		4%~8%VES 在 90~135℃下黏度达 50mPa·s 以上；加入炔醇衍生物（缓蚀剂）+33%硝酸铵/阳离子非乳化剂/硫醇基还原铁（铁离子稳定剂）添加剂分流效果更佳
El-Karsani[544]	Gemini 型两性黏弹性表面活性剂 V-22	磺内酯+卤代烷+三种不同碳链长度的不饱和脂肪酸+二甲基丙二胺	耐温性达 135℃；135℃下，剪切 1h 黏度达 40mPa·s 以上；体系与烃类（煤油）接触，黏度小于 5mPa·s。常用体系配方：5.0%V-22+15.0%盐酸+3.0%氢氟酸+1.0%BFC-TWD（铁离子稳定剂）+2.5%BFC-140（缓蚀剂）+1.0%RD-1/BFC-1（防膨剂）+1.0%Z-rd-1（助排剂）

(1) 温度控制自转向酸体系（TCA）。TCA 分子结构可以是梳状多阳离子聚合物，主干和支链上的末端自由基使分子失活，阻止分子链生长，当温度高于 80℃时，酸中的聚合物被重新活化并继续生长或与其他聚合物分子连接。TCA 转向体系在泵送过程中类似于普通胶凝酸（图 3-12），当温度低于 50℃时，TCA 的黏度小于 30mPa·s，黏度低，便于泵送；当温度达到 60℃时，TCA 的黏度开始增加；当温度超过 80℃时，TCA 的黏度迅速增加；

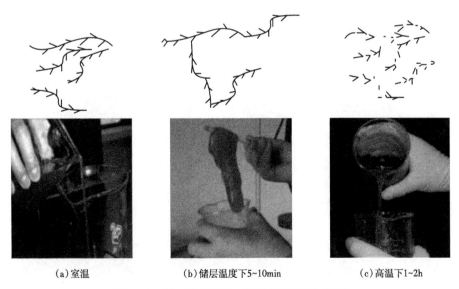

(a) 室温　　　　　　(b) 储层温度下 5~10min　　　　　　(c) 高温下 1~2h

图 3-12　TCA 转向剂转向机理（黏度变化机理）

在 100~130℃ 条件下，TCA 黏度可达到 220mPa·s；在 130℃ 下，1~2h 后系统中胶凝剂的主干开始断裂，黏度降低到 10mPa·s 以下。在地层温度下，体系具有高黏度，实现分流和缓速。经过酸压改造后，废酸黏度降低，易于返排，对地层无伤害[555]。

(2) pH 值控制自转向酸体系(DCA)。DCA 在鲜酸中以单个分子的形式存在，体系黏度较低；酸液与岩石反应，H^+ 被消耗，体系 pH 值增加，流体中 Ca^{2+} 和 Mg^{2+} 浓度增加，使得分子聚集成大的胶束，胶束凝胶进一步形成体结构，体系黏度增加；体系与碳氢化合物接触时，胶束凝胶自动分解，体系黏度降低到 3~5mPa·s，易于返排（图 3-13）。DCA 在鲜酸中（当 pH 值较低时），体系黏度约为 10mPa·s，便于泵送。酸岩反应过程中，黏度会随着 DCA 体系酸碱度的变化而增加[556]。

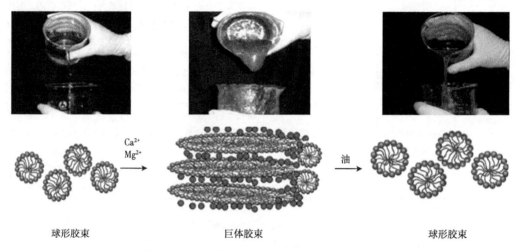

图 3-13　DCA 转向剂转向机理（黏度变化机理）

(3) 基于可降解纤维(RDF)的裂缝转向技术。可降解纤维作为 RDF 中的转向剂，与酸或压裂液混合，生成 RDF 体系。在 RDF 处理中，首先会产生水力裂缝，然后将 RDF 系体作为分流流体注入地层，当纤维进入地层后，它会暂时堵塞打开的水力裂缝，增加净压力，使得水力裂缝转向，直到产生新方向的裂缝（图 3-14）。处理后，纤维在地层温度下降解，堵塞物被清除[556]。

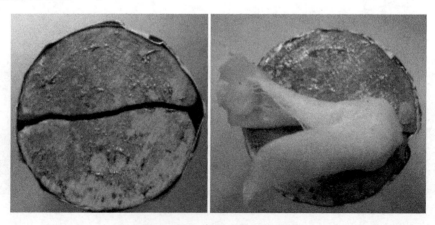

图 3-14　注入 RDF 前后的岩样

Yang[557]合成了一种双子阳离子表面活性剂,主要成分为工业原料 NH_4Cl、NACE 盐水、4.07g/L $CaCl_2 \cdot 2H_2O$、1.86g/L $MgCl_2 \cdot 6H_2O$ 和 94g/L NaCl,溶剂纯度为99%。该新型双子表面活性剂(图3-15)可以在高温和较长的剪切时间下保持黏度,也具有弹性,具有良好的支撑剂悬浮性能,双子 VES 凝胶是一种较有效的低伤害水力压裂液。

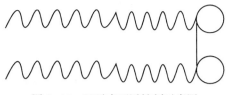

图3-15 双子表面活性剂示意图

Ahmed[558]合成的黏弹性表面活性剂是一种阳离子酰胺丙基季铵盐,以炔醇衍生物为缓蚀剂,铁离子稳定剂(33%硝酸铵溶液)、阳离子非乳化剂和硫醇基还原铁作为酸液添加剂。

Leal[510]和 Martin[509]等指出,纤维与黏弹性表面活性剂 VES 混合使用,将提高体系的使用温度范围,即使在高温高压碳酸盐岩天然裂缝气藏中,井底压力趋势也清楚地显示出有效分流的迹象。郭昊[559]用芥酸、N,N-二甲基丙二胺经酰胺化、季铵盐合成了酸化自转向剂芥酸酰胺丙基甜菜碱,酰胺化反应的最佳反应条件为反应温度150℃,催化剂氢氧化钾用量为0.6%(质量分数),芥酸与 N,N-二甲基丙二胺物质的量比为1:1.3,反应时间为7.5h;季铵化反应的最佳反应条件为反应温度80℃,叔胺与氯乙酸钠物质的量之比为1:1.2,反应时间为7h。Madyanova[560]等指出,乳化酸与黏弹性表面活性剂 VES 混合使用,与传统的盐酸体系相比,该体系可将反应时间缩短至1/15~1/5,可有效增加酸液有效作用距离。陈亚楠[561]研制了一种 Gemini 型两性黏弹性表面活性剂,设计的3种分子结构 VES 均有明显变黏特性,转向酸液体系在135℃、$170s^{-1}$条件下剪切1h,黏度仍然保持在40mPa·s以上,缓速达到54.99%。

3)现场应用

(1)巴西近海碳酸盐岩储层。

针对巴西近海碳酸盐岩储层注聚合物伤害和非均质性强等问题,采用黏弹性表面活性剂(VES)自转向酸体系进行基质酸化,在现场累计施工40多口井,酸化后显示表皮系数均降低至-3.4及以下,测井数据显示储层渗透率明显增加[562]。

(2)沙特阿拉伯某油田。

沙特阿美石油公司将纤维与黏弹性表面活性剂 VES 混合使用,储层温度高达148℃,平均渗透率和孔隙度分别为1mD 和11%。现场应用结果表明,在此温度下依然可以实现酸液暂堵分流[510]。

(3)Jambi Merang 气田。

Sungai Kenawang (SKN)陆上碳酸盐岩凝析气田位于南苏门答腊省 Jambi Merang 区块西南部。Baturaja 地层位于深度约7000ft处,是一个厚凝析气藏,渗透率为10~350mD,井底温度为137~176℃,并存在 H_2S。前期酸化采用15%胶凝酸,生产日志和压力累积分析显示,酸化后的表皮系数为正值,生产主要来自上部区域,下部区域的贡献最小。乳化酸与黏弹性表面活性剂 VES 相结合,可以在不需要连续油管的情况下实现197ft 长射孔段的完全增产。压力累积试验显示,酸化后表皮系数为-3.3,生产测井分析显示,上部区域覆盖率占总油井产量的53%,下部区域覆盖率为47%[560]。

(4)TCA/DCA/RDF 体系现场应用。

TCA 体系应用了320井次,其中哈萨克斯坦有52口井。A 井位于低孔隙度、低渗透碳酸盐岩储层，地层温度139℃，处理层段5430~5486m，经TCA体系改造，日产油485m³，日产气727106m³，油气当量产量超过1000t。

DCA体系应用了519井次，其中哈萨克斯坦有106口井，伊拉克有47口井，伊朗有24口井，叙利亚有9口井，土库曼斯坦有6口井。B井位于低Perm碳酸盐岩储层，处理井段4380.0~4415.0m，改造前日产油1.86m³，日产气11072m³，经DCA体系改造后日产油16.39m³，日产气140426m³。

TCA体系已在中国应用了82井次。C井是大庆油田的一口水平井，采用纤维基压裂液（RDF）进行压裂改造后，在长距离井筒中产生了多条裂缝[556]。

五、复合类暂堵剂

1. 暂堵机理及特点

复合类暂堵剂是由化学微粒、纤维和胶塞三类暂堵剂两两组合或三种组合而成，其中颗粒根据粒径级配原则构成暂堵层的主体骨架，纤维填充在颗粒空隙内大幅度提高了暂堵层的稳定性，同时高温下成胶液发生交联反应，形成的胶体段塞将其内部的纤维和颗粒紧紧束缚在各自位置，大大增强了暂堵层的抗压强度（图3-16）。因此，该类暂堵剂对不同条件下的储层压裂施工都具有很好的暂堵转向效果。

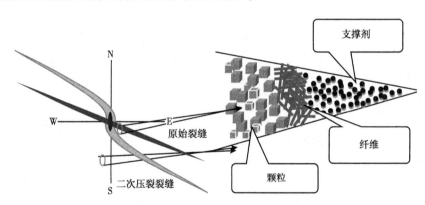

图3-16 纤维+颗粒复合暂堵机理

也有学者提出微粒+乳化共同作用实现暂堵，该技术可用于高温高矿化度油藏，具体为二氧化碳和强乳化剂深入吹气与二乙烯基苯并丙烯酰胺（DCA）微球封堵相结合[563]。

2. 现场应用

1）普光气田

在普光气田酸压作业中使用了一种由"纤维+颗粒+胶塞"的复合暂堵体系[108]。在该体系中，颗粒与纤维相互作用形成了复杂的立体网状结构，有效阻止了酸压工作液在高渗透层的漏失。对于厘米级缝宽裂缝岩心的封堵率大于99%，在15%盐酸中溶解率大于95%，满足酸压暂堵的施工要求，实现了高含水油井储层均匀改造的目的。

2）塔里木油田

针对低孔隙度、低渗透但天然裂缝发育的厚油层出现的酸化不均问题，塔里木油田采用了不同粒径颗粒复配水溶性纤维的暂堵转向酸压技术[564]。在酸压施工过程中，一级酸压时泵压有明显下降，加入暂堵剂后，泵压上升3.6MPa，表明其在高渗透层产生了封堵作用。施工结束后，单井无阻流量高达330×10⁴m³/d，增产效果显著。

3)吉林油田

对吉林油田 A 井目标层段 2135.0~2154.5m 进行改造,改造压力 40~58MPa,泵速 3.5~4.0m³/min,总液量 729m³,总砂量 52.9m³,纤维 20kg,颗粒堵漏剂 200kg。成功完成了封堵和重复压裂作业,压力响应表明形成了新的裂缝,重复压裂后产量显著提高。日产油由压裂前的 1.1t 增加到 6.62t,含水率由 0.3% 增加到 2.64%[514]。

六、新型暂堵剂

在实际地层中,裂缝的形态是复杂且多变的,纤维复合暂堵体系使用时严格遵循的架桥规则针对某一特定尺寸的裂缝,对复杂缝并不能很好地适配;对于纤维暂堵剂的暂堵过程研究,也缺乏相应的模型来表征,这也是纤维暂堵转向施工结果成功率低的一个重要原因。因此,在努力推进现有暂堵剂研究的前提下,积极寻找更好的暂堵材料也成为转向酸化压裂研究工作的一个重要方面。

1. 绒囊暂堵剂

经过实验发现,由绒毛剂、囊膜剂、囊核剂等组成的绒囊暂堵剂具有很大应用的潜力。绒囊原本用于修井、完井作业,用于堵漏和提高地层承压能力[565],将其用于暂堵压裂后,绒囊暂堵剂可以对原裂缝进行临时性的封堵,压裂作业后暂堵液从原裂缝返排,压裂液从新压开的裂缝中返排,并不会改变原裂缝的渗透性,新、原裂缝都可以同时用于生产[566]。与使用纤维暂堵剂和颗粒暂堵剂这些固体暂堵剂不同的是,绒囊暂堵剂不会存在施工作业完成后暂堵剂不能完全降解的问题,因而不会对储层造成不可逆的伤害。

绒囊暂堵剂结构如图 3-17 所示,暂堵机理和化学微粒暂堵机理较为相似,如图 3-18 所示,这里不再赘述。

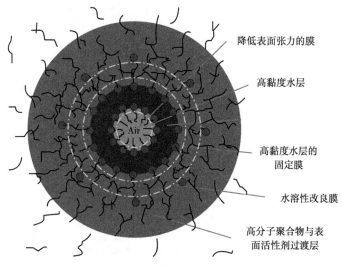

图 3-17 绒囊暂堵剂结构示意图

绒囊暂堵剂具有如下缺点:(1)适用温度、压力条件范围较窄,对高温低压的地层封堵效果比较好,反之则不行;(2)适用的孔隙裂缝尺寸范围较小,对于微孔、微缝,绒囊能够很好地充填漏失通道或表面活性剂和聚合物聚集形成过渡层达到临时的封堵,对于较大尺寸的裂缝和孔隙,绒囊不能像纤维和颗粒架桥形成滤饼,因此不能形成有效的封堵。

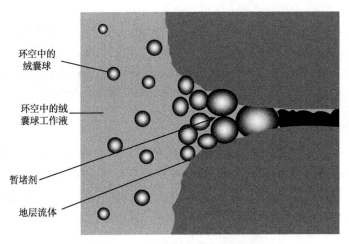

图 3-18 绒囊暂堵机理示意图

2. 液体暂堵转向剂

常温条件下为液体，在物理（温度）或化学作用（相变调节剂）下形成类似固态的超分子材料。将转向剂注入裂缝后，随着温度升高到相变温度时转向剂相变成固态暂堵裂缝使压裂液转向，形成新的裂缝；裂缝中温度进一步升高，固态超分子材料又转变为液态，施工结束后，返排出地面；使得单次水力压裂施工中可产生多条油气渗流的裂缝通道，达到体积压裂或缝网压裂（酸压）的效果，从而大幅提高单井产能。

Zhao[567]和Du[568]首次提出液体暂堵转向技术，暂堵材料在不同温度下发生溶胶—凝胶—溶胶的过渡转变行为。低温下，材料处于溶胶状态；随着温度升高（90℃），溶胶变为稳定的凝胶固体；随着温度进一步升高（110℃），凝胶转变成液态溶胶（图3-19）。

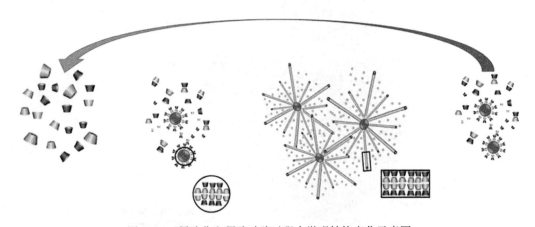

图 3-19 凝胶化和凝胶破胶过程中微观结构变化示意图

Liu 等[569]以 6%~8%丙烯酰胺+0.08%~0.12%过硫酸铵+1.5%~2.0%海泡石+0.5%~0.8%聚乙二醇二丙烯酸酯合成一种热敏性暂堵材料，适用地层温度为 70~90℃，暂堵强度高（5~40kPa）。在冀东油田某水平井进行了现场试验，施工结束一段时间后含水率下降到 27%，日增油 4.8t，累计增油 750t，取得了良好的控水增油效果。

3. 液氮冰冻暂堵

液氮（LN）是一种超冷、环保的流体，而煤层气（CBM）储层天然裂缝发育。天然裂缝内水遇到液氮冷凝成冰并堵塞，实现缝内暂堵，使得压裂裂缝转向。与未经液氮处理的煤样相比，经液氮处理的煤样破裂压力明显升高（图3-20、图3-21）。水压裂和气态氮压裂的增产率分别为103%和31%。此外，经液氮处理的煤样在表面或穿孔区周围出现了一次断裂，而未经处理的煤样中出现了大量的微断裂[570]。

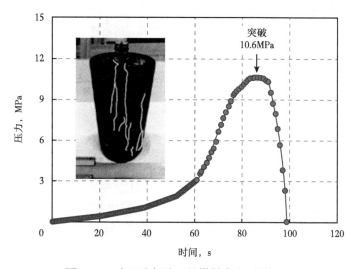

图 3-20　未经液氮处理的煤样水力压裂试验

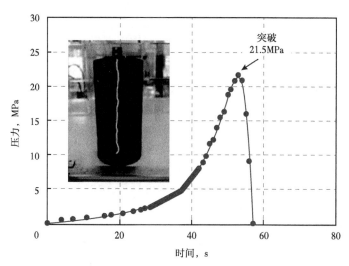

图 3-21　经液氮处理的煤样水力压裂试验

4. 生物降解暂堵剂

Allison[571]研制出一种生物可降解聚合物暂堵剂，在温度稳定性、对环境的影响、自清洁性等性能方面，可生物降解暂堵剂性能优良，可采用滑溜水压裂液泵送至储层，在储层温度下自行降解成小分子。其在岩样中的支撑剂填充情况如图3-22所示。

Arnold[572-574]研制出的生物可降解聚合物暂堵剂，由两种水溶性、环境友好的可降解聚合物组成，调整两种聚合物的配比，可使该暂堵剂应用在54~82℃和82~149℃两个温

图 3-22　用不同支撑剂填充的岩样

度范围,且在较大的压强范围内保持稳定,现场应用取得了良好的效果。基于 Arnold 研发的两套生物可降解聚合物暂堵剂,EP 能源公司已将其应用于现场 2 井次[575],Al-Othman[576]指出其已应用在多个油田和长地层段中。

七、小结

1. 化学微粒暂堵剂

化学微粒暂堵剂适用于中—低渗透储层暂堵,微粒粒径多采用 1/3~2/3 匹配原则确定;多级粒径和变形微粒组合暂堵,可有效增加封堵强度和防止微粒运移导致储层的二次伤害;存在适用温度范围不高(水溶性暂堵剂高温下溶解很快,难以形成有效封堵)、残渣较多(酸溶性微粒无法用于水力压裂中,需额外注酸解堵且降解不完全)、针对性过强(油溶性微粒无法用于气藏)等问题。

2. 纤维类暂堵剂

纤维类暂堵剂适用于低渗透气藏暂堵转向改造,对于渗透性较高的储层常需与其他暂堵剂结合使用;天然纤维耐温性差,需改性才能使用,且材料较为单一。

3. 胶塞类暂堵剂

胶塞类暂堵剂适合用于裂缝开度为毫米级的储层转向压裂作业,但该类暂堵剂大多需要加入破胶剂才能实现破胶解堵,破胶时间较难控制;常规材料耐温耐盐性能较差,封堵强度较低,而耐温性好的材料却难以降解。

4. 表面活性剂类

泡沫分流技术主要利用泡沫优先进入高渗透层,从而实现分流作用,配液、施工复杂,摩阻大,不适合用于高温储层;黏弹性表面活性剂 VES 主要用于酸化分流,不适合用于水力压裂强封堵转向,且适用温度不高。

5. 复合类暂堵剂

复合类暂堵剂综合了各类暂堵剂的优势,可用于不同条件储层的转向压裂施工,具有地层适应性好、转向压裂效果显著等特点;需使用多种暂堵剂,施工工艺复杂,暂堵剂筛选和注入工艺设计困难。

6. 新型暂堵剂

从适用温度、封堵强度、降解率、施工工艺出发,对比分析绒囊、液体暂堵、液氮冰冻暂堵、生物降解暂堵 4 种暂堵剂,液体暂堵转向适用温度范围广,最高可达 120℃,施工工艺简单可靠,降解率高达 100%。

7. 未来发展趋势

暂堵剂未来将会朝着研发适用温度范围广、易降解、低残渣甚至无残渣、易返排、安全环保无毒、封堵强度高、低成本、施工工艺简单可靠、适用于多种改造工艺和多种油气储层类型的方向发展。

第二节 除 氧 剂

压裂液的黏度在温度高于100℃时会迅速降低，因为高温通过氧化聚丙烯酰胺链及削弱疏水基团的缔合来降低流体黏度。氧气通过破坏聚合物链骨架导致聚合物氧化降解[577]。就多糖而言，聚合物主链的弱点在于连接甘露糖结构的糖苷键。除氧剂可在高温下保护聚合物免氧化，通过提供电子将氧分子还原为 O^{2-} 来实现[578-580]。选择除氧剂时必须小心，避免其产生的副产物对聚合物黏度的干扰。脱氧剂大多用于锅炉行业，压裂所需脱氧剂基本是以锅炉除氧剂为基础筛选。常用的脱氧剂可分为无机型和有机型。无机脱氧剂包括亚硫酸钠、硫代硫酸钠、肼、亚硫酸氢盐等。有机脱氧剂包括甲醇、碳酰肼、乙醛肟、丙酮肟、D-异抗坏血酸、D-异抗坏血酸钠等[578,581]。为了克服含表面活性剂的除氧剂在高温下会产生有毒气体以及肼类除氧剂本身毒性大的环境缺点，碳酰肼、丙酮肟、D-异抗坏血酸钠等环保剂得到了广泛应用。在油田压裂作业中，除氧剂必须具有有限的使用寿命，要在除氧过程完全消耗，以不干扰后续的破胶过程。大多数的预防性抗氧剂具有较长的使用寿命，不适合油田应用。

一、氧气降解聚合物原理

氧分子以几种同素异形形式存在，三重态是最稳定的形态，也是空气中氧气的存在形式。根据洪德定律，氧是一个双自由基分子。以羧甲基羟丙基瓜尔胶（CMHPG）为例，双自由基氧（·O—O·）分子从瓜尔胶（G）中提取氢原子，形成氢过氧化物自由基和瓜尔胶自由基[582]。此启动反应为：

$$·O—O· +G—H \longrightarrow HOO· +G·$$

一旦此反应进行，瓜尔胶降解就不可避免地发生。瓜尔胶自由基与水的反应为：

$$G· +H_2O \longrightarrow GH+ ·OH$$

这些羟基会导致聚合物主链降解（提取醇官能团中的氢原子）。

二、脱氧剂碳酰肼

碳酰肼分子式为 CH_6N_4O，分子量为90.08，为白色晶体，由含水乙醇结晶制得，具有极强的还原性。碳酰肼不吸潮，但极易溶于水，溶解后溶液呈碱性。碳酰肼可由水合肼与碳酸二甲酯反应制得[581]。其除氧原理为：

$$(N_2H_3)_2CO+2O_2 \longrightarrow 2N_2+3H_2O+CO_2$$

Yang在压裂液中添加碳酰肼来防止聚合物氧化，提高了聚合物耐温性，帮助压裂液在高温及高剪切速率下保持高黏度[583]。对基于丙烯酰胺的聚合物来说，不合适的温度稳定剂可能会与聚合物反应并导致更快降解。他们绘制了丙酮肟、异抗坏血酸钠、碳酰肼等在 $170s^{-1}$ 条件下的流变曲线[583]（图3-23）。

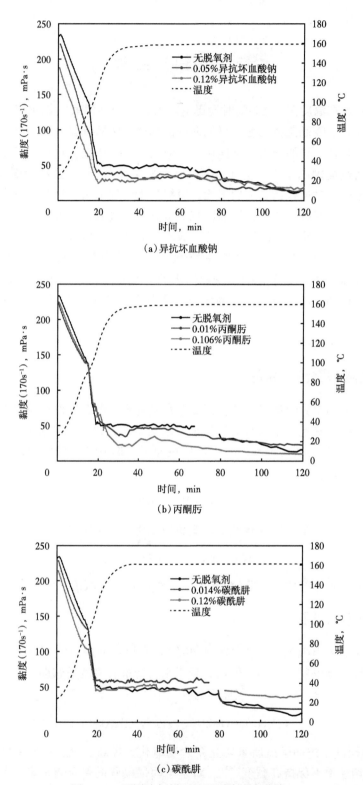

(a)异抗坏血酸钠

(b)丙酮肟

(c)碳酰肼

图 3-23 不同除氧剂下的压裂液流变曲线

由图 3-23 可以看出，丙酮肟和异抗坏血酸钠在高温下黏度甚至会低于常规压裂液，碳酰肼在保持溶液黏度方面表现最佳。综合来看，碳酰肼的质量分数为 0.12% 时性能最佳。在此实验中，添加了碳酰肼的聚丙烯酰胺压裂液可满足地层温度 160℃ 时的工艺要求（$170s^{-1}$ 及 160℃ 下，黏度超过 $50mPa·s$）。但是若温度进一步升高，黏度可能无法满足工业标准，此时可添加聚乙烯亚胺来交联以保持温度稳定。聚乙烯亚胺与酰氨基交联如图 3-24 所示。

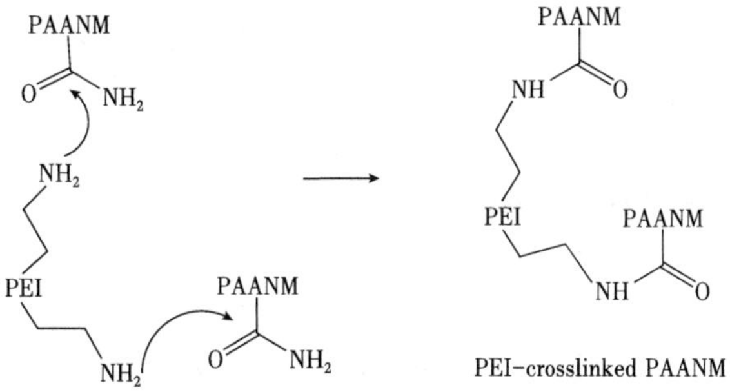

图 3-24 聚乙烯亚胺与酰氨基交联示意图

三、硫代硫酸钠

硫代硫酸盐是一种典型的还原氧气的添加剂。研究表明，加入硫代硫酸钠的瓜尔胶压裂液与常规的瓜尔胶压裂液相比，其在高温下的黏度提高了 2~10 倍[584]。硫代硫酸钠可通过两个氧化反应被氧化成两种产物，第一个反应在低温下发生，最快且效率最高[580]：

$$2Na_2S_2O_3 + \frac{1}{2}O_2 + H_2O \longrightarrow Na_2S_4O_6 + 2NaOH$$

第二个反应是氧化为硫酸根离子，在高温下进行，通常不显著：

$$Na_2S_2O_3 + 2O_2 \longrightarrow Na_2SO_4 + H_2SO_4$$

Almubarak 等[578]研究了温度高于 176℃ 时，不同含量硫代硫酸盐的压裂液流变性能。认为硫代硫酸盐的存在显著提高了压裂液耐高温性，但过多的硫代硫酸盐可能会影响压裂液黏度。这是由于硫代硫酸盐中含有可以屏蔽聚合物负电荷的金属离子，且可能会与其他添加剂发生相互作用，产生沉淀。除此之外，温度高于 176℃ 时，硫代硫酸盐会产生硫化氢气体[585]。

四、肟类化合物

研究表明，肟类化合物（包括酮肟和醛肟，特别是甲基乙基酮肟）可有效提高油田作业水凝胶的高温稳定性。甲基乙基酮肟（图 3-25）与氧气反应生成甲乙酮、一氧化二氮和水，根据化学反应方程式及化学计量来考虑，其除氧效率是硫代硫酸盐的 4 倍[580]。

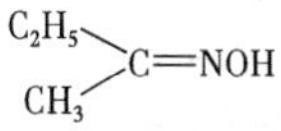

图 3-25 甲基乙基酮肟分子结构图

$$2MeEtC=NOH + O_2 \longrightarrow 2MeEtC=O + N_2O + H_2O$$

聚合物所需的肟量取决于聚合物中的氧气及随后与支撑剂混合期间暴露在大气下的氧气含量。肟类化合物与其他除氧剂不同的是，它们的反应相对独立于 pH 值，依赖于温度。

这个特性使肟在碱性或酸性条件下通用。可用于甲基乙基肟类除氧剂的聚合物包括半乳甘露聚糖胶及其衍生物、葡甘露聚糖胶及其衍生物、瓜尔豆胶、刺槐豆胶、卡拉胶、羧甲基瓜尔胶、羟乙基瓜尔胶、羟丙基瓜尔胶、羧甲基羟乙基瓜尔胶、羧甲基羟丙基瓜尔胶、纤维素及其衍生物、羟丙基纤维素、羟甲基纤维素、羟乙基纤维素和羧甲基纤维素[580]。更为重要的是，低温下甲基乙基酮肟不会影响交联剂性能。

五、小结

(1)压裂液中的除氧剂与常规的除氧剂不同，压裂液因为存在后期需破胶问题，所以常规的预防型除氧剂基本不适用于油田现场应用。

(2)大多数研究人员选择在聚合物中添加其他有机化合物来提高压裂液的热稳定性，这导致针对压裂液除氧剂的研究极少。

(3)由于成本的限制，大多压裂除氧剂采用硫代硫酸钠，但硫代硫酸钠在温度高于176℃时会产生有毒的硫化氢气体，导致其使用条件较为苛刻。

综上所述，开发低成本、安全且不会破坏压裂液交联及破胶性能的除氧剂至关重要。

第三节 除 硫 剂

一、压裂液除硫剂

2019年，蒋文学[586]提出了一种压裂液除硫剂及其制备方法，加量0.2%~2%。该除硫剂是氯化铁、氯化锌、七水硫酸锌、氯化铜、碱式碳酸锌、碱式碳酸铜的任意一种或它们中任意复配的混合物或水溶液。但该体系只能满足100℃以内储层改造要求。

二、SQR 除硫剂

油气工业中常常利用三嗪和乙二醛清除硫化氢[587]，但是这些添加剂会产生非特异性氧化、酸腐蚀、沉淀等副作用，对作业人员有害。通过克隆氧化亚铁硫杆菌的cDNA序列并且目的蛋白在酵母中的表达，获得重组磺醌还原酶SQR (Sulfide Quinone Reductase)或生物分子清除剂。室内实验和油田试验数据表明，SQR可成功用于减少硫化氢[588]。该制剂含有3.5g/L活性酶清除剂及其他生长介质组分和甘油作为稳定剂。SQR除硫剂的优点在于环保、安全，不会形成固体沉淀物，易混溶，无腐蚀和结垢，不会损坏设备。

三、常用除硫剂结构及原理

1. HA 除硫剂

2004年，陈红军[589]合成了一种硫化氢吸收剂，并复配相应的稳定剂形成复合型硫化氢吸收剂HA，硫化氢吸收剂HA主要成分的化学结构如图3-26所示。HA与硫化氢在水溶液中的主要反应如图3-27所示。

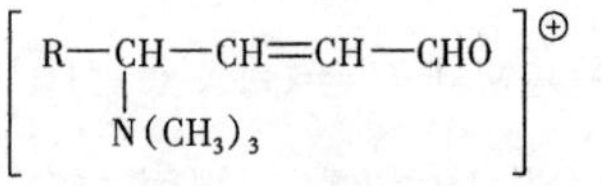

$$\left[\begin{array}{c} R-CH-CH=CH-CHO \\ | \\ N(CH_3)_3 \end{array} \right]^{\oplus}$$

图3-26 HA主要成分化学结构

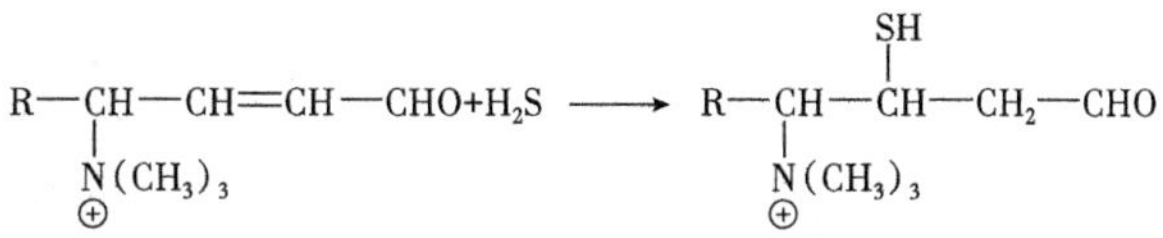

图 3-27 HA 与硫化氢在水溶液中的主要反应

2. 丙烯醛除硫剂[589]

丙烯醛结构及其与硫化氢的反应分别如图 3-28 和图 3-29 所示。

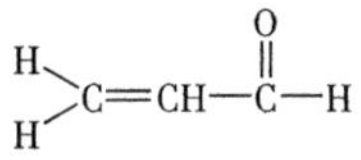

图 3-28 丙烯醛结构

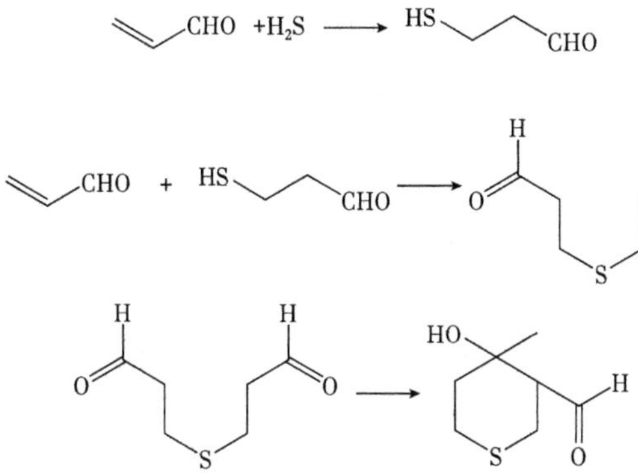

图 3-29 丙烯醛与硫化氢反应

3. 三嗪类除硫剂[590]

三嗪类除硫剂结构及其与硫化氢的反应分别如图 3-30 和图 3-31 所示。

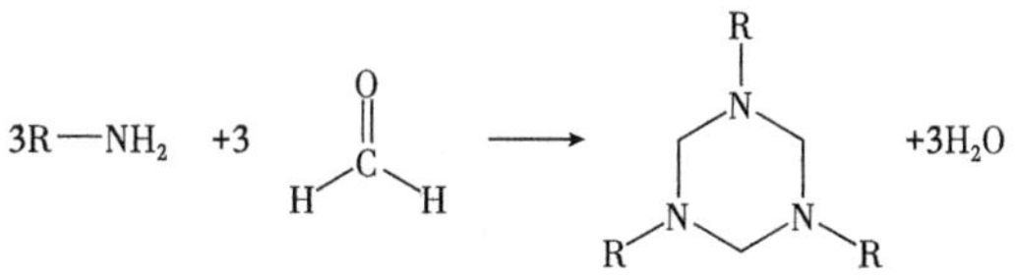

图 3-30 三嗪及其衍生物的合成示意图

各类除硫剂的性能见表 3-9。

表 3-9 各类除硫剂性能[589]

除硫剂类型		物性	优点	缺点
HA		具有一定结构的季铵盐；常温下为淡褐色液体，有轻微刺激性	很好的水溶性和酸溶性；酸性条件下稳定性高，热稳定性良好	
醛类	丙烯醛	常温无色透明液体	产物水溶性和酸溶性较好，不易产生沉淀	饱和蒸气压较高，挥发性很强，对健康危害较大
	甲醛	有刺激性气味	易溶于水	产物水溶性和酸溶性很低，致癌
	六次甲基四胺（乌洛托品）	与强酸反应生成甲醛，常常代替甲醛		生成的甲醛与硫化氢的产物水溶性能差

续表

除硫剂类型		物性	优点	缺点
嗪类	三嗪	为含多氮杂环化合物	毒性小，除硫效率高[591]	产物水溶性差，成本较高；抗温能力差，pH值影响大[592]
	1，3，5-三-(2-羟乙基)-六氢-S-三嗪	具有一定的缓蚀作用；可用于酸洗去除硫化氢；反应产物是水溶性的[591]		
有机胺类		伯胺、仲胺及其衍生物		反应可逆，产物不稳定，危险性较大

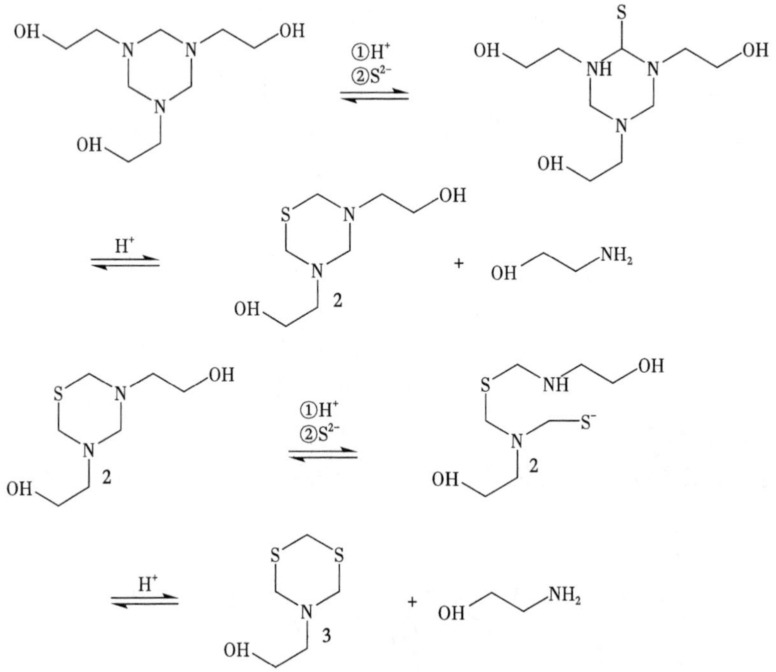

图 3-31 三嗪脱硫剂和硫化氢亲核取代反应路径

醛基硫化氢清除剂可用于酸性碳酸盐岩储层近井酸化改造中。然而，高浓度除硫剂条件下形成了聚合物，阻碍了硫化铁与酸反应，可能导致地层伤害[593]。

四、各类除硫剂除硫效率

检测原理：加有硫化氢吸收剂的盐酸与硫代乙酰胺反应产生硫化氢，生成的硫化氢气体一部分被吸收剂吸收，另一部分从反应器中逸出，进入装有乙酸铅溶液的吸收杯中被完全吸收生成硫化铅沉淀。最后由吸收杯中硫化铅沉淀量确定吸收效率。60℃时硫化氢吸收剂对硫化氢的吸收效率见表 3-10。

表 3-10　60℃时硫化氢吸收剂对硫化氢的吸收效率[589]

吸收剂类型	加量，mol	沉淀量，g	空白实验沉淀量，g	吸收效率，%
HA	0.04	0.085	5.697	98.51
甲醛	0.04	3.235	5.697	43.21
丙烯醛	0.04	1.824	5.697	67.98
六次甲基四胺	0.04	2.813	5.697	50.62
三嗪	0.04	4.035	5.697	29.17

五、小结

石油与天然气工业中，除硫剂主要应用于天然气或原油脱硫净化、钻井液除硫等，针对储层改造液体中使用的除硫剂研究较少，主要为三嗪类、醛类和有机胺类添加剂。在含硫油气田储层改造作业中，除硫剂主要是降低返排液中硫化氢气体的释放量，保证地面人员的人身安全，同时通过除硫剂减少硫化氢，减少亚铁离子和硫化氢反应生成的亚铁沉淀。

参 考 文 献

[1] Weijers L, Griffin L G, Sugiyama H, et al. The first successful fracture treatment campaign conducted in Japan: stimulation challenges in a deep, naturally fractured volcanic rock [C]. SPE Annual Technical Conference and Exhibition, 2002.

[2] Gupta D V, Carman P. Fracturing fluid for extreme temperature conditions is just as easy as the rest [C]. SPE Hydraulic Fracturing Technology Conference, 2011.

[3] Al-Muntasheri G A. A critical review of hydraulic-fracturing fluids for moderate- to ultralow- permeability formations over the last decade [J]. SPE Production and Operations, 2014, 29(4): 243-260.

[4] Nelson Ebus, Cawiezel Keus, Constien V G U S. Delayed borate crosslinked fracturing fluid having increased temperature range: EP0738824 [P]. 2000-11-29.

[5] Moorhouse R, Matthews L. Aqueous based zirconium (IV) crosslinked guar fracturing fluid and a method of making and use therefor: US6737386 [P]. 2004-05-18.

[6] Giffin W J O M. Compositions and processes for fracturing subterranean formations: US2013000915 [P]. 2013-01-03.

[7] 郭建春, 王世彬, 伍林. 超高温改性瓜尔胶压裂液性能研究与应用 [J]. 油田化学, 2011, 28(2): 201-205.

[8] 靳剑霞, 谭锐, 王红科, 等. 新型改性羟丙基瓜尔胶及其在超高温压裂液中的应用 [J]. 钻井液与完井液, 2018, 35(2): 126-130.

[9] Chauhan G, Ojha K. Synthesis of a bio-polymer nanocomposite fracturing fluid for HTHP application [C]. Abu Dhabi International Petroleum Exhibition and Conference, 2016.

[10] 张玉广, 张浩, 王贤君, 等. 新型超高温压裂液的流变性能 [J]. 中国石油大学学报(自然科学版), 2012, 36(1): 165-169.

[11] Whalen Rtus. Viscoelastic surfactant fracturing fluids and a method for fracturing subterranean formations: US6035936 [P]. 2000-03-14.

[12] Samuel M, Xiao Z, Chen Y, et al. Viscoelastic surfactant fluids stable at high brine concentration and methods of using same: US7148185 [P]. 2006-12-12.

[13] Mao J, Yang X, Wang D, et al. A novel gemini viscoelastic surfactant (VES) for fracturing fluids with good temperature stability [J]. RSC Advances, 2016, 6(91): 88426-88432.

[14] 毛金成, 杨小江, 宋志峰, 等. 耐高温清洁压裂液体系HT-160的研制及性能评价 [J]. 石油钻探技术, 2017, 45(6): 105-109.

[15] Yang X, Mao J, Zhang Z, et al. Rheology of quaternary ammonium gemini surfactant solutions: effects of surfactant concentration and counterions [J]. Journal of Surfactants and Detergents, 2018, 21(4): 467-474.

[16] Yang X, Mao J, Zhang H. Recyclable clean fracturing fluid thickener, preparation method and recovery method thereof, and high-temperature resistant clean fracturing fluid: US10894761 [P]. 2021-01-19.

[17] Zhao J, Fan J, Mao J, et al. High performance clean fracturing fluid using a new tri-cationic surfactant [J]. Polymers, 2018, 10(5): 535.

[18] Gurluk M R, Nasr-El-Din H A, Crews J B. Enhancing the performance of viscoelastic surfactant fluids using nanoparticles [C]. EAGE Annual Conference & Exhibition Incorporating SPE Europec, 2013.

[19] 乐雷, 秦文龙, 杨江. 一种耐高温低伤害纳米复合清洁压裂液性能评价 [J]. 石油与天然气化工, 2016, 45(6): 65-69.

[20] Mao J, Wang D, Yang X, et al. Application and optimization: Non-aqueous fracturing fluid from phosphate ester synthesized with single alcohol [J]. Journal of Petroleum Science and Engineering, 2016, 147:

356-360.

[21] Holtsclaw J, Funkhouser G P. A crosslinkable synthetic polymer system for high-temperature hydraulic fracturing applications [C]. SPE Tight Gas Completions Conference, 2009.

[22] Prakash C, Achalpurkar M, Uppuluri R. Evaluation of fracturing fluid for extreme temperature applications [C]. 19th Middle East Oil and Gas Show and Conference, 2015.

[23] Prakash C, Achalpurkar M P, Uppuluri R. Performance evaluation of high temperature fracturing fluid [C]. 30th Abu Dhabi International Petroleum Exhibition and Conference: Challenges and Opportunities for the Next 30 Years, 2014.

[24] Funkhouser G P, Holtsclaw J, Blevins J J. Hydraulic fracturing under extreme HPHT conditions: successful application of a new synthetic fluid in South Texas gas wells [C]. Deep Gas Conference and Exhibition, 2010.

[25] Song L, Yang Z. Method for a fracturing fluid system at high temperatures: US10066151 [P]. 2018-09-04.

[26] Song L, Yang Z. Synthetic polymer fracturing fluid for ultrahigh temperature applications [C]. International Petroleum Technology Conference, 2016.

[27] 薛俊杰, 朱卓岩, 欧阳坚, 等. 耐盐耐高温三元聚合物压裂液稠化剂的制备与性能评价 [J]. 油田化学, 2018, 35(1): 41-46, 59.

[28] Duan G F, Xu Y, Lu Y J, et al. New material research of 200C ultra-high temperature fluid in hydraulic fracturing industry design technology [C]. 2014 2nd International Forum on Mechanical and Material Engineering, 2014.

[29] Liwei W, Wen Z, Bo C, et al. 220aC ultra-temperature fracturing fluid in high pressure and high temperature reservoirs [C]. Offshore Technology Conference Asia 2016, 2016.

[30] Zhao X, Guo J, Peng H, et al. Synthesis and evaluation of a novel clean hydraulic fracturing fluid based on star-dendritic polymer [J]. Journal of Natural Gas Science and Engineering, 2017, 43: 179-189.

[31] Zhao J, Yang B, Mao J, et al. A novel hydrophobic associative polymer by RAFT-MADIX copolymerization for fracturing fluids with high thermal stability [J]. Energy & Fuels, 2018, 32(3): 3039-3051.

[32] Yan S, Tang J, Yan S, et al. Preparation and performance of novel temperature-resistant thickening agent [J]. Polymers for Advanced Technologies, 2018, 29(3): 1022-1029.

[33] Yang B, Mao J, Zhao J, et al. Improving the thermal stability of hydrophobic associative polymer aqueous solution using a "triple-protection" strategy [J]. Polymers, 2019, 11(6): 949.

[34] Shao Y, Mao J, Yang B, et al. High performance hydrophobic associated polymer for fracturing fluids with low-dosage [J]. Petroleum Chemistry, 2020, 60(2): 219-225.

[35] Mao J, Zhang Y, Zhao J, Yang X, et al. Ultra-high temperature fracturing fluid: US10633576 [P]. 2020-04-28.

[36] Jiang Q, Jiang G, Wang C, et al. A new high-temperature shear-tolerant supramolecular viscoelastic fracturing fluid [C]. IADC/SPE Asia Pacific Drilling Technology Conference, 2016.

[37] Jiang G, Jiang Q, Sun Y, et al. Supramolecular-structure-associating weak gel of wormlike micelles of erucoylamidopropyl hydroxy sulfobetaine and hydrophobically modified polymers [J]. Energy & Fuels, 2017, 31(5): 4780-4790.

[38] Liang F, Al-Muntasheri G, Li L. High temperature fracturing fluids with nanoparticles: US10550314 [P]. 2020-02-04.

[39] Tang J, Li H, Yan S, et al. In situ synthesis, structure, and properties of a dendritic branched nano-thickening agent for high temperature fracturing fluid [J]. Journal of Applied Polymer Science, 2020, 137(10): 48446.

[40] Bagal J, Gurmen M N, Holicek R A, et al. Engineered application of a weighted fracturing fluid in deep water [C]. SPE International Symposium and Exhibition on Formation Damage Control, 2006.

[41] Bartko K, Arocha C, Mukherjee T S, et al. First application of high density fracturing fluid to stimulate a high pressure & high temperature tight gas producer sandstone formation of Saudi Arabia [C]. SPE Hydraulic Fracturing Technology Conference, 2009.

[42] Bybee K. Design of a fracturing fluid for a deepwater well [J]. Journal of Petroleum Technology, 2007, 59(3): 50-52.

[43] Olson K E, Park E I, Weber B J, et al. Systematic approach to the design and application of a weighted fracturing fluid to ensure deepwater production [C]. SPE Annual Technical Conference and Exhibition, 2006.

[44] 车明光, 王永辉, 彭建新, 等. 深层—超深层裂缝性致密砂岩气藏加砂压裂技术——以塔里木盆地大北、克深气藏为例 [J]. 天然气工业, 2018, 38(8): 63-68.

[45] 仇宇楠. 低摩阻高比重耐高温压裂液的研制与性能评价 [D]. 北京: 中国石油大学(北京), 2019.

[46] 银本才, 曾雨辰, 杨洪, 等. DG2井压裂液加重技术 [J]. 石油钻采工艺, 2012, 34(3): 79-81.

[47] 肖兵, 张高群, 曾铮, 等. 高温高密度压裂液在大古2井的应用 [J]. 钻井液与完井液, 2012, 29(6): 68-70, 91.

[48] 李传增, 张菅, 王现杰, 等. 深海油田耐高温加重压裂液体系研究及性能评价 [J]. 海洋工程装备与技术, 2019, 6(S1): 116-121.

[49] 雷群, 胥云, 杨战伟, 等. 超深油气储集层改造技术进展与发展方向 [J]. 石油勘探与开发, 2021, 48(1): 193-201.

[50] 刘平礼, 兰夕堂, 邢希金, 等. 一种自生热耐高温高密度压裂液体系研究 [J]. 石油钻采工艺, 2013, 35(1): 101-104.

[51] Liu Y, Liu J, Li Y, et al. Development and field application of a new ultralow Guar gum concentration weighted fracturing fluid in HPHT reservoirs [J]. Journal of Chemistry, 2020(1): 1-10.

[52] 赵莹. 低摩阻高温加重压裂液体系研究及性能评价 [J]. 精细石油化工进展, 2020, 21(6): 1-4, 32.

[53] 施建国, 郭粉娟. 低摩阻加重压裂液体系研究及应用 [J]. 石油化工应用, 2020, 39(9): 74-78.

[54] Yang X, Mao J, Zhang W, et al. Tertiary cross-linked and weighted fracturing fluid enables fracture stimulations in ultra high pressure and temperature reservoir [J]. Fuel, 2020, 268: 117222.

[55] 任占春. 甲酸盐加重瓜尔胶压裂液体系 [J]. 钻井液与完井液, 2017, 34(1): 122-126.

[56] 杨新新, 王伟锋, 姜帅, 等. 抗高温高密度低伤害压裂液体系 [J]. 断块油气田, 2017, 24(4): 583-586.

[57] 王彦玲, 张悦, 刘飞, 等. 复合无机盐加重压裂液研究 [J]. 精细石油化工, 2017, 34(5): 6-9.

[58] Al-Muntasheri G A. A critical review of hydraulic fracturing fluids over the last decade [C]. SPE Western North American and Rocky Mountain Joint Meeting, 2014.

[59] Fuller M J. An innovative approach to gel breakers for hydraulic fracturing [C]. SPE International Conference and Exhibition on Formation Damage Control, 2016.

[60] Barati R, Liang J T. A review of fracturing fluid systems used for hydraulic fracturing of oil and gas wells [J]. Journal of Applied Polymer Science, 2014, 131(16): 40735.

[61] Li L, Al-Muntasheri G A, Liang F. A review of crosslinked fracturing fluids prepared with produced water [J]. Petroleum, 2016, 2(4): 313-323.

[62] Loveless D, Holtsclaw J, Weaver J D, et al. Multifunctional boronic acid crosslinker for fracturing fluids [C]. International Petroleam Technology Conference, 2014.

[63] Sun H, Qu Q. High-efficiency boron crosslinkers for low-polymer fracturing fluids [C]. SPE International

Symposium on Oilfield Chemistry, 2011.

[64] Legemah M, Guerin M, Sun H, et al. Novel high-efficiency boron crosslinkers for low-polymer-loading fracturing fluids [J]. SPE Journal, 2014, 19(4): 737-743.

[65] Loveless D, Holtsclaw J, Saini R, et al. Fracturing fluid comprised of components sourced solely from the food industry provides superior proppant transport [C]. SPE Annual Technical Conference and Exhibition, 2011.

[66] Williams N J, Kelly P A, Berard K G, et al. Fracturing fluid with low-polymer loading using a new set of boron crosslinkers: laboratory and field studies [C]. SPE International Symposium and Exhibition on Formation Damage Control, 2012.

[67] Legemah M, Qu Q, Sun H, et al. Unusual high-pressure tolerance of polyboronic crosslinked gel under high-temperature rheology condition [C]. SPE International Symposium on Oilfield Chemistry, 2015.

[68] Sun H, Qu Q. High-efficiency boron crosslinkers for low-polymer fracturing fluids [C]. High-Efficiency Boron Crosslinkers for Low-Polymer Fracturing Fluids, 2011.

[69] Kramer J, Prud'homme R, Wiltzius P, et al. Comparison of galactomannan crosslinking with organotitanates and borates [J]. Colloid & Polymer Science, 1988, 266: 145-155.

[70] Li L, Ezeokonkwo C I, Lin L, et al. Well treatment fluids prepared with oilfield produced water: Part II [C]. SPE annual technical conference and exhibition, 2010.

[71] Funkhouser G P, Norman L R. Synthetic polymer fracturing fluid for high-temperature applications [C]. International Symposium on Oilfield Chemistry, 2003.

[72] Funkhouser G P, Holtsclaw J, Blevins J J. Hydraulic fracturing under extreme HPHT conditions: successful application of a new synthetic fluid in South Texas gas wells [C]. SPE Deep Gas Conference and Exhibition, 2010.

[73] Funkhouser G P, Saini R K, Mukherjee A. High temperature fracturing fluids and methods: US8309498 [P]. 2012-11-13.

[74] Chauhan G, Verma A, Doley A, et al. Rheological and breaking characteristics of Zr-crosslinked gum karaya gels for high-temperature hydraulic fracturing application [J]. Journal of Petroleum Science and Engineering, 2019, 172: 327-339.

[75] Kalgaonkar R, Patil P. Performance enhancements in metal-crosslinked fracturing fluid [C]. North Africa Technical Conference and Exhibition, 2012.

[76] Zhou M, Zhang J, Zuo Z, et al. Preparation and property evaluation of a temperature-resistant Zr-crosslinked fracturing fluid [J]. Journal of Industrial and Engineering Chemistry, 2021, 96: 121-129.

[77] Almubarak T, Ng J H, Nasr-El-Din H A. Zirconium crosslinkers understanding performance variations in crosslinked fracturing fluids [C]. The Offshore Technology Conference Asia, 2020.

[78] Sokhanvarian K, Nasr-El-Din H A, Harper T L. Effect of ligand type attached to zirconium-based crosslinkers and the effect of a new dual crosslinker on the properties of crosslinked carboxymethylhydroxypropylguar [J]. SPE Journal, 2019, 24(4): 1741-1756.

[79] Hurnaus T, Plank J J C. An ITC study on the interaction energy between galactomannan biopolymers and selected MO_2 nanoparticles in hydrogels [J]. Chemistry Select 2016, 1(8): 1804-1809.

[80] Sokhanvarian K, Nasr-El-Din H A, Harper T L. New Al-based and dual cross-linkers to form a strong gel for hydraulic fracturing treatments [C]. EUROPEC 2015, 2015.

[81] Almubarak T, AlKhaldi M, Ng J H, et al. Design and application of high-temperature raw-seawater-based fracturing fluids [J]. SPE J, 2019, 24(4): 1929-1946.

[82] Driweesh S M, Atwi M A, Malik A R, et al. Successful implementation of zirconate borate based dual crosslinked gel and continuous mixing system during proppant fracturing treatment in a complex high temper-

ature and high pressure sandstone gas reservoir in Saudi Arabia that exceeded the well objective and showed substantial increase in operational efficiency-a case study [C]. International Petroleum Technology Conference, 2013.

[83] Dai H. Carbon nanotubes: synthesis, integration, and properties [J]. Accounts of Chemical Research, 2003, 35: 1035-1044.

[84] Huang T, Crews J. Nanotechnology applications in viscoelastic surfactant stimulation fluids [J]. SPE Production & Operations, 2008, 23: 512-517.

[85] Altavilla C, Ciliberto E, et al. Inorganic nanoparticles: synthesis, applications, and perspectives [M]. Boca Raton: CRC Press, 2011.

[86] Zhang Z, Xu Z, Salinas B. High strength nanostructured materials and their oil field applications [C]. SPE International Oilfield Nanotechnology Conference, 2012.

[87] Pourafshary P, Azimpour S, Motamedi P, et al. Priority assessment of investment in development of nanotechnology in upstream petroleum industry [C]. SPE Saudi Arabia Section Technical Symposium, 2009.

[88] Lafitte V, Tustin G, Drochon B, et al. Nanomaterials in fracturing applications. society of petroleum engineers [C]. SPE International Oilfield Nanotechnology Conference, 2012.

[89] Kong X, Ohadi M. Applications of micro and nano technologies in the oil and gas industry—an overview of the recent progress [C]. Society of Petroleum Engineers-14th Abu Dhabi International Petroleum Exhibition and Conference 2010.

[90] Shah S, Fakoya M. Rheological properties of surfactant-based and polymeric nano-fluids [C]. Society of Petroleum Engineers - Coiled Tubing and Well Intervention Conference and Exhibition, 2013.

[91] Liang F, Al-Muntasheri G A, Aramco S. Maximizing performance of residue-free fracturing fluids using nanomaterials at high temperatures [C]. SPE Western Regional Meeting, 2016.

[92] Chen F, Yang Y, He J, et al. The gelation of hydroxypropyl guar gum by nano-ZrO_2 [J]. Polymers for Advanced Technologies, 2017, 29(1): 587-593.

[93] Hurnaus T, Plank J. Behavior of titania nanoparticles in crosslinking hydroxypropyl guar used in hydraulic fracturing fluids for oil recovery [J]. Energy & Fuels, 2015, 29 (6): 3601-3608.

[94] Cannizzo C, Amigoni-Gerbier S, Larpent C. Boronic acid-functionalized nanoparticles: synthesis by microemulsion polymerization and application as a reusable optical nanosensor for carbohydrates [J]. Polymer, 2005, 46: 1269-1276.

[95] Zhang Z, Pan H, Liu P, et al. Boric acid incorporated on the surface of reactive nanosilica providing a nanocrosslinker with potential in guar gum fracturing fluid [J]. Journal of Applied Polymer Science, 2017, 134 (27).

[96] Hurnaus T, Plank J. Crosslinking of guar and HPG based fracturing fluids using ZrO_2 nanoparticles [C]. SPE International Symposium on Oilfield Chemistry, 2015.

[97] Chauhan G, Verma A, Hazarika A, et al. Rheological, structural and morphological studies of gum tragacanth and its inorganic SiO_2 nanocomposite for fracturing fluid application [J]. Journal of the Taiwan Institute of Chemical Engineers, 2017, 80: 978-988.

[98] Wang K, Wang Y, Ren J, et al. Highly efficient nano boron crosslinker for low-polymer loading fracturing fluid system [C]. SPE/IATMI Asia Pacific Oil & Gas Conference and Exhibition, 2017.

[99] Liang F, Al-Muntasheri G, Ow H, et al. Reduced-polymer-loading, high-temperature fracturing fluids by use of nanocrosslinkers [J]. SPE J, 2017, 22(2): 622-631.

[100] Malik A R, Bolarinwa S, Leal J A, et al. Successful application of metal-crosslinked fracturing fluid with low-polymer loading for high temperature proppant fracturing treatments in Saudi Arabian gas fields — laboratory and field study [C]. SPE Middle East Oil and Gas Show and Conference, 2013.

[101] Nasrallah M, Vinci M. New filter-cake breaker technology maximizes production rates by removing near-wellbore damage zone with delay mechanism designed for high temperature reservoirs: Offshore Abu Dhabi [C]. SPE Asia Pacific Oil and Gas Conference and Exhibition, 2018.

[102] Al-khaldi M H, Ghosh B, Ghosh D. A novel enzyme breaker for mudcake removal in high temperature horizontal and multi-lateral wells [C]. SPE Asia Pacific Oil and Gas Conference and Exhibition, 2011.

[103] Songire S, Uppuluri R. Guidelines for breaker selection in high viscosity HEC based gel plugs [C]. Abu Dhabi International Petroleum Exhibition and Conference, 2014.

[104] Sarwar M U, Cawiezel K E, Nasr-El-Din H A. Gel degradation studies of oxidative and enzyme breakers to optimize breaker type and concentration for effective break profiles at low and medium temperature ranges [C]. SPE Hydraulic Fracturing Technology Conference, 2011.

[105] Rae P, Di Lullo G. Fracturing fluids and breaker systems - a review of the state-of-the-art [C]. SPE Eastern Regional Meeting, 1996.

[106] Sangaru S S, Yadav P, Huang T, et al. Surface modified nanoparticles as internal breakers for viscoelastic surfactant based fracturing fluids for high temperature operations [C]. SPE Kingdom of Saudi Arabia Annual Technical Symposium and Exhibition, 2017.

[107] Gunawan S, Armstrong C D, Qu Q. Environmentally responsible, catalytic breakers for alkaline, high-temperature fracturing fluids [C]. SPE International Symposium and Exhibition on Formation Damage Control, 2014.

[108] Gunawan S, Armstrong C D, Qu Q. Universal breakers with broad polymer specificity for use in alkaline, high-temperature fracturing fluids [C]. SPE Annual Technical Conference and Exhibition, 2012.

[109] Patil P, Muthusamy R, Pandya N. Novel controlled-release breakers for high-temperature fracturing [C]. North Africa Technical Conference and Exhibition, 2013.

[110] Prakash, Belakshe, Ravikant, et al. Activator for breaking system in high-temperature fracturing fluids: US10093850 [P]. 2018-10-09.

[111] Tjon-Joe-Pin R, Thompson Sr. Joseph E, Ault M G. Stable breaker-crosslinker-polymer complex and method of use in completion and stimulation: US6186235 [P]. 2001-02-13.

[112] Kumar M, Koczo K, Spyropoulos K, et al. Friction reducer compositions: US9701883 [P]. 2017-07-11.

[113] Tucker K M, McElfresh P M. Could emulsified friction reducers prevent robust friction reduction? [C]. SPE International Symposium and Exhibition on Formation Damage Control, 2014.

[114] Patel A, Zhang J H, Ke M, et al. Lubricants and drag reducers for oilfield applications-Chemistry, performance, and environmental impact [C]. SPE International Symposium on Oilfield Chemistry, 2013.

[115] Jones C. Terpolymer compositions: US10604695 [P]. 2020-03-31.

[116] Alwattari A, Chopade P D. Composition and method for gelling fracturing fluids: US9725638 [P]. 2017-08-08.

[117] Zheng X, Moh T, Huang N, et al. Shale gas drilling performance break through in Wei Yuan-Relentless scientific and engineering approaches for the unconventional resources in central China [C]. International Petroleum Technology Conference, 2019.

[118] Ellafi A, Jabbari H, Ba Geri M, et al. Using high-viscosity friction reducers (HVFRs) to enhance SRVs in high TDS formations: Bakken case study [C]. 54th US Rock Mechanics/Geomechanics Symposium, 2020.

[119] Jiang T, Zhou D, Jia C, et al. The study and application of multi-stage fracturing technology of horizontal wells to maximize ESRV in the exploration & development of fuling shale gas play, ChongQing, China [C]. SPE Asia Pacific Hydraulic Fracturing Conference, 2016.

[120] Suryanarayana P V, Lewis D B. A reliability-based approach for survival design in deepwater and high-pressure/high-temperature wells [C]. SPE Drilling & Completion 2020: 1-12.

[121] Gasljevic K, Matthys E F. Ship drag reduction by microalgal biopolymers: a feasibility analysis [J]. Journal of Ship Research 2007, 51(4): 326-337.

[122] Schwartz K, Smith K W, Chen-Shih-Ruey T. Friction reducing composition and method: AU2002352375B2 [P]. 2007-11-29.

[123] Wood W, Crews J B. Friction loss reduction in viscoelastic surfactant fracturing fluids using low molecular weight water-soluble polymers: US2009192056 [P]. 2009-07-30.

[124] Zhou Y, Shah S N, Gujar P V. Effects of coiled tubing curvature on drag reduction of polymeric fluids [J]. SPE Production & Operations, 2006, 21(1): 134-141.

[125] Ibrahim A F, Nasr-El-Din H A, Rabie A, et al. A new friction-reducing agent for slickwater-fracturing treatments [J]. SPE Production & Operations, 2018, 33(3): 583-595.

[126] Patel N, Callanan M J. Polyacrylamide slurry for fracturing fluids: US10793768 [P]. 2020-10-06.

[127] Nguyen P D, Ogle J W, Alwattari A. Fibers as drag-reducing propping fibers in low permeability subterranean applications: US9683167 [P]. 2017-06-20.

[128] Ba Geri M, Imqam A, Suhail M. Investigate proppant transport with varying perforation density and its impact on proppant dune development inside hydraulic fractures [C]. SPE Middle East Oil and Gas Show and Conference, 2019.

[129] Abbas S, Sanders A W, Donovan J C. Applicability of hydroxyethylcellulose polymers for chemical EOR [C]. SPE Enhanced Oil Recovery Conference, 2013.

[130] Ke L, Sun H, Weston M, et al. Understanding the mechanism of breaking polyacrylamide friction reducers [C]. SPE Annual Technical Conference and Exhibition, 2019.

[131] Patel A D. Design and development of quaternary amine compounds: Shale inhibition with improved environmental profile [C]. SPE International Symposium on Oilfield Chemistry, 2009.

[132] Crowe C W. Laboratory study provides guidelines for selecting clay stabilizers [C]. CIM/SPE International Technical Meeting, 1990.

[133] Gomez S, Ke M, Patel A. Selection and application of organic clay inhibitors for completion Fluids [C]. SPE International Symposium on Oilfield Chemistry, 2015.

[134] Himes R E, Vinson E F, Simon D E. Clay stabilization in low-permeability formations [C]. SPE Production Engineering, 1991, 6(3): 252-258.

[135] Williams L H Jr, Underdown D R. New polymer offers effective, permanent clay stabilization treatment [J]. Journal of Petroleum Technology, 1981, 33(7): 1211-1217.

[136] Oort E V. A novel technique for the investigation of drilling fluid induced borehole instability in shales [C]. Rock Mechanics in Petroleum Engineering, 1994.

[137] Mondshine T C. A new potassium based mud system [C]. Fall Meeting of the Society of Petroleum Engineers of AIME, 1973.

[138] Kjøsnes I, Løklingholm G, Saasen A, et al. Successful water based drilling fluid design for optimizing hole cleaning and hole stability [C]. SPE/IADC Middle East Drilling Technology Conference and Exhibition, 2003.

[139] Obrien D, Chenevert M E, Chenevert M E. Stabilizing sensitive shales with inhibited, potassium-based drilling fluids [J]. Journal of Petroleum Technology, 1973, 25(9): 1089-1100.

[140] Zhou J, Nasr-El-Din H A. A new application of potassium nitrate as an environmentally friendly clay stabilizer in water-based drilling fluids [C]. SPE International Conference on Oilfield Chemistry, 2017.

[141] Norman C A, Smith J E. Experience gained from 318 injection well KOH clay stabilization treatments

[C]. SPE Rocky Mountain Regional/Low-Permeability Reservoirs Symposium and Exhibition, 2000.

[142] Zhou Z J, Gunter W O, Jonasson R G. Controlling formation damage using clay stabilizers: a review [C]. Annual Technical Meeting, 1995.

[143] El-Monier I A A, Nasr-El-Din H A A, Harper T L L, et al. A new environmentally friendly clay stabilizer [J]. SPE Production & Operations, 2013, 28(2): 145-153.

[144] Assem A I, Nasr-El-Din H A, Harper T L. A new class of permanent clay stabilizers [C]. SPE International Conference on Oilfield Chemistry, 2019.

[145] Maley D, Farion G, O'Neil B. Non-polymeric permanent clay stabilizer for shale completions [C]. SPE European Formation Damage Conference & Exhibition, 2013.

[146] Steiger R P. Fundamentals and use of potassium/polymer drilling fluids to minimize drilling and completion problems associated with hydratable clays [J]. Journal of Petroleum Technology, 1982, 34(8): 1661-1670.

[147] Zaitoun A, Berton N. Stabilization of montmorillonite clay in porous media by polyacrylamides [C]. SPE Formation Damage Control Symposium, 1996.

[148] Zaltoun A, Berton N. Stabilization of montmorillonite clay in porous media by high-molecular-weight polymers [J]. SPE Production Engineering, 1992, 7(2): 160-166.

[149] Chetan P, Songire S. A sulfur-free and biodegradable gel stabilizer for high temperature fracturing applications [C]. SPE North Africa Technical Conference and Exhibition, 2015.

[150] Huddleston D A. Liquid aluminum phosphate salt gelling agent: US5110485 [P]. 1992-05-05.

[151] Delgado E, Keown B. Low volatile phosphorous gelling agent: CA2547223 [P]. 2013-03-19.

[152] Farmer R F, Doyle A K, Gadberry J F, et al. Method for controlling the rheology of an aqueous fluid and gelling agent therefor: USRE41585 [P]. 2010-08-24.

[153] Taylor R S, Funkhouser, G P. Methods and compositions for treating subterranean formations with gelled hydrocarbon fluids: US8119575 [P]. 2012-02-21.

[154] Ameri A, Nick H M, Ilangovan N. A comparative study on the performance of acid systems for high temperature matrix stimulation [C]. Abu Dhabi International Petroleum Exhibition & Conference, 2016.

[155] Li Y, Yang I C Y, Lee K I, et al. Subsurface application of alcaligenes eutrophus for plugging of porous media. In: Developments in Petroleum Science [M]. Premuzic E T, Woodhead A. Elsevier, 1993. 65-77.

[156] Dasinger B L, Mcarthur I H A. Aqueous gel compositions derived from succinoglycan : EP0251638 [P]. 1988-12-14.

[157] Ventresca M L, Fernández I, Navarro-Perez G. Reversible gelling system and method using same during well treatments: US7994100 [P]. 2011-08-09.

[158] Gioia F, Urciuolo M. The containment of oil spills in unconsolidated granular porous media using xanthan/Cr (III) and xanthan/Al (III) gels [J]. Journal of Hazardous Materials, 2004, 116(1): 83-93.

[159] Fink Johannes. Petroleum engineer's guide to oil field chemicals and fluids [M]. Second Edition. USA: Gulf Professional Publishing, 2015.

[160] Rabie A I, Gomaa A M, Nasr-El-Din H A. Reaction of in-situ-gelled acids with calcite: Reaction-rate study [J]. SPE Journal, 2011, 16(4): 981-992.

[161] Zhang P, Wang Y, Yang Y, et al. Effective viscosity in porous media and applicable limitations for polymer flooding of an associative polymer [J]. Oil & Gas Science and Technology-Revue d'IFP Energies Nouvelles, 2013, 70(6): 931-939.

[162] Handlin D L, Thomas E L. Phase contrast imaging of styrene-isoprene and styrene-butadiene block copolymers [J]. Macromolecules, 1983, 16(9): 1514-1525.

[163] Soreau M, Montmorency F R, Siegel, et al. Verwendung eines geliermittels für zum abdichten und verfestigen von böden bestimmte alkalisilikatlösung: DE000003506095C2 [P]. 1990-05-31.

[164] Dartez T R, Jones R K. Method for selectively treating wells with a low viscosity epoxy resin-forming composition: US5314023 [P]. 1994-05-24.

[165] Marianne G. Brydson's plastics materials [M]. Eighth Edition. United Kingdom: Butterworth–Heinemann, 2016.

[166] Funkhouser G P, Frost K A. Polymeric compositions and methods for use in well applications: US5960877 [P]. 1999-10-05.

[167] Al-Otaibi F, Dahlan M, Khaldi M, et al. Evaluation of inorganic-crosslinked-based gelled acid system for high-temperature applications [C]. SPE International Conference and Exhibition on Formation Damage Control, 2020.

[168] Crews J B. Saponified fatty acids as breakers for viscoelastic surfactant-gelled fluids: US8633255 [P]. 2014-01-21.

[169] Abdelfatah E, Bang S, Pournik M, et al. Acid diversion in carbonates with nanoparticles-based in situ gelled acid [C]. Abu Dhabi International Petroleum Exhibition & Conference, 2017.

[170] Wang Y, Zhou C, Yi X, et al. Research and evaluation of a new autogenic acid system suitable for acid fracturing of a high-temperature reservoir [J]. ACS Omega, 2020, 5(33): 20734-20738.

[171] Nasr-El-Din H, Al-Otaibi M, Al-Qahtani A, et al. Laboratory studies of in-situ generated acid to remove filter cake in gas wells [C]. SPE Annual Technical Conference and Exhibition, 2005.

[172] Al-Otaibi M B, Nasr-El-Din H A, Al Moajil A M. In-situ acid system to clean up drill-in fluid damage in high temperature gas wells [C]. IADC/SPE Asia Pacific Drilling Technology Conference and Exhibition, 2006.

[173] 刘丙晓，周姿潼，车航，等. 一种水解酯潜在缓速土酸的实验评价 [J]. 石油钻采工艺. 2015, 37(6): 98-101, 129.

[174] 李延美，王津建，贾雁. 高温碳酸盐岩油藏低损害酸化体系：CN1262622C [P]. 2006-07-05.

[175] Arslan E, Sokhanvarian K, Nasr-El-Din H A, et al. Reaction rate of a novel in-situ generated HCl acid and calcite [C]. SPE Annual Technical Conference and Exhibition, 2017.

[176] Sokhanvarian K, Pummarapanthu T, Arslan E, et al. A new in-situ generated acid system for carbonate dissolution in sandstone and carbonate reservoirs [C]. SPE International Conference on Oilfield Chemistry, 2017.

[177] Scheuerman R F. A buffer-regulatd HF acid for sandstone acidizing to 550 degrees F [J]. SPE Production Engineering, 1988, 3(1): 15-21.

[178] Al-Douri A F, Sayed M A, Nasr-El-Din H A, et al. A new organic acid to stimulate deep wells in carbonate reservoirs [C]. SPE International Symposium on Oilfield Chemistry, 2013.

[179] Watanabe D J. Method for acidizing high temperature subterranean formations: US4148360 [P]. 1979-04-10.

[180] Wang X, Qu Q, Cutler J L, et al. Nonaggressive matrix stimulation fluids for simultaneous stimulation of heterogeneous carbonate formations [C]. SPE International Symposium on Oilfield Chemistry, 2009.

[181] 刘庆备，梅李超，叶柳冰. 间苯二甲酰氯在DMAC中的水解行为以及对聚合的影响 [J]. 高科技纤维与应用，2017, 42(3): 30-33.

[182] Luyster M R, Patel A D, Ali S A. Development of a delayed-chelating cleanup technique for openhole gravel pack horizontal completions using a reversible invert emulsion dril-In system [C]. SPE International Symposium and Exhibition on Formation Damage Control, 2006.

[183] Hassan A, Mahmoud M, Bageri B S, et al. Applications of chelating agents in the upstream oil and gas in-

dustry: A review [J]. Energy & Fuels, 2020, 34(12): 15593-15613.

[184] Frenier W W, Fredd C N, Chang F. Hydroxyaminocarboxylic acids produce superior formulations for matrix stimulation of carbonates at high temperatures [C]. SPE Annual Technical Conference and Exhibition, 2001.

[185] Frenier W, Brady M, Al-Harthy S, et al. Hot oil and gas wells can be stimulated without acids [J]. SPE Production & Facilities, 2004, 19(4): 189-199.

[186] Oviedo C, Rodríguez J. EDTA: the chelating agent under environmental scrutiny [J]. Química Nova, 2003, 26(6): 901-905.

[187] Kolodynska D, Jachula J, Hubicki Z. MGDA as a new biodegradable complexing agent for sorption of heavy metal ions on anion exchanger Lewatit Monoplus M 600 [C]. International Symposium on Physico-Chemical Methods of the Mixtures Separation-Ars Separatoria 2009, 2009.

[188] Putnis A, Putnis C V, Paul J M. The efficiency of a DTPA-based solvent in the dissolution of barium sulfate scale deposits [C]. SPE International Symposium on Oilfield Chemistry, 1995.

[189] LePage J N N, De Wolf C A A, Bemelaar J H H, et al. An environmentally friendly stimulation fluid for high-temperature applications [J]. SPE Journal, 2010, 16(1): 104-110.

[190] De Wolf C A, Bang E, Bouwman A, et al. Evaluation of environmentally friendly chelating agents for applications in the oil and gas industry [C]. SPE International Symposium and Exhibition on Formation Damage Control, 2014.

[191] Al-Dahlan M N, Obied M A, Marshad K M, et al. Evaluation of synthetic acid for wells stimulation in carbonate formations [C]. SPE Middle East Unconventional Resources Conference and Exhibition, 2015.

[192] Reyath S M, Nasr-El-Din H A, Rimassa S. Determination of the diffusion coefficient of methanesulfonic acid solutions with calcite using the rotating disk apparatus [C]. SPE International Symposium on Oilfield Chemistry, 2015.

[193] Kazantsev A S. The laboratory studying self-diverting acid systems for acidic treatments of wells with stratified irregularity in carbonate reservoirs (Russian) [J]. Neftyanoe khozyaystvo-Oil Industry, 2020(11): 94-97.

[194] Ortega A N E D, Rimassa S. Acidizing high temperature carbonate reservoirs using methanesulfonic acid? A coreflood study [C]. AADE Symposium on Eluids Technical Conference and Exhibition, 2014: AADE-14-FTCE-13.

[195] Sayed M A, Nasr-El-Din H A, Zhou J, et al. A new emulsified acid to stimulate deep wells in carbonate reservoirs [C]: SPE International Symposium and Exhibition on Formation Damage Control, 2012.

[196] Sidaoui Z, Sultan A S. Formulating a stable emulsified acid at high temperatures: stability and rheology study [C]. International Petroleum Technology Conference, 2016.

[197] Al-Zahrani A A. Innovative method to mix corrosion inhibitor in emulsified acids [C]. International Petroleum Technology Conference, 2013.

[198] Pandya N, Wadekar S, Cassidy J. An optimized emulsified acid system for high-temperature applications [C]. An Optimized Emulsified Acid System for High-Temperature Applications , 2013.

[199] Wadekar S, Pandya N. Use of emulsified acid system with corrosion protection up to 350°F [C]. SPE Saudi Arabia Section Technical Symposium and Exhibition, 2014.

[200] Cairns A J, Al-Muntasheri G A, Sayed M, et al. Targeting enhanced production through deep carbonate stimulation: Stabilized acid emulsions [C]. SPE International Conference and Exhibition on Formation Damage Control, 2016.

[201] Chen hongjun Gj, Zhao jinzhou. Experimental study on the stability of W/O emulsified acid system [J]. Petroleum and Natural Gas Chemical Industry, 2005, 32(2): 118-121.

[202] Taylor D, Kumar P S, Fu D, et al. Viscoelastic surfactant based self-diverting acid for enhanced stimulation in carbonate reservoirs [C]. SPE European Formation Damage Conference, 2003.

[203] Alleman D, Qi Q, Keck R. The development and successful field use of viscoelastic surfactant-based diverting agents for acid Stimulation [C]. International Symposium on Oilfield Chemistry, 2003.

[204] Garcia-Lopez De V M, Christanti Y, Salamat G, et al. Self diverting matrix acid: US7299870 [P]. 2007-11-27.

[205] Chang F, Qu Q, Frenier W. A novel self-diverting-acid developed for matrix stimulation of carbonate reservoirs [C]. SPE International Symposium on Oilfield Chemistry, 2001.

[206] Qiao W, Cui Y, Zhu Y, et al. Dynamic interfacial tension behaviors between Guerbet betaine surfactants solution and Daqing crude oil [J]. Fuel, 2012, 102: 746-750.

[207] Ali S S, Reyes J S, Samuel M M, et al. Self-diverting acid treatment with formic-acid-free corrosion inhibitor: US7902124 [P]. 2011-03-08.

[208] Cawiezel K E, Devine C S. Acidizing stimulation method using viscoelastic gelling agent: US2005137095 [P]. 2005-06-23.

[209] Huang T, Crews J B, Agrawal G. Nanoparticle pseudocrosslinked micellar fluids: optimal solution for fluid-loss control with internal breaking [C]. SPE International Symposium and Exhibition on Formation Damage Control, 2010.

[210] Yu M, Mu Y, Wang G, et al. Impact of hydrolysis at high temperatures on the apparent viscosity of carboxybetaine viscoelastic surfactant-based acid: experimental and molecular dynamics simulation Studies [J]. SPE Journal, 2012, 17(4): 1119-1130.

[211] Li L, Nasr-El-Din H A A, Zhou J, et al. Compatibility and phase behavior studies between corrosion inhibitors and surfactants-based acids [C]. SPE International Symposium and Exhibition on Formation Damage Control, 2012.

[212] Shu Y, Wang G, Nasr-El-Din H A, et al. Interactions of Fe (Ⅲ) and viscoelastic-surfactant-based acids [J]. SPE Production & Operations, 2016; 31(1): 29-46.

[213] Samuel M K. Gelled oil with surfactant: US7521400 [P]. 2009-04-21.

[214] Gross J M. Gelling Organic Liquids: EP0225661 [P]. 1987-08-26.

[215] Huddleston D A. Hydrocarbon geller and method for making the same: US4877894 [P]. 1989-10-31.

[216] Delgado E, Keown B. Low volatile phosphorous gelling agent: US2010075873 [P]. 2010-03-25.

[217] Lukocs B, Mesher S, Wilson Jr, et al. Non-volatile phosphorus hydrocarbon gelling agent: US2007173413 [P]. 2007-07-26.

[218] Nanda S K, Kumar R, Sindhwani K L, et al. Characterization of polyacrylamine-Cr^{6+} gels used for reducing water/oil ratio [C]. SPE International Symposium on Oilfield Chemistry, 1987.

[219] Hoskin D H, Rollmann L D. Polysilicate esters for oil reservoir permeability control: EP0283602A1 [P]. 1988-09-28.

[220] Guan G, Gao T, Wang X, et al. A cost-effective anionic flocculant prepared by grafting carboxymethyl cellulose and lignosulfonate with acrylamide [J]. Cellulose, 2021, 28(17): 11013-11023.

[221] Moradi-araghi A. Gelling compositions useful for oil field applications: US5478802 [P]. 1995-12-26.

[222] Sheng J J, Leonhardt B, Azri N. Status of Polymer-Flooding Technology [J]. Journal of Canadian Petroleum Technology, 2015, 54(2): 116-126.

[223] Fahy E, David G R, Dimichele L J, et al. Design and synthesis of polyacrylamide-based oligonucleotide supports for use in nucleic acid diagnostics [J]. Nucleic Acids Research, 1993, 21(8): 1819-1826.

[224] Chong A S, Manan M A, Idris A K. Readiness of lignosulfonate adsorption onto montmorillonite [J]. Colloids and Surfaces A: Physicochemical and Engineering Aspects, 2021, 628: 127318.

[225] Mumallah N A. Process for preparing a stabilized chromium (Ⅲ) propionate solution and formation treatment with a so prepared solution: EP0194596 [P]. 1986-09-17.

[226] Smith J E. Performance of 18 Polymers in aluminum citrate colloidal dispersion gels [C]. SPE International Symposium on Oilfield Chemistry, 1995.

[227] Rocha C A, Green D W, Willhite G P, et al. An experimental study of the interactions of aluminum citrate solutions and silica sand [C]. SPE International Symposium on Oilfield Chemistry, 1989.

[228] Leblanc M, Durrieu J A, Binon J P, et al. Process for treating an aqueous solution of acrylamide resin in order to enable it to gel slowly even at high temperature: US4975483 [P]. 1990-12-04.

[229] Maurer R, Landry M. Delayed-gelling compositions and their use for plugging subterranean formations : GB2226066 [P]. 1990-06-20.

[230] Moffitt P D, Moradi-Araghi A, Ahmed I, et al. Development and field testing of a new low toxicity polymer crosslinking system [C]. Permian Basin Oil and Gas Recovery Conference, 1996.

[231] Aksoy G, Gomaa A M, Nasr-El-Din H A, et al. Cawiezel K. Evaluation of a new liquid breaker for polymer-based in-situ gelled acids [C]. Brasil Offshore, 2011.

[232] Cawiezel K E, Dawson J C. Method of acidizing a subterranean formation with diverting foam or fluid: US7303018 [P]. 2007-12-04.

[233] Hu Y T, Fisher D, Kurian P, et al. Proppant transport by a high viscosity friction reducer [C]. SPE Hydraulic Fracturing Technology Conference and Exhibition, 2018.

[234] Motiee M, Johnson M, Ward B, et al. High concentration polyacrylamide-based friction reducer used as a direct substitute for Guar-based borate crosslinked fluid in fracturing operations [C]. SPE Hydraulic Fracturing Technology Conference, 2016.

[235] Van Domelen M, Cutrer W, Collins S, et al. Applications of viscosity-building friction reducers as fracturing fluids [C]. SPE Oklahoma City Oil and Gas Symposium, 2017.

[236] Tomson R C, Guraieb P, Graham S, et al. Development of a universal ranking for friction reducer performance [C]. SPE Hydraulic Fracturing Technology Conference and Exhibition, 2017.

[237] Sun H, Wood B, Stevens D, et al. A nondamaging friction reducer for slickwater frac applications [C]. SPE Hydraulic Fracturing Technology Conference, 2011.

[238] Cui Q, Zhang J G, Xue T. Synthesis and rheological properties of ydrophobic associated polymer as drag reducing agent [J]. Fine Chem, 2018, 35(1): 149-157.

[239] Ma G, Shen Yiding, Wang Xiaorong. Solution properties and drag reduction of hydrophobically associating polymer for fracturing fluids [J]. Fine Chem, 2016, 33(10): 1159-1164.

[240] Wang L, Li N. Differential transform method for solving linear system of first-order fuzzy differential equations [C]. In: Cao B Y, Wang P Z, Liu Z L, et al. Cham: Springer International Publishing; 2016: 235-242.

[241] Gu Y, Yu S, Mou J, et al. Research progress on the collaborative drag reduction effect of polymers and surfactants [J]. Materials, 2020, 13(2): 444.

[242] Huang J, Perez O, Huang T, et al. Using engineered low viscosity fluid in hydraulic fracturing to enhance proppant placement [C]. SPE International Hydraulic Fracturing Technology Conference and Exhibition, 2018.

[243] Ba Geri M, Imqam A, Bogdan A, et al. Investigate the rheological behavior of high viscosity friction reducer fracture fluid and its impact on proppant static settling velocity [C]. SPE Oklahoma City Oil and Gas Symposium, 2019.

[244] Kunshin A, Dvoynikov M. Design and process engineering of slotted liner running in extended reach drilling wells [C]. SPE Russian Petroleum Technology Conference; 2018.

[245] Singh R P, Pal S, Krishnamoorthy S, et al. High-technology materials based on modified polysaccharides [J]. Pure and Applied Chemistry, 2009, 81(3): 525-547.

[246] Wyatt N B, Gunther C M, Liberatore M W. Drag reduction effectiveness of dilute and entangled xanthan in turbulent pipe flow [J]. Journal of Non-Newtonian Fluid Mechanics, 2011, 166(1-2): 25-31.

[247] Sun H, Stevens R F, Cutler J L, et al. A novel nondamaging friction reducer: development and successful slickwater frac applications [C]. Tight Gas Completions Conference, 2010.

[248] Choi H J, Kim C A, Sohn J I, et al. An exponential decay function for polymer degradation in turbulent drag reduction [C]. Polymer Degradation and Stability, 2000, 69(3): 341-346.

[249] Wagger P. Additive equivalence during turbulent drag reduction [J]. AIChE J, 2004, 43(12): 3257-3259.

[250] Yan Z, Dai C, Zhao M, et al. Rheological characterizations and molecular dynamics simulations of self-assembly in an anionic/cationic surfactant mixture [J]. Soft Matter, 2016, 12(28): 6058-6066.

[251] Smith K W, Haynes L V, Massouda D F. Solvent free oil soluble drag reducing polymer suspension: US5449732 [P]. 1995-09-12.

[252] Eaton G B, Ebert A K. Drag reducing agent slurries having alfol alcohols and processes for forming drag reducing agent slurries having alfol alcohols: US7012046 [P]. 2006-03-14.

[253] Johnston R L, Lee Y N. Nonaqueous drag reducing suspensions: WO9816586 [P]. 1998-04-23.

[254] Milligan S N, Harris W F, Smith K W, et al. Remote delivery of latex drag-reducing agent without introduction of immiscible low-viscosity flow facilitator: US7361628 [P]. 2008-04-22.

[255] Bewersdorff H W, Ohlendorf D. The behaviour of drag-reducing cationic surfactant solutions [J]. Colloid and Polymer Science, 1988, 266 (10): 941-953.

[256] Kommareddi N S, Rzeznik L J. Microencapsulated drag reducing agents: US6160036 [P]. 2000-12-12.

[257] Jovancicevic V, Campbell S, Ramachandran S, et al. Aluminum carboxylate drag reducers for hydrocarbon emulsions: US7288506 [P]. 2007-10-30.

[258] Gao Y, Han J G. Research progress of "water-in-water" cationic polyacrylamide emulsion [J]. Liaoning Chemical Industry, 2016, 11: 1424-1429.

[259] Mahmoud A A, Al-Hashim H. A new enhanced oil recovery approach for clayey sandstone reservoirs using sequential injection of chelating agent solutions with different concentrations [C]. Abu Dhabi International Petroleum Exhibition & Conference, 2017.

[260] Almubarak T, Ng J H, Nasr-El-Din H. A review of the corrosivity and degradability of aminopolycarboxylic acids [C]. Offshore Technology Conference, 2017.

[261] Fredd C N, Fogler H S. The influence of chelating agents on the kinetics of calcite dissolution [J]. J Colloid Interface, 1998, 204(1): 187-197.

[262] Mahmoud M A N, Geri B S B, Hussein I A. Method for removing iron sulfide scale : US2017362492 [P]. 2017-12-21.

[263] Mahmoud M. New formulation for sandstone acidizing that eliminates sand production problems in oil and gas sandstone reservoirs [J]. Journal of Energy Resources Technology, 2017, 139(4): 1-11.

[264] Mahmoud M, Hussein I A, Sultan A. Development of efficient formulation for the removal of iron sulphide scale in sour production wells [J]. Canadian Journal of Chemical Engineering, 2018, 96(12): 2526-2533.

[265] Ahmed A, Mohamed M, Elkatatny S, et al. Effect of novel chelating agent seawater based system on the integrity of sandstone rocks [C]. SPE Kingdom of Saudi Arabia Annual Technical Symposium and Exhibition, 2017.

[266] Sokhanvarian K, Nasr-El-Din H A, Wang G, et al. Thermal stability of various chelates that are used in

the oilfield and potential damage due to their decomposition products [C]. SPE International Production and Operations Conference & Exhibition, 2012.

[267] Schneider J, Potthoff-Karl B, Kud A, et al. Use of glycine-N, N-diacetic acid derivatives as biodegradable complexing agents for alkaline earth metal ions and heavy metal ions and process for the preparation thereof: US6008176 [P]. 1999-12-28.

[268] Kolodynska D. Chelating agents of a new generation as an alternative to conventional chelators for heavy metal ions removal from different waste waters [M]. Eastern Poland: IntechOpen, 2011.

[269] Fredd C N, Fogler H S. Chelating agents as effective matrix stimulation fluids for carbonate formations [C]. International Symposium on Oilfield Chemistry, 1997.

[270] Mahmoud M A, Nasr-El-Din H A, De Wolf C A, et al. An effective stimulation fluid for deep carbonate reservoirs: A core flood study [C]. International Oil and Gas Conference and Exhibition in China, 2010.

[271] De Wolf C A, Bouwman A J, Nasr-El-Din H. Corrosion resistance when using chelating agents in chromium-containing equipment: US2014120276 [P]. 2014-05-01.

[272] Mahmoud M A, Nasr-El-Din H A, De Wolf C A, et al. Effect of lithology on the flow of chelating agents in porous media during matrix acid treatments [C]. SPE Production and Operations Symposium, 2011.

[273] Jimenez-Bueno O E, Ramirez G R, Quevedo Z, et al. Pushing the limits: HT carbonate acidizing [C]. SPE International Symposium and Exhibition on Formation Damage Control, 2012.

[274] Sayed M A, Nasr-El-Din H A, Wolf C A D, et al. Emulsified chelating agent: Evaluation of an innovative technique for high temperature stimulation treatments [C]. SPE European Formation Damage Conference & Exhibition, 2013.

[275] Al-Harbi B G, Al-Khaldi M H, Al-Dahlan M N. Evaluation of chelating-hydrofluoric systems [C]. International Petroleum Technology Conference, 2013.

[276] Al-Harbi B G, Al-Dahlan M N, Al-Khaldi M H. Aluminum and iron precipitation during sandstone acidizing using organic-HF acids [C]. SPE International Symposium and Exhibition on Formation Damage Control, 2012.

[277] Reyes E A, Smith A, Beuterbaugh A. Carbonate stimulation with biodegradable chelating agent having broad unique spectrum (pH, temperature, concentration) activity [C]. SPE Middle East Oil and Gas Show and Conference, 2013.

[278] Smith A L, Woon G C, Smits F, et al. Field results and experimental comparative analysis of sodium and nonsodium chelant-based HF acidizing fluids for sand Control Operations [C]. SPE International Conference and Exhibition on Formation Damage Control, 2016.

[279] Mahmoud M A, Kamal M, Bageri B S, et al. Removal of pyrite and different types of iron sulfide scales in oil and gas wells without H_2S generation [C]. International Petroleum Technology Conference, 2015.

[280] Reyes E A, Smith A L, Beuterbaugh A, et al. GLDA/HF facilitates high temperature acidizing and coiled tubing corrosion inhibition [C]. SPE European Formation Damage Conference and Exhibition, 2015.

[281] Ali A H A, Frenier W W, Xiao Z, et al. Chelating agent-based fluids for optimal stimulation of high-temperature wells [C]. SPE Annual Technical Conference and Exhibition, 2002.

[282] Ali S A, Ermel E, Clarke J, et al. Stimulation of high-temperature sandstone formations from west africa with chelating agent-based fluids [J]. SPE Production & Operations, 2008, 23(1): 32-38.

[283] Parkinson M, Munk T, Brookley J, et al. Stimulation of multilayered high-carbonate-content sandstone formations in west Africa using chelant-based fluids and mechanical diversion [C]. SPE International Symposium and Exhibition on Formation Damage Control, 2010.

[284] Armirola F, Machacon M, Pinto C, et al. Combining matrix stimulation and gravel packing using a non-acid based fluid [C]. SPE European Formation Damage Conference, 2011.

[285] Ameur Z O, Kudrashou V Y, Nasr-El-Din H A, et al. Stimulation of high-temperature steam-assisted-gravity-drainage production wells using a new chelating agent (GLDA) and subsequent geochemical modeling using PHREEQC [J]. SPE Production & Operations, 2018, 34(1): 185-200.

[286] Saneifar M, Nasralla R A, Nasr-El-Din H A, et al. Effect of spent acids on the wettability of carbonates at high temperature and pressure [C]. SPE European Formation Damage Conference, 2011.

[287] Taylor K C, Nasr-El-Din H A, Al-Alawi M J. Systematic study of iron control chemicals used during well stimulation [J]. SPE Journal 1999, 4(1): 19-24.

[288] Bageri B S, Mahmoud M A, Shawabkeh R A, et al. Toward a complete removal of barite (barium sulfate $BaSO_4$) scale using chelating agents and catalysts [J]. Arabian Journal for Science 2017, 42(4): 1667-1674.

[289] Lakatos I, Lakatos-Szabo J, Kosztin B. Comparative study of different barite dissolvers: technical and economic aspects [C]. International Symposium and Exhibition on Formation Damage Control, 2002.

[290] Putnis C V, Kowacz M, Putnis A. The mechanism and kinetics of DTPA-promoted dissolution of barite [J]. Applied Geochemistry, 2008, 23(9): 2778-2788.

[291] Paul J M, Fieler E R. A new solvent for oilfield scales [C]. SPE Annual Technical Conference and Exhibition, 1992.

[292] Kamal M S, Hussein I, Mahmoud M, et al. Oilfield scale formation and chemical removal: A review [J]. Journal of Petroleum Science and Engineering, 2018, 171: 127-139.

[293] Bageri B S, Elkatatny S, Mahmoud M, et al. Impact of sand content on filter cake and invert emulsion drilling fluid properties in extended reach horizontal wells [J]. International Journal of Oil, Gas Coal Technology, 2018, 19(2): 135-148.

[294] Geri B S B, Mahmoud M A, Shawabkeh R A, et al. Evaluation of barium sulfate (barite) solubility using different chelating agents at a high temperature [J]. Journal of Petroleum Science and Technology, 2017, 17(1): 42-56.

[295] Geri B S B, Mahmoud M A, Abdulraheem A, et al. Single stage filter cake removal of barite weighted water based drilling fluid [J]. Journal of Petroleum Science and Engineering, 2017, 149: 476-484.

[296] Ba Geri B S, Mahmoud M, Al-Majed A A, et al. Water base barite filter cake removal using non-corrosive agents [C]. SPE Middle East Oil & Gas Show and Conference, 2017.

[297] Elkatatny S M, Nasr-El-Din H A. Efficiency of removing filter cake of water-based drill-in fluid using chelating agents utilizing a CT method [C]. SPE Deepwater Drilling and Completions Conference, 2012.

[298] Al Moajil A M, Nasr-El-Din H A. Reaction of hydrochloric acid with filter cake created by Mn_3O_4 water-based drilling fluids [C]. Trinidad and Tobago Energy Resources Conference, 2010.

[299] Alarifi S A, Mahmoud M A, Shahzad K M. Interactions of DTPA chelating agent with sandstone rocks during EOR: Rock surface charge study [J]. Fuel, 2018, 232: 684-692.

[300] Mahmoud M, Elkatatny S. Removal of barite-scale and barite-weighted water- or oil-based-drilling-fluid residue in a single stage [J]. SPE Drilling Completion, 2018, 34(1): 16-26.

[301] Mahmoud M, Geri B B, Abdelgawad K, et al. Evaluation of the reaction kinetics of DTPA chelating agent and converter with barium sulfate (barite) using rotating disk apparatus [J]. Energy and Fuels, 2018, 32(9): 9813-9821.

[302] Al-Ibrahim H, AlMubarak T, Almubarak M, et al. Chelating agent for uniform filter cake removal in horizontal and multilateral wells: Laboratory analysis and formation damage diagnosis [C]. SPE Saudi Arabia Section Annual Technical Symposium and Exhibition, 2015.

[303] Collins N, Nzeadibe K, Almond S W. A biodegradable chelating agent designed to be an environmentally friendly filter-cake breaker [C]. SPE European Health, Safety and Environmental Conference in Oil and

Gas Exploration and Production, 2011.

[304] Bageri B S, Adebayo A R, Barri A, et al. Evaluation of secondary formation damage caused by the interaction of chelated barite with formation rocks during filter cake removal [J]. Journal of Petroleum Science and Engineering, 2019, 183: 106395.

[305] Almubarak T, Ng J H, Nasr-El-Din H. Chelating agents in productivity enhancement: a review [C]. SPE Oklahoma City Oil and Gas Symposium, 2017.

[306] Almubarak T, Ng J H, Nasr-El-Din H. Oilfield scale removal by chelating agents: an aminopolycarboxylic acids review [C]. SPE Western Regional Meeting, 2017.

[307] Gambardella F, Ganzeveld I J, Winkelman J G M, et al. Kinetics of the reaction of Fe II (EDTA) with oxygen in aqueous solutions [J]. Industrial & Engineering Chemistry Research, 2005, 44(22): 8190-8198.

[308] Mahmoud M, Elkatatny S. Towards a complete removal of barite weighted water and oil based-drilling fluids in single stage [C]. SPE Annual Technical Conference and Exhibition, 2017.

[309] Elkatatny S. New formulation for iron sulfide scale removal [C]. SPE Middle East Oil & Gas Show and Conference, 2017.

[310] Templeton C C, Richardson E A, Karnes G T, et al. Self-generating mud acid [J]. Journal of Petroleum Technology, 1975, 27(10): 1199-1203.

[311] Abrams A, Scheuerman R F, Templeton C C, et al. Higher-pH acid stimulation systems [J]. Journal of Petroleum Technology, 1983, 35(12): 2175-2184.

[312] Scheuerman R F, Richardson E A, Templeton C C. Acidizing carbonate reservoirs with chlorocarboxylic acid salt solutions: US4122896 [P]. 1978-10-31.

[313] 刘友权, 王琳, 熊颖, 等. 高温碳酸盐岩自生酸酸液体系研究 [J]. 石油与天然气化工, 2011, 40(4): 367-369, 325.

[314] Hall B E. A new technique for generating in-situ hydrofluoric acid for deep clay damage removal [J]. Journal of Petroleum Technology, 1978, 30(9): 1220-1224.

[315] Still J W, Dismuke K, Frenier W W. Generating acid downhole in acid fracturing: US2004152601 [P]. 2004-08-05.

[316] Keeney B R. Method of and composition for acidizing subterranean formations: US4371443 [P]. 1983-02-01.

[317] Moses V, Harris R. Acidizing underground reservoirs: US5678632 [P]. 1997-10-21.

[318] Harris R E, Mckay I D. Method for treatment of underground reservoirs: US6763888 [P]. 2004-07-20.

[319] Harris R E, Mckay I D. Method for treatment of underground reservoirs: US6702023 [P]. 2004-03-09.

[320] Nasr-El-Din H A, Solares J R, Al-Zahrani A A, et al. Acid fracturing of gas wells using solid acid: Lessons learned from first field application [C]. SPE Annual Technical Conference and Exhibition, 2007.

[321] 张怀香. LZR 潜在酸的研究与应用 [J]. 油气采收率技术, 1997(1): 65-69, 67.

[322] 贾光亮, 蒋新立, 李晔旻. 塔河油田超深井压裂裂缝自生酸酸化研究及应用 [J]. 复杂油气藏, 2017, 10(2): 73-75.

[323] Ke M, Boles J, Lant K E. Understanding corrosivity of weighted acids [C]. SPE International Symposium on Oilfield Chemistry, 2005.

[324] Al-Mutawa M, Al-Anzi E H, Jemmali M, et al. Polymer-free self-diverting acid stimulates Kuwaiti wells [J]. Oil & Gas Journal, 2002, 100(31): 39-42.

[325] Cheng X, Li Y, Ding Y, et al. Study and application of high density acid in HPHT deep well [C]. SPE European Formation Damage Conference, 2011.

[326] Ke M, Stevens R F, Qu Q. Novel corrosion inhibitor for high density $ZnBr_2$ completion brines at high tem-

peratures [C]. Corrosion 2008, 2008.

[327] Ezzat A M, Augsburger J J, Tillis W J. Solids-free, high-density brines for packer-fluid applications [J]. Journal of Petroleum Technology, 1988, 40(4): 491-498.

[328] Wang X, Ke M, Qu Q. Scale inhibitors designed for zinc bromide high-density completion brines [C]. SPE International Symposium on Oilfield Chemistry, 2005.

[329] Sierra L. New high-density fracturing fluid to stimulate a high-pressure, high-temperature tight-gas sandstone producer formation in Saudi Arabia [C]. SPE Deep Gas Conference and Exhibition, 2010.

[330] Steele C, Hart W L, Oakley D. Microfine particles—an alternative to heavy brines [C]. Offshore Mediterranean Conference and Exhibition, 2007.

[331] Chesser B G, Nelson G F. Applications of weighted acid-soluble workover fluids [J]. Journal of Petroleum Technology, 1979, 31(1): 35-39.

[332] Morgenthaler L N. Formation damage tests of high-density brine completion fluids [J]. SPE Production Engineering, 1986, 1(6): 432-436.

[333] Rabie A I, Nasr-El-Din H A. Effect of acid additives on the reaction of stimulating fluids during acidizing treatments [C]. SPE North Africa Technical Conference and Exhibition, 2015.

[334] Broaddus G C, Fredrickson S E. Fracture acidizing method: US3918524 [P]. 1975-11-11.

[335] Jennings A R. Simultaneous matrix acidizing using acids with different densities: US5297628 [P]. 1994-03-29.

[336] Jennings Jr A R. Method for variable density acidizing: US5327973 [P]. 1994-07-12.

[337] Jennings Jr. A R. Method of enhancing hydrocarbon production in a horizontal wellbore in a carbonate formation: US4883124 [P]. 1989-11-28.

[338] 张福祥, 彭建新, 汪绪刚, 等. 一种加重酸液配方: CN100475929C [P]. 2009-04-08.

[339] 徐进, 王明贵, 张朝举, 等. 一种加重酸液: CN102399551A [P]. 2012-04-04.

[340] Scoppio L, Nice P I, Nodland S, et al. Corrosion and environmental cracking testing of a high-density brine for HPHT field application [C]. Corrosion 2004, 2004.

[341] Piccolo E L, Scoppio L, Nice P I, et al. Corrosion and environmental cracking evaluation of high density brines for use in HPHT fields [C]. SPE High Pressure/High Temperature Sour Well Design Applied Technology Workshop, 2005.

[342] Kemp N P. Mutual solubility of salts in drilling and completion fluids [C]. SPE Annual Technical Conference and Exhibition, 1987.

[343] 李刚, 郭新江, 陈海龙, 等. 高密度酸加重酸化技术在川西深井异常高压气层增产中的应用 [J]. 矿物岩石, 2006(4): 105-110.

[344] 王明贵, 张朝举, 龙学, 等. 元坝区块高破裂压力深层低腐蚀性加重酸应用研究 [J]. 石油钻采工艺, 2010, 32(S1): 142-145.

[345] 王萍, 龙学, 李晖, 等. 低腐蚀性加重酸室内研究及应用 [J]. 中外能源, 2011, 16(3): 68-72.

[346] Dietsche F, Essig M, Friedrich R, et al. Organic corrosion inhibitors for interim corrosion protection [C]. Corrosion 2007, 2007.

[347] Smith C F, Dollarhide F E, Byth N J. Acid corrosion inhibitors-are we getting what we need? [J] Journal of Petroleum Technology, 1978, 30(5): 737-746.

[348] Bajpai D, Tyagi V K. Fatty imidazolines: chemistry, synthesis, properties and their industrial applications [J]. Journal of Oleo Science, 2006, 55(7): 319-329.

[349] Zhang H H, Pang X, Zhou M, et al. The behavior of pre-corrosion effect on the performance of imidazoline-based inhibitor in 3wt% NaCl solution saturated with CO_2 [J]. Applied Surface Science, 2015, 356(1): 63.

[350] Sitz C, Frenier W, Vallejo C. Acid corrosion inhibitors with improved environmental profiles [C]. SPE International Conference & Workshop on Oilfield Corrosion, 2012.

[351] Niu J H Y, Edmondson J G, Lehrer S E. Method of inhibiting corrosion of metal surfaces in contact with a corrosive hydrocarbon containing medium: EP0256802 [P]. 1988-02-24.

[352] Oppenlaender K, Wegner B, Slotman W. Ammonium salt of an alkenylsuccinic half-amide and the use thereof as corrosion inhibitor in oil and/or gas production technology: US5250225 [P]. 1993-10-05.

[353] Valone F W. Corrosion inhibiting system containing alkoxylated dialkylphenol amines: US4846980 [P]. 1989-07-11.

[354] Chen H J, Jepson W P, Hong T. High temperature corrosion inhibition performance of imidazoline and amide [C]. Corrosion 2000, 2000.

[355] Borghei S, Dehghanian C, Yaghoubi R, et al. Synthesis, characterization and electrochemical performance of a new imidazoline derivative as an environmentally friendly corrosion and scale inhibitor [J]. Research on Chemical Intermediates, 2016, 42(5): 4551-4568.

[356] Yan X, Jiang W, Wang Y, et al. Formula study on high temperature corrosion inhibitor for CO_2/O_2 in oil recovery during fire flood [J]. IOP Conference Series: Earth and Environmental Science, 2020, 567(1): 012006.

[357] Cassidy J. Design and investigation of a North Sea acid corrosion inhibition system [C]. Corrosion 2006, 2006.

[358] Ding Y, Brown B, Young D, Singer M. Effectiveness of an imidazoline-type inhibitor against CO_2 corrosion of mild steel at elevated temperatures (120℃-150℃) [C]. Corrosion 2018, 2018.

[359] Palencsár A, Gulbrandsen E, Kosorú K. High temperature testing of corrosion inhibitor performance [C]. Corrosion 2013, 2013.

[360] Purdy C, Weissenberger M. Novel alkylsulfonic acid compositions: WO2020124196 [P]. 2020-06-25.

[361] 刘冬梅. 耐高温缓蚀剂的缓蚀性能和机制研究 [J]. 西安石油大学学报(自然科学版), 2020, 35(6): 65-72.

[362] 侯雯雯, 陈晓东, 陈君, 等. 含氟高温酸化缓蚀剂的制备及性能研究 [J]. 表面技术, 2016, 45(8): 28-33.

[363] Walker M L. Method and composition for acidizing subterranean formations: US5366643 [P]. 1994-11-22.

[364] Tramontini M, Angiolini L. Mannich bases-chemistry and uses [M]. United Kingdom: CRC Press, 1994.

[365] Saukaitis A J, Gardner G S. Derivatives of rosin amines: US2758970 [P]. 1956-08-14.

[366] Monroe R F, Kucera C H, Oakes B D, et al. Compositions for inhibiting corrosion: US2874119 [P]. 1959-02-17.

[367] Mcdougall L A, Richards T E, Looney J R. Inhibition of corrosion: CA936677 [P]. 1973-11-13.

[368] Keeney B R, Johnson Jr., Joe W. Inhibited Treating Acid: US3773465 [P]. 1973-11-20.

[369] Daniel S S R, Strubelt C E, Becker K W. High temperature corrosion inhibitor: US4028268 [P]. 1977-07-06.

[370] Frenier W, Growcock F, Dixon B, et al. Process and composition for inhibiting iron and steel corrosion: EP0289665 [P]. 1988-11-09.

[371] Growcock F B, Lopp V R. The inhibition of steel corrosion in hydrochloric acid with 3-phenyl-2-propyn-1-OL [J]. Corrosion Science, 1988, 28(4): 397-410.

[372] Jasinski R J, Frenier W W. Process and composition for protecting chrome steel: EP0471400 [P]. 1992-02-18.

[373] Williams D A, Holifield P K, Looney J R, et al. Method of inhibiting corrosion in acidizing wells：US5089153 [P]. 1992-02-18.

[374] Cabello G, Funkhouser G P, Cassidy J, et al. CO and trans-cinnamaldehyde as corrosion inhibitors of I825, L80-13Cr and N80 alloys in concentrated HCl solutions at high pressure and temperature [J]. Electrochimica Acta, 2013, 97：1-9.

[375] Jasinski R J, Frenier W W. Process and composition for protecting chrome steel：US5120471 [P]. 1992-06-09.

[376] Coffey D M, Kelly M Y, Kennedy Jr., W C. Method and composition for corrosion：US4493775 [P]. 1985-01-15.

[377] Paul B, Tore N, Trevor L H, et al. Corrosion inhibitor with improved performance at high temperatures：US2021238469 [P]. 2021-08-05.

[378] Juanita M, Cassidy D, Chad E, et al. Methods and compositions for inhibiting corrosion：US2011155959 [P]. 2011-06-30.

[379] Wadekar S D, Pandey V N, Hipparge G J. Environmentally friendly corrosion inhibitors for high temperature applications：US10240240 [P]. 2019-03-26.

[380] 蒋建方, 冯章语, 宋清新, 等. 酮醛胺缩合物高温缓蚀剂制备方法的优化 [J]. 油田化学, 2020, 37(2)：330-334, 339.

[381] 张兴德, 原励, 王川, 等. 一种耐200℃高温缓蚀剂 [J]. 钻井液与完井液, 2020, 37(5)：664-669.

[382] Guzowski M M, Kraft F F, Mccarbery H R. Micro-multiport (MMP) tubing with improved metallurgical strength and method for making said tubing：US6192978 [P]. 2001-02-27.

[383] Santanna V C, Da Silva D R, De Azevedo F G, et al. Performance studies of a corrosion inhibitor for stainless steel in acid conditions and high temperatures [J]. Corrosion, 2003, 59(7)：635-639.

[384] 张朔, 李洪俊, 徐庆祥, 等. 一种新型高温酸化缓蚀剂的制备及性能评价 [J]. 表面技术, 2017, 46(10)：229-233.

[385] 李军, 张镇, 王云云, 等. 吡啶季铵盐型中高温酸化缓蚀剂的合成与性能评价 [J]. 石油化工应用, 2017, 36(9)：120-123.

[386] Verma C, Quraishi M A, Ebenso E E. Quinoline and its derivatives as corrosion inhibitors：a review [J]. Surfaces and Interfaces, 2020, 21：100634.

[387] Gao H, Li Q, Dai Y, et al. High efficiency corrosion inhibitor 8-hydroxyquinoline and its synergistic effect with sodium dodecylbenzenesulphonate on AZ91D magnesium alloy [J]. Corrosion Science, 2010, 52(5)：1603-1609.

[388] Frenier W W. Process and composition for inhibiting high-temperature iron and steel corrosion：US5096618 [P]. 1992-03-17.

[389] Vishwanatham S, Nilesh Haldar. Corrosion inhibition of N-80 steel in hydrochloric acid by phenol derivatives [J]. Indian J of chemical Technology, 2007, 14：501-506.

[390] Kumar T, Vishwanatham S, Emranuzzaman. Study on corrosion of N80 steel in acid medium using mixtures containing formaldehyde and phenol [J]. Ind J Chem Techn, 2008, 15：426-430.

[391] Xue J, Ma X, Yu L, et al. Development of a novel acidification corrosion inhibitor for P110 steel at high temperature [J]. Science of Advanced Materials, 2012, 4：61-67.

[392] Yang Z, Wang Y, Wang R, et al. Insight of new eco-friendly acidizing corrosion inhibitor：structure and inhibition of the indolizine derivatives [C]. SPE International Symposium on Oilfield Chemistry, 2019.

[393] Frenier W W. Acidizing fluids used to stimulate high temperature wells can be inhibited using organic chemicals [C]. SPE International Symposium on Oilfield Chemistry, 1989.

[394] Hoshowski J, Pineiro R P, Nordvik T, et al. The development of novel corrosion inhibitors for high temperature sour gas environments [C]. Corrosion 2020, 2020.

[395] Avdeev Y G, Belinskii P A, Kuznetsov Y I, et al. High-temperature inhibitor of steel corrosion in sulfuric acid solutions [J]. Protection of Metals and Physical Chemistry of Surfaces, 2010, 46(7): 782-787.

[396] Quraishi M A, Jamal D. Corrosion inhibition by fatty acid oxadiazoles for oil well steel (N-80) and mild steel [J]. Materials Chemistry and Physics, 2001, 71(2): 202-205.

[397] Avdeev Y G, Luchkin A Y, Tyurina M V, et al. Adsorption of IFKhAN-92 corrosion inhibitor from acidic phosphate solution on low carbon steel [J]. Protection of Metals and Physical Chemistry of Surfaces, 2017, 53(7): 1247-1251.

[398] Walker M L. Method and composition for acidizing subterranean formations: US4552672 [P]. 1985-11-12.

[399] Papir Y S, Schroeder A H, Stone P J. New downhole filming amine corrosion inhibitor for sweet and sour production [C]. SPE International Symposium on Oilfield Chemistry, 1989.

[400] Obot I B, Solomon M M, Umoren S A, et al. Progress in the development of sour corrosion inhibitors: past, present, and future perspectives [J]. Journal of Industrial and Engineering Chemistry, 2019, 79: 1-18.

[401] Sharp S, Yarborough L. Inhibiting corrosion in high temperature and high pressure gas wells: EP0030537 [P]. 1981-06-24.

[402] Jayaperumal D. Effects of alcohol-based inhibitors on corrosion of mild steel in hydrochloric acid [J]. Materials Chemistry and Physics, 2010, 119(3): 478-484.

[403] Beale J A F, Kucera C H. Corrosion inhibitors for aqueous acids: US3231507 [P]. 1966-01-25.

[404] Barmatov E, Geddes J, Hughes T, et al. Research on corrosion inhibitors for acid stimulation [C]. Corrosion 2012, 2012.

[405] Singh I. Inhibition of steel corrosion by thiourea derivatives [J]. Corrosion 1993, 49(6): 473-478.

[406] Hussin M H, Rahim A A, Mohamad Ibrahim M N, et al. The capability of ultrafiltrated alkaline and organosolv oil palm (Elaeis guineensis) fronds lignin as green corrosion inhibitor for mild steel in 0.5M HCl solution [J]. Measurement, 2016, 78: 90-103.

[407] Mohammed M T, Khan Z A, Siddiquee A N. Surface modifications of titanium materials for developing corrosion behavior in human body environment: A review [J]. Procedia Materials Science, 2014, 6: 1610-1618.

[408] Ji G, Dwivedi P, Sundaram S, et al. Aqueous extract of Argemone mexicana roots for effective protection of mild steel in an HCl environment [J]. Research on Chemical Intermediates, 2016, 42(2): 439-459.

[409] Belakshe R, Salgaonkar L. Application of plant extract for inhibiting corrosion in acidic environments [C]. SPE International Oilfield Corrosion Conference and Exhibition, 2014.

[410] Choudhary Y K, Sabhapondit A, Kumar A. Application of chicory as corrosion inhibitor for acidic environments [J]. Society of Petroleum Engineers (SPE), 2013, 28(3): 268-276.

[411] Zhao J, Zhang N, Qu C, et al. Comparison of the corrosion inhibitive effect of anaerobic and aerobic cigarette butts water extracts on N80 steel at 90℃ in hydrochloric acid solution [J]. Industrial & Engineering Chemistry Research, 2010, 49(24): 12452-12460.

[412] Williams D A, Holifield P K, Looney J R, et al. Corrosion inhibitor and method of use: US5002673 [P]. 1991-03-26.

[413] Hill D G, Romijn H. Reduction of risk to the marine environment from oilfield chemicals environmentally improved acid corrosion inhibition for well stimulation [C]. Corrosion 2000, 2000.

[414] Ali S S, Reyes J S, Samuel M M, et al. Self-diverting acid treatment with formic-acid-free corrosion in-

hibitor: WO2010023638 [P]. 2010-03-04.

[415] Williams D A, Holifield P K, Looney J R, et al. Method of inhibiting corrosion in acidizing wells: US5089153 [P]. 1992-02-18.

[416] Cassidy J M, Kiser C E, Wilson M J. Corrosion inhibitor intensifier compositions and associated methods: US2009156432 [P]. 2009-06-18.

[417] Alhamad L, Alrashed A, Al Munif E, et al. A review of organic acids roles in acidizing operations for carbonate and sandstone formations [C]. SPE International Conference and Exhibition on Formation Damage Control, 2020.

[418] Al-Katheeri M I, Nasr-El-Din H A, Taylor K C, et al. Determination and fate of formic acid in high temperature acid stimulation fluids [C]. International Symposium and Exhibition on Formation Damage Control, 2002.

[419] Cizek A. Corrosion inhibition using mercury intensifiers: US4997040 [P]. 1991-03-05.

[420] Cassidy J M, Kiser C E, Lane J L. Corrosion inhibitor intensifier compositions and associated methods: US2008139414 [P]. 2008-06-12.

[421] Malwitz M A. Corrosion inhibitor composition comprising a built-in intensifier: US2008146464 [P]. 2008-06-19.

[422] Cassidy J M, Kiser C E, Wilson M J. Corrosion inhibitor intensifier compositions and associated methods: US8058211 [P]. 2011-11-15.

[423] 王彦伟, 肖艳. 油田化学品合成与生产 [M]. 北京: 石油工业出版社, 2016.

[424] 杨海燕, 李建波, 李永会. 铁离子稳定剂SWLY-1的性能评价 [J]. 油田化学, 2013, 30(1): 11-13.

[425] Taylor K C, Nasr-El-Din H A, Saleem J A. Laboratory evaluation of iron-control chemicals for high-temperature sour-gas wells [C]. SPE International Symposium on Oilfield Chemistry, 2001.

[426] Blauch M E, Cheng A, Rispler K, et al. Novel carbonate well production enhancement application for encapsulated acid technology: First-use case history [C]. SPE Annual Technical Conference and Exhibition, 2003.

[427] Burgos G, Birch G, Buijse M. Acid fracturing with encapsulated citric acid [C]. SPE International Symposium and Exhibition on Formation Damage Control, 2004.

[428] Frenier W W, Rainey M, Wilson D, et al. A biodegradable chelating agent is developed for stimulation of oil and gas formations [C]. SPE/EPA/DOE Exploration and Production Environmental Conference, 2003.

[429] Sayed M A, Nasr-El-Din H A, De Wolf C A. Emulsified chelating cgent: evaluation of an innovative technique for high temperature stimulation treatments [C]. SPE European Formation Damage Conference & Exhibition, 2013.

[430] Zebarjad F S, Nasr-El-Din H A, Badraoui D A. Effect of Fe Ⅲ and chelating agents on performance of new VES-based acid solution in high-temperature wells [C]. SPE International Conference on Oilfield Chemistry, 2017.

[431] Nasr-El-Din H A, Al-Dahlan M N, As-Sadlan A M, et al. Iron precipitation during acid treatments using HF-based acids [C]. International Symposium and Exhibition on Formation Damage Control, 2002.

[432] Mahmoud M A, Nasr-El-Din H A, DeWolf C A. Removing formation damage and stimulation of deep illitic-sandstone reservoirs using green fluids [C]. SPE Annual Technical Conference and Exhibition, 2011.

[433] Mahmoud M A, Abdelgawad K Z. Chelating-agent enhanced oil recovery for sandstone and carbonate reservoirs [J]. SPE Journal, 2015, 20(3): 483-495.

[434] 杨海燕, 李建波. 铁离子稳定剂AAA的性能评价 [J]. 精细石油化工, 2014 (2): 41-44.

[435] 张航艳. 高温深井砂岩储层酸化新型一步酸体系配方研究[D]. 北京：中国石油大学(北京), 2018.

[436] Wilson A. Sodium gluconate as a new environmentally friendly iron-control agent for acidizing[J]. Journal of Petroleum Technology, 2015, 67(9): 158-160.

[437] 胡之力, 张龙, 于振波. 油田化学剂及应用[M]. 长春：吉林出版社, 1998.

[438] 杜素珍, 郭学辉. 八乙酸两性咪唑啉铁离子稳定剂的制备方法：CN105237479A[P]. 2016-01-13.

[439] 孙权. 古潜山油藏高效解堵剂研究[D]. 大庆：东北石油大学, 2015.

[440] 耿书林. LJ区块中低渗油藏解堵配方体系研究[D]. 大庆：东北石油大学, 2014.

[441] 许惠林, 司玉梅, 李影, 等. 一种酸化用铁离子稳定剂及其制备方法：CN104109530A[P]. 2014-10-22.

[442] 张文, 杜昱熹. 一种性能优良的酸化作业用铁离子稳定剂及其制备方法：CN105295887A[P]. 2016-02-03.

[443] 钱程, 钱桥胜, 张秀霞, 等. 一种在酸化液中应用的耐温型铁离子稳定剂：CN103627385B[P]. 2016-03-02.

[444] 王满学, 陈丹玉. 一种多功能酸化用铁离子稳定剂及其制备方法：CN106833597B[P]. 2019-11-15.

[445] 李泽锋, 柳志勇, 杨博丽. 不返排绿色可降解酸的研制与性能评价[J]. 油田化学, 2020, 37(2): 197-203.

[446] 刘长龙, 赵立强, 邢杨义, 等. 油气井酸化过程中铁离子的沉淀及其预防[J]. 重庆科技学院学报(自然科学版), 2009, 11(6): 13-15.

[447] 张建利, 孙忠杰, 张泽兰. 碳酸盐岩油藏酸岩反应动力学实验研究[J]. 油田化学, 2003(3): 216-219.

[448] 李沁. 高黏度酸液酸岩反应动力学行为研究[D]. 成都：成都理工大学, 2013.

[449] 童智燕. 碳酸盐岩自转向酸酸岩反应动力学实验研究[J]. 石油化工应用, 2012, 31(3): 96-99.

[450] 王荣, 刘平礼, 徐昆, 等. 印尼Kaji油田灰岩储层酸岩反应动力学实验研究[J]. 重庆科技学院学报(自然科学版), 2014, 16(3): 68-71.

[451] 刘伟, 刘佳, 刘飞, 等. 高钙质致密油酸岩反应动力学参数试验研究[J]. 石油与天然气化工, 2015, 44(2): 91-95.

[452] 王贵, 丁文刚, 唐婧, 等. 伊拉克油田岩心酸化反应动力学参数研究[J]. 石油化工应用, 2019, 38(4): 32-34, 50.

[453] Sayed M A, Nasr-El-Din H A, Zhou J, et al. A new emulsified acid to stimulate deep wells in carbonate reservoirs: Coreflood and acid reaction studies[C]. North Africa Technical Conference and Exhibition, 2012.

[454] Sayed M, Nasr-El-Din H A, Nasrabadi H. Reaction of emulsified acids with dolomite[J]. Journal of Canadian Petroleum Technology, 2013, 52(3): 164-175.

[455] Rabie A I, Shedd D C, Nasr-El-Din H A. Measuring the reaction rate of lactic acid with calcite and dolomite by use of the rotating-disk apparatus[J]. SPE Journal, 2014, 19(6): 1192-1202.

[456] Fredd C N, Scott Fogler H. The kinetics of calcite dissolution in acetic acid solutions[J]. Chemical Engineering Science, 1998, 53(22): 3863-3874.

[457] Aldakkan B, Gomaa A M, Cairns A J, et al. Low viscosity retarded acid system: A novel alternative to emulsified acids[C]. SPE Kingdom of Saudi Arabia Annual Technical Symposium and Exhibition, 2018.

[458] Sayed M, Cairns A J, Sahu Q. Low viscosity acid platform: Benchmark study reveals superior reaction kinetics at reservoir conditions[C]. International Petroleum Technology Conference, 2020.

[459] Rabie A I, Mahmoud M A, Nasr-El-Din H A. Reaction of GLDA with calcite: Reaction kinetics and

transport study [C]. SPE International Symposium on Oilfield Chemistry, 2011.

[460] Abdelgawad K Z, Mahmoud M A, Elkatatny S M. Stimulation of high temperature carbonate reservoirs using seawater and GLDA chelating agents: Reaction kinetics comparative study [C]. SPE Kuwait Oil & Gas Show and Conference, 2017.

[461] Ahmed M E, Hussein I A, Onawole A T, et al. Pyrite-scale removal using glutamic diacetic acid: A theoretical and experimental investigation [J]. SPE Production & Operations, 2020, 36(3): 751-759.

[462] Al-Khaldi M H, Nasr-El-Din H A, Sarma H K. Kinetics of the reaction of citric acid with calcite [C]. SPE International Symposium on Oilfield Chemistry, 2009.

[463] Taylor K C, Nasr-El-Din H A, Mehta S. Anomalous acid reaction rates in carbonate reservoir rocks [J]. SPE Journal, 2006, 11(4): 488-496.

[464] Qiu X, Khalid M A, Sultan A. How to determine true acid diffusion coefficient to optimize formation damage treatment? [C] SPE European Formation Damage Conference and Exhibition, 2015.

[465] Conway M W, Asadi M, Penny G S, et al. A comparative study of straight/gelled/emulsified hydrochloric acid diffusivity coefficient using diaphragm cell and rotating disk [C]. SPE Annual Technical Conference and Exhibition, 1999.

[466] 孙连环. 塔里木盆地塔中碳酸盐岩储层酸岩反应动力学实验研究 [J]. 石油与天然气化工, 2006(1):51-53, 87.

[467] 邝聃, 李勇明, 曹军. 塔中Ⅰ号气田碳酸盐岩储层酸岩反应动力学实验 [J]. 断块油气田, 2009, 16(6): 65-67.

[468] 王彦玲, 原琳, 任金恒, 等. 转向压裂暂堵剂的研究及应用进展 [J]. 科学技术与工程, 2017(32): 196-204.

[469] 毛金成, 卢伟, 张照阳, 等. 暂堵重复压裂转向技术研究进展 [J]. 应用化工, 2018(10): 2202-2206, 2211.

[470] 赵明伟, 高志宾, 戴彩丽, 等. 油田转向压裂用暂堵剂研究进展 [J]. 油田化学, 2018(3): 538-544.

[471] Andreasen A H M. Uber die gultigkeit des stokes schen gesetzes fur nicht kugelformige teilchen [J]. Kolloid Z, 1929, 49(2): 175-179.

[472] Kaeuffer M. Determination de l'optimum de remplissage granulometrique et quelques proprietes s'y rattachant [C]. Rouen I' AFTPV, 1973.

[473] Smith P S, Browne S V, Heinz T J, et al. Drilling fluid design to prevent formation damage in high permeability quartz arenite sandstones [C]. SPE Annual Technical Conference and Exhibition, 1996.

[474] Hands N, Kowbel K, Maikranz S. Drill-in fluid reduces formation damage, increases production rates [J]. Oil & Gas Journal, 1998, 96(28): 65-69.

[475] Abrams A. Mud design to minimize rock impairment due to particle invasion [J]. Journal of Petroleum Technology, 1977, 29(5): 586-592.

[476] Dick M A, Heinz T J, Svoboda C F, et al. Optimizing the Selection of Bridging Particles for Reservoir Drilling Fluids [C]. SPE International Symposium on Formation Damage Control, 2000.

[477] 罗向东, 罗平亚. 屏蔽式暂堵技术在储层保护中的应用研究 [J]. 钻井液与完井液, 1992, 9(2): 19-27.

[478] 熊英, 刘文辉, 魏玉莲, 等. 油溶性树脂暂堵剂室内评价技术研究 [J]. 石油钻采工艺, 2000(4): 78-80, 86.

[479] 蒲晓林, 罗向东, 罗平亚, 等. 用屏蔽桥堵技术提高长庆油田洛河组漏层的承压能力 [J]. 西南石油学院学报, 1995(2): 78-84.

[480] 许成元, 康毅力, 游利军, 等. 裂缝性储层渗透率返排恢复率的影响因素 [J]. 石油钻探技术,

2012(6): 17-21.
- [481] 崔迎春. 裂缝性储层屏蔽暂堵分形理论的研究 [J]. 天然气工业, 2002 (2): 45-47.
- [482] 蒋海军, 叶正荣, 杨秀夫, 等. 裂缝性储层暂堵规律的模拟试验研究 [J]. 中国海上油气, 2005 (1): 41-43, 51.
- [483] 刘宇凡, 王荣, 邹国庆, 等. 层间暂堵转向工程模拟可视化实验研究及应用 [J]. 钻采工艺, 2017 (5): 66-69, 65.
- [484] Brannon H D, Wood W D, Wheeler R S. Large scale laboratory investigation of the Effects of Proppant and Fracturing-Fluid Properties on Transport [C]. 2006 SPE International Symposium and Exhibition on Formation Damage Control, 2006.
- [485] 孔翠龙, 孙玉学, 王桂全, 等. 基于 Andreasen 方程的屏蔽暂堵新方法 [J]. 钻井液与完井液, 2010, 27(1): 26-28.
- [486] 张金波, 鄢捷年. 钻井液中暂堵剂颗粒尺寸分布优选的新理论和新方法 [J]. 石油学报, 2004 (6): 88-91, 95.
- [487] Ajay S, Mukul M. Strategies for sizing particles in drilling and completion fluids [C]. Proceedings SPE - European Formation Damage Conference, Expanding Horizons, 2001.
- [488] 李志勇, 鄢捷年, 沙东, 等. 大港油田保护储层暂堵剂优化设计新方法 [J]. 天然气工业, 2007 (10): 79-81, 139.
- [489] 蓝强. 疏水暂堵剂 HTPA-1 的研制及其性能评价 [J]. 石油钻采工艺, 2016(4): 456-460.
- [490] 闫治涛. 重复压裂高效暂堵剂研制与评价 [J]. 中国工程科学, 2012, 14(4): 20-25.
- [491] Larsen J, Poulsen M, Lundgaard T. Plugging of fractures in chalk reservoirs by enzyme-induced calcium carbonate precipitation [J]. SPE Production & Operations, 2008, 23(4): 478-483.
- [492] 张军, 汪建军, 温银武, 等. 油气储层裂缝暂堵剂: CN101311243B [P]. 2010-05-19.
- [493] Zhang H, Lu Y, Li K. Temporary sealing of fractured reservoirs using scaling agents [J]. Chemistry and Technology of Fuels and Oils, 2016, 52(4): 429-433.
- [494] Savari S, Whitfill D L, Walker J. Acid-soluble lost circulation material for use in large, naturally fractured formations and reservoirs [C]. SPE Middle East Oil and Gas Show and Conference, 2017.
- [495] 向洪, 刘建伟, 李妍铮. 新型暂堵剂在牛圈湖油田重复压裂现场先导试验 [J]. 吐哈油气, 2012, 17(3): 259-262.
- [496] Zhao X, Li Y, Cai B, et al. Study of an oil soluble diverting agent for hydraulic fracturing treatment in tight oil and gas reservoirs [C]. SPE/IADC Middle East Drilling Technology Conference and Exhibition, 2016.
- [497] 王盛鹏, 唐邦忠, 崔周旗, 等. 一种新型油溶性暂堵剂及应用 [J]. 钻井液与完井液, 2015, 32 (1): 87-89, 104.
- [498] 赵众从, 柳建新. 一种油溶性水力压裂暂堵转向剂及其制备方法: CN105441047B [P]. 2018-09-14.
- [499] 姜必武, 慕立俊. 低渗透油田重复压裂蜡球暂堵剂性能研究 [J]. 钻采工艺, 2006(6): 114-116, 147-148.
- [500] Li C, Qin X, Li L, et al. Preparation and performance of an oil-soluble polyethylene wax particles temporary plugging agent [J]. Journal of Chemistry, 2018, 2018: 1-7.
- [501] 张凤英, 鄢捷年, 杨光, 等. 新型油溶暂堵型无固相修井液的研制 [J]. 天然气工业, 2010, 30 (3): 77-79, 134-135.
- [502] 赖南君, 陈科, 马宏伟, 等. 水溶性压裂暂堵剂的性能评价 [J]. 油田化学, 2014, 31(2): 215-218.
- [503] Zhao P, Zhao H, Bai B, et al. Improve injection profile by combining plugging agent treatment and acid stimulation [C]. SPE/DOE Fourteenth Symposium on Improved Oil Recovery 14th, 2004.

[504] 赵强. 水溶性暂堵剂的制备与性能研究 [D]. 兰州: 兰州理工大学, 2011.

[505] 汪小宇. 压裂用水溶性暂堵剂的研究与现场应用 [J]. 石油化工应用, 2015, 34(6): 91-94.

[506] Harrison N W. Diverting agents-history and application [J]. Journal Petroleum Technology, 1972, 24(5): 593-598.

[507] 谢新秋, 邹鸿江, 武龙, 等. 暂堵压裂在低渗透油田的研究与应用 [J]. 钻采工艺, 2017 (3): 65-67, 11.

[508] 马海洋, 罗明良, 温庆志, 等. 转向压裂用可降解纤维优选及现场应用 [J]. 特种油气藏, 2018 (6): 145-149.

[509] Martin F, Jimenez-Bueno O, Garcia Ocampo A, et al. Fiber-assisted self-diverting acid brings a new perspective to hot deep carbonate reservoir stimulation in Mexico [C]. SPE Latin American and Caribbean Petroleum Engineering Conference, 2010.

[510] Leal Jauregui J A, Malik A R, Nunez Garcia W, et al. Field trials of a novel fiber-laden self-diverting acid system for carbonates in Saudi Arabia [C]. Deep Gas Conference and Exhibition, 2010.

[511] Leal Jauregui J A, Malik A R, Nunez Garcia W, et al. Successful application of novel fiber laden self-diverting acid system during fracturing operations of naturally fractured carbonates in Saudi Arabia [C]. PE Middle East Oil and Gas Show and Conference, 2011.

[512] Cohen C E, Tardy P M J, Lesko T M, et al. Understanding diversion with a novel fiber-laden acid system for matrix acidizing of carbonate formations [C]. SPE Annual Technical Conference and Exhibition, 2010.

[513] Wood W D, Wheeler R S. A new correlation for relating the physical properties of fracturing slurries to the minimum flow velocity required for transport [C]. Hydraulic Fracturing Technology Conference, 2007.

[514] Xue S, Zhang Z, Wu G, et al. Application of a novel temporary blocking agent in refracturing [C]. SPE Asia Pacific Unconventional Resources Conference and Exhibition, 2015.

[515] J. Ricardo S, Moataz A H, Abdulaziz A S, et al. Successful application of innovative fiber-diverting technology achieved effective diversion in acid stimulation treatments in Saudi Arabian deep gas producers [C]. SPE Asia Pacific Oil and Gas Conference and Exhibition, 2008.

[516] 罗学刚, 周健. 改性秸秆纤维油气层保护暂堵剂室内评价试验 [J]. 钻井液与完井液, 2005(1): 22-24, 81.

[517] 杜娟, 刘平礼, 赵立强, 等. 非均质储层酸化用醋酸纤维暂堵剂 [J]. 钻井液与完井液, 2012, 29(5): 77-78, 101.

[518] Quevedo M, Tellez F, Resendiz Torres T J, et al. An innovative solution to optimizing production in naturally fractured carbonate reservoirs in Southern Mexico [C]. SPE Latin America and Caribbean Petroleum Engineering Conference, 2012.

[519] 冯长根, 杨海燕, 曾庆轩. 聚乙烯醇纤维的改性与应用 [J]. 化工进展, 2004(1): 80-83.

[520] 徐克彬, 杨昱, 周涛, 等. 无限级化学分层压裂或酸化的方法: CN103806889B [P]. 2016-08-17.

[521] 周成裕, 叶仲斌, 陈柯, 等. 聚酯纤维类暂堵材料的制备及其性能研究 [J]. 现代化工, 2014(1): 56-59.

[522] 赵觅, 李博, 蔡永茂, 等. 一种新型油田高渗透层封堵技术——超细纤维封堵剂 [J]. 油田化学, 2014, 31(4): 518-522.

[523] 薛敏敏. 聚乳酸纤维及其应用 [C]. 2006 年新型化纤原料的生产及在棉纺织行业应用研讨会, 2006.

[524] 杨乾龙. 裂缝性碳酸盐岩水平井纤维暂堵转向酸化技术研究 [D]. 成都: 西南石油大学, 2015.

[525] 蒋卫东, 刘合, 晏军, 等. 新型纤维暂堵转向酸压实验研究与应用 [J]. 天然气工业, 2015, 35(11): 54-59.

[526] 张雄, 耿宇迪, 焦克波, 等. 塔河油田碳酸盐岩油藏水平井暂堵分段酸压技术 [J]. 石油钻探技

术, 2016(4): 82-87.

［527］Maytham I A-I, Moataz M A-H, Abdulaziz K A-H, et al. Field trials of fiber assisted stimulation in Saudi Arabia: an innovative non-damaging technique for achieving effective zonal coverage during acid fracturing [C]. SPE Saudi Arabia section Young Professionals Technical Symposium, 2008.

［528］Mukhliss A E, Ogundare T M, Dashash A A, et al. A novel non-damaging approach to isolate open hole lateral that allowed performing mechanical descaling in the non-monobore cased completion: a case study in Saudi Arabian carbonate reservoir [C]. SPE Saudi Arabia Section Technical Symposium and Exhibition, 2014.

［529］尹俊禄, 刘欢, 池晓明, 等. 可降解纤维暂堵转向压裂技术的室内研究及现场试验 [J]. 天然气勘探与开发, 2017, 40(3): 113-119.

［530］齐天俊, 韩春艳, 罗鹏, 等. 可降解纤维转向技术在川东大斜度井及水平井中的应用 [J]. 天然气工业, 2013, 33(8): 58-63.

［531］Imqam A, Bai B, Wei M. Use of hydrochloric acid to remove filter-cake damage from preformed particle gel during conformance-control treatments [J]. SPE Production & Operations, 2016, 31 (3): 247-257.

［532］Bai B, Wei M, Liu Y. Field and Lab Experience With a Successful Preformed Particle Gel Conformance Control Technology [C]. SPE Production and Operations Symposium, 2013.

［533］Vega I, Sánchez L, D Accorso N. Synthesis and characterization of copolymers with 1, 3-oxazolic pendant groups [J]. Reactive and Functional Polymers, 2008, 68(1): 233-241.

［534］周法元, 蒲万芬, 刘春志, 等. 转向重复压裂暂堵剂 ZFJ 的研制 [J]. 钻采工艺, 2010, 33(5): 111-113, 142.

［535］Hu J, Wan-Fen P, Jin-Zhou Z, et al. Research on the gelation performance of low toxic PEI crosslinking PHPAM gel systems as water shutoff agents in low temperature reservoirs [J]. Ind Eng Chem Res, 2010, 49(20): 9618-6924.

［536］李丹, 刘建仪, 安维杰, 等. 新型抗高温水溶性暂堵剂实验研究 [J]. 应用化工, 2011, 40(12): 2071-2074, 2079.

［537］Ren Q, Jia H, Yu D, et al. New insights into phenol-formaldehyde-based gel systems with ammonium salt for low-temperature reservoirs [J]. J Appl Polym Sci, 2014, 131(16): 40657.

［538］车航, 杨兆中, 李建召, 等. 华北油田高含水油藏转向压裂用暂堵剂研究 [J]. 石油地质与工程, 2014, 28(1): 112-114.

［539］丁宇. 油田开采中耐温可降解暂堵剂的研发和性能研究 [D]. 北京: 中国地质大学(北京), 2015.

［540］Vernáez O, García A, Castillo F, et al. Oil-based self-degradable gels as diverting agents for oil well operations [J]. Journal of Petroleum Science and Engineering, 2016, 146: 874-882.

［541］Wang Z, Gao S, You J, et al. Synthesis and application of water-soluble phenol-formaldehyde resin crosslinking agent [J]. IOP Conference Series: Earth and Environmental Science, 2017, 61: 12150.

［542］熊颖, 郑雪琴, 龙顺敏. 新型储层改造用暂堵转向剂研究及应用 [J]. 石油与天然气化工, 2017, 46(2): 59-62, 67.

［543］Jia H, Chen H. Using DSC technique to investigate the non-isothermal gelation kinetics of the multi-crosslinked chromium acetate (Cr^{3+})-polyethyleneimine (PEI)-polymer gel sealant [J]. Journal of Petroleum Science and Engineering, 2018, 165: 105-113.

［544］El-Karsani K S M, Al-Muntasheri G A, Sultan A S, et al. Gelation of a water-shutoff gel at high pressure and high temperature: Rheological investigation [J]. SPE Journal, 2015, 20(5): 1103-1112.

［545］Arnold D M, Fragachan F E. Eco-friendly biodegradable materials for diversion and zonal isolation of multiple stage horizontal well completions [C]. SPE Annual Technical Conference and Exhibition, 2014.

［546］ 李雷,徐兵威,何青,等. 致密砂岩气藏水平井多簇分段压裂工艺［J］. 断块油气田,2014,21(3):398-400.

［547］ 吴勇,陈凤,承宁. 利用人工暂堵转向提高重复压裂效果［J］. 钻采工艺,2008(4):59-61,55.

［548］ Gunawan I, Bailey M, Huffman C, et al. A novel fluid-loss control pill that works without filter-cake formation: applications in high-rate gas subsea frac-pack completions in Indonesia［C］. SPE Europec/EAGE Annual Conference and Exhibition, 2006.

［549］ Al-Anazi H A, Nasr-El-Din H A, Mohamed S K. Stimulation of tight carbonate reservoirs using acid-in-diesel emulsions: field application［J］. Oil Field, 1998, 25(3): 125-132.

［550］ Hull K L, Sayed M, Al-Muntasheri G A. Recent advances in viscoelastic surfactants for improved production from hydrocarbon reservoirs［J］. SPE Journal, 2016, 21(4): 1340-1357.

［551］ Chang F F, Acock A M, Geoghagan A, et al. Experience in acid diversion in high permeability deep water formations using visco-elastic-surfactant［C］. SPE European Formation Damage Conference, 2001.

［552］ Safwat M, Nasr-El-Din H A, Dossary K, et al. Enhancement of stimulation treatment of water injection wells using a new polymer-free diversion system［C］. Abu Dhabi International Petroleum Exhibition and Conference, 2002.

［553］ Alleman D, Qi Q, Keck R. The development and successful field use of viscoelastic surfactant-based diverting agents for acid stimulation［C］. International Symposium on Oilfield Chemistry, 2003.

［554］ Zeiler C E, Alleman D J, Qu Q. Use of viscoelastic surfactant-based diverting agents for acid stimulation: case histories in GOM［J］. SPE Production & Operations, 2006, 21(4): 448-454.

［555］ Wilson A. No-damage stimulation by use of residual-free diverting fluids［J］. Journal of Petroleum Technology, 2016, 68(6): 63-64.

［556］ Shi Y, Yang X, Zhou F, et al. No-damage stimulation based on residual-free diverting fluid for carbonate reservoir［C］. Abu Dhabi International Petroleum Exhibition and Conference, 2015.

［557］ Yang J, Baoshan G, Yongjun L, et al. Viscoelastic evaluation of gemini surfactant gel for hydraulic fracturing［C］. SPE European Formation Damage Conference & Exhibition, 2013.

［558］ Ahmed H, Hisham A N-E-D, Jian Z, et al. New viscoelastic surfactant with improved diversion characteristics for carbonate matrix acidizing treatments［C］. SPE Western Regional Meeting, 2016.

［559］ 郭昊. 酸化自转向剂的合成与性能评价［D］. 大庆:东北石油大学,2016.

［560］ Madyanova M, Hezmela R, Artola P D, et al. Effective matrix stimulation of high-temperature carbonate formations in South Sumatra through the combination of emulsified and viscoelastic self-diverting acids［C］. SPE International Symposium and Exhibition on Formation Damage Control, 2012.

［561］ 陈亚楠. 凝灰岩储层耐高温转向酸液体系的研究及性能评价［D］. 西安:西安石油大学,2018.

［562］ Chris C. Self-diverting acid for effective carbonate stimulation offshore brazil［J］. Journal of Petroleum Technology, 2014, 66(6): 92-95.

［563］ Yang Changchun, Yue Xiang'an, Li Chaoyue, et al. Combining carbon dioxide and strong emulsifier in-depth huff and puff with DCA microsphere plugging in horizontal wells of high-temperature and high-salinity reservoirs［J］. Journal of Natural Gas Science and Engineering, 2017, 42: 56-68.

［564］ 邹国庆,熊勇富,袁孝春,等. 低孔裂缝性致密储层暂堵转向酸压技术及应用［J］. 钻采工艺,2014,37(5):66-68,10.

［565］ Zheng L H, Kong L, Cao Y, et al. A new fuzzy ball working fluid for plugging lost circulation paths in depleted reservoirs［J］. Petroleum Science and Technology, 2012, 30(24): 2517-2530.

［566］ 郑力会,翁定为. 绒囊暂堵液原缝无损重复压裂技术［J］. 钻井液与完井液,2015(3):76-78,108.

［567］ Zhao L, Dei Y, Du G, et al. Thermo-responsive temporary plugging agent based on multiphase transitional supramolecular gel1 [J]. Petroleum Chemistry 2018, 58(1): 94-101.

[568] Du G, Peng Y, Pei Y, et al. Thermo-responsive temporary plugging agent based on multiple phase transition supramolecular gel [J]. Energy Fuel, 2017, 31(9): 9283-9289.

[569] Liu P, Wei F, Zhang S, et al. A bull-heading water control technique of thermo-sensitive temporary plugging agent [J]. Petroleum Exploration and Development Online, 2018, 45(3): 536-543.

[570] Ruiyue Y, Zhongwei H, Haitao W, et al. Laboratory experiment of using liquid nitrogen as a temporary blocking agent for coalbed methane fractured wells [C]. 52nd U. S. Rock Mechanics/Geomechanics Symposium, 2018.

[571] Allison D B, Curry S S, Todd B L. Restimulation of wells using biodegradable particulates as temporary diverting agents [C]. Canadian Unconventional Resources Conference, 2011.

[572] Arnold D, Boulis A, Fragachan F. Eco-friendly biodegradable materials for zonal isolation of multiple perforation clusters during refracturing of a horizontal well: case history from Marcellus shale hydraulic fracturing [C]. SPE Eastern Regional Meeting, 2014.

[573] Arnold D M, Fragachan F E. Eco-friendly biodegradable materials for diversion and zonal isolation of multiple stage horizontal well completions: case histories from Marcellus shale hydraulic fracturing [C]. SPE Annual Technical Conference and Exhibition, 2014.

[574] Arnold D M, Fragachan F E. Eco-friendly degradable mechanical diverting agents for combining multple-staged vertical wells: case history from Wasatch formation [C]. Abu Dhabi International Petroleum Exhibition and Conference, 2014.

[575] Babey A, Schmeltz P, Fragachan F. Using eco-friendly biodegradable materials for designing new completions and re-fracturing acidizing applications in which diversion and zonal isolation enhance efficiency [C]. SPE Annual Technical Conference and Exhibition, 2015.

[576] Al-Othman M R, Elmofti M, Bu Hamad A, et al. The evaluation of the first biodegradable diverter in acid fracturing in Kuwait: case study [C]. Abu Dhabi International Petroleum Exhibition & Conference, 2017.

[577] 朱麟勇, 常志英, 马吉期, 等. 部分水解聚丙烯酰胺在水溶液中的氧化降解Ⅲ. 高温稳定作用 [J]. 高分子材料科学与工程, 2002 (2): 93-96.

[578] Almubarak T, Li L, Nasr-El-Din H, et al. Pushing the thermal stability limits of hydraulic fracturing fluids [C]. SPE Asia Pacific Oil and Gas Conference and Exhibition, 2018.

[579] Almubarak T, Li L, Ng J H, et al. New insights into hydraulic fracturing fluids used for high-temperature wells [J]. Petroleum, 2021, 7(1): 70-79.

[580] Pakulski M K, Gupta V S D. High temperature gel stabilizer for fracturing fluids: US5362408 [P]. 1994-11-08.

[581] 刘丹. 油气田系统除氧规律及除氧机理研究 [D]. 大连: 辽宁师范大学, 2016.

[582] Walker M L, Shuchart C E, Yaritz J G, et al. Effects of oxygen on fracturing fluids [C]. SPE International Symposium on Oilfield Chemistry, 1995.

[583] Yang B, Mao J C, Zhao J Z, et al. Improving the thermal stability of hydrophobic associative polymer aqueous solution using a "triple-protection" strategy [J]. Polymers, 2019, 11(6): 949.

[584] He J, Zhao S, Xu X. Experimental study on temperature resistance of quaternary ammonium salt clean fracturing fluid [J]. Petrochemical Industry Technology, 2018, 25(4): 49.

[585] Ogunsanya T, Li L. Safe boundaries of high-temperature fracturing fluids [C]. SPE Western Regional Meeting, 2018.

[586] 蒋文学, 万向辉, 吴增智, 等. 一种压裂液及其制备方法: CN106479472B [P]. 2019-06-18.

[587] Feder J. Environmentally preferable smart chemicals improve production, performance [J]. Journal of Petroleum Technology, 2020, 72(9): 79-80.

[588] Dhulipala P, Wyatt M, Armstrong C. Environmentally preferable smart chemicals for the oil and gas industry [C]. International Petroleum Technology Conference, 2020.

[589] 陈红军. 含硫化氢气井酸化中的控硫控铁及酸化压裂技术研究 [D]. 成都：西南石油学院, 2004.

[590] 杨光, 薛岗, 蒋成银, 等. 国内外三嗪类液体脱硫剂的研究进展 [J]. 石油化工应用, 2018, 37 (10)：19-23.

[591] Kelland M A. Production chemicals for the oil and gas industry [M]. CRC Press, 2014.

[592] 胡勇, 常宏岗, 李杰. 高含硫气藏开采实验新技术 [M]. 北京：石油工业出版社, 2019.

[593] Al-Humaidan A Y, Nasr-El-Din H A. Optimization of hydrogen sulfide scavengers used during well stimulation [C]. SPE International Symposium on Oilfield Chemistry, 1999.